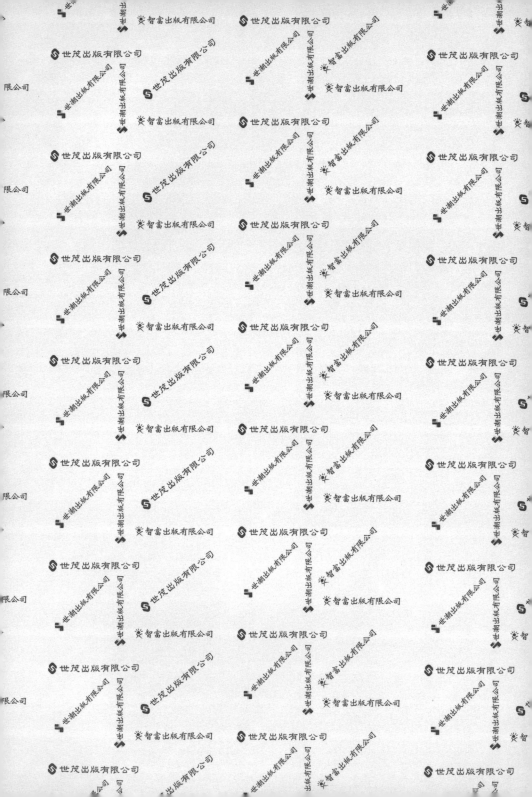

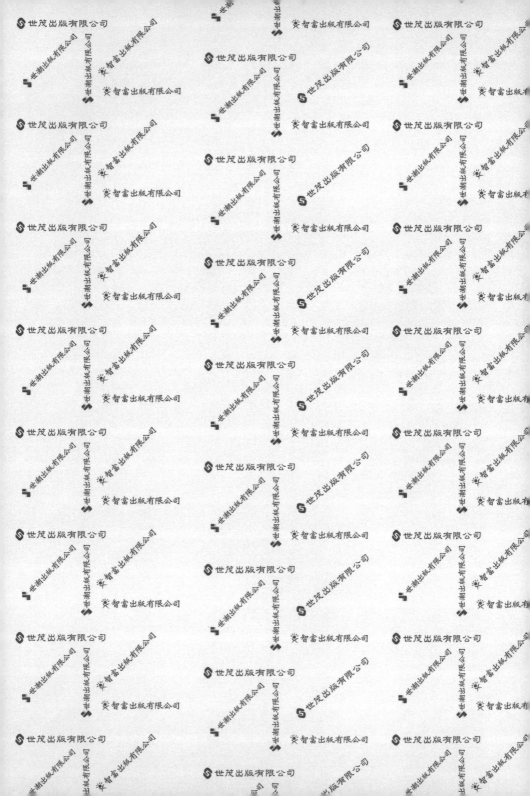

數＋學＝（女×孩）

［哥德爾不完備定理］

日本暢銷科普作家
結城 浩—著

台灣師範大學通識教育中心副教授
王銀國—審訂

前台灣師範大學數學系教授兼主任
洪萬生—審訂

北一女中數學老師
國際數學奧林匹亞競賽金牌得主
王嘉慶—推薦

鍾霓—譯

【推薦序】
數學成熟度的指標：哥德爾不完備定理

～台灣師範大學數學系退休教授
洪萬生

　　本書是結城浩《數學女孩》三部曲中的最後一部，主題是「哥德爾不完備定理」，儘管它完成於二十世紀上半葉的 1931 年，但卻是數理邏輯學（mathematical logic）與數學基礎（foundations of mathematics）研究的封頂之作。

　　在《數學女孩》的第一部曲（台譯書名《數學少女》）中，作者將基本且深刻的數學知識，簡化到一般高中生可以理解的程度，足以顯示他不只受過非常嚴格的數學訓練，因而對於數學思維的掌握非常得心應手，同時，也對如何普及他的數學經驗深具信心。不過，更值得注意的，正如結城浩在《數學女孩——費馬最後定理》（第二部曲）所呈現，他總是適時地從高觀點來歸納或提示一些數學（抽象）結構，讓讀者不至於迷失在徒然解題的迷魂陣中，而無法自拔。此外，他在這三部曲的「旅行地圖」中所進行的連結與對比，也一再地提醒我們數學是一個「有機的整體」；因此，數學史上的一些重大突破，往往需要「跨界」的思維。

　　另一方面，從小說敘事的觀點來看，作者在這三部曲所採取的「比喻」，都是高中男生對於數學世界 vs.感情世界的一種未來憧憬：「我對數學的『憧憬』——和男孩對女孩抱持的情感在某些地方有點相似」。因此，在本書中，數學作為一種文學比喻就出現了另類風貌，值得數學小說的愛好者特別注意。

現在，我們針對這三部曲所處理的主題，提供一點簡要的說明，俾便讀者閱讀時有所參考與借鑒。《數學少女》的主題是生成函數，作者的連結與跨界分享，相當令人感動：「我和米爾迦使用生成函數求得斐波那契數列一般項，就像原本捧在手上快要散落的數列，被名為生成函數的一條線串起來，那真是一次難以言喻的經驗」。此外，他還利用生成函數處理褶積與分拆數等問題，甚至還提及黎曼 ζ 函數，尤其是 ζ(2) 與歐拉發現平方倒數無窮和之公式的關係。在該書中，生成函數是一種概念工具，它大大地有助於我們解決許多數學問題，離散型或連續型都包括在內。

這種主題式的敘事，到了《數學女孩——費馬最後定理》與《數學女孩——哥德爾不完備定理》，就變成了偉大的定理。顧名思義，《數學女孩——費馬最後定理》的主題就是費馬最後定理。作者在該書中，為了讓讀者多少掌握有關此一偉大證明的輪廓，特別提供了一個概略的說明。基於此，他還進一步介紹橢圓函數、模曲線與自守形式。最後，懷爾斯（Andrew Wiles）在橢圓曲線與自守形式之間成功地搭起一座橋樑，而完成了費馬最後定理的證明。由於這些相關數學知識都極其抽象，一般讀者難以「一睹芳澤」。因此，作者的「旅行地圖」仿效類似網路「超連結」資訊的手法，鼓勵讀者進行形式推論，即使無從理解個別命題（或定理）之內容為何。而這，當然也呼應了這三部曲所強調的數學知識的結構面向（structural aspects）意義。

顯然，在第二部曲中，結城浩無法邀請（也不期待！）讀者參與費馬最後定理的證明過程，這一形同登天的任務，當然受限於目前數學教育與普及水準的力有未逮。相形之下，在這三部曲的終曲中，結城浩的野心卻是哥德爾不完備定理之解說。這個普及的願景並非不可企及，因為作者所訴求的正是讀者的數學成熟度。這種成熟度與高等數學的背景知識並不具有必然關係，因此，集合論、數理邏輯以及數學基礎等數學分支之學習，通常只要預設高中數學背景知識即可。事實上，這幾門學問在二十世紀下半葉，也一直吸引英美兩國哲學家的興趣。基於此一考量，在本書中，作者就使盡了渾身解數，希望讀者分享他對不完備定理

的理解。

　　總之，不完備定理之證明所涉及的形式系統（formal system）之相容與不完備之相關固然有其難度，但是，對於充滿好奇心的讀者來說，這卻是可以親近的一個智力遊戲或挑戰。任何人（無論有無高等數學之經驗）想要測試數學思維的成熟度，本書的形式證明正是最好的指標。更何況，如果不深入探討此一定理，那麼，物理學家歐本海默（Robert Oppenheimer）如何稱頌不完備定理為「理性的極限」，我們大概就不知從何說起了。

【推薦序】
一本引人入勝的數學小說

～台灣師範通識教育中心副教授
王銀國

　　本書是日本暢銷科普作家結城浩繼《數學少女》、《數學女孩——費瑪最後定理》之後的第三力作，相信看過前兩本的讀者們一定迫不急待的想要一窺結城浩的新作品，並加以典藏，而成為家中小孩上高中時必讀的數學科普。本書《數學女孩——哥德爾不完備定理》，如同前兩本一樣，在四個性鮮明的國、高中生之間的生活情境之中，來展開與數學問題與解題的有趣對話，進而對數學自然而然的理解並產生興趣。然而，結城浩在本書中不僅透過角色仔細完整的論述相關數學知識外，並以完成介紹哥德爾不完備定理為最終目標，他雄心萬丈般的哲學企圖，提昇了本書的高度格局。

　　數學符號及其公式都是高度抽象概念。也正因如此，理工領域常令許多人難以捉摸和把握，甚至覺得晦深莫測，單單是要記住（更不用說是理解）這些符號表示什麼，就是很大的挑戰了。然而，本書不是一般傳統的數學課本，結城浩透過中學生之間的對話，來漸漸鋪陳出數學概念，以有趣生活化的方式來進行數學知識的討論，更難得的是本是數學專業的作者，卻能以生動的文筆及貼近生活的例子，來闡述數學的概念及解題流程。娓娓道來，親切詳實，沒有一般通俗讀物僅是淺嘗則止而產生一知半解的窘境。此外，本書有很多內容甚至比一般的數學教科書解說的更為詳細，如：第 4 章——無止境地接近的目標地點、第 6 章——極限分析論證法、第 9 章——疑惑的螺旋梯，關於極限和三角函數的

分析與說明，講得簡單、明白且易懂，可作為一般教科書的補充讀物。而一般讀者亦可先參閱這幾個章節，來感受結城浩的功力為何——「就是要讓你懂」。

現今為知識訊息大爆炸的時代，每一個人，除了學習傳統的知識技能外，還要不斷地吸收與我們生活相關的各種知識，但它們總是瞬時萬變，有限的生命總是趕不上無限的變化。但在某些領域（如：數學或音樂），可能讓我們有機會駐留在永恆之美的饗宴中。數學對許多人（包括個人）而言，似乎有共同夢魅般的經驗：抽象、艱澀、難懂、吃不下去……。但若過去中、小學數學課本，可以寫的像結城浩一樣的話，那數學就像是一種遊戲、一種日常生活中的有趣對話、更彷彿像是一種讓人進入一種美麗抽象符號結構中的奇幻之旅。結城浩在最終章「哥德爾不完備定理」以四季節候的時序和植物生長的歷程等譬喻，來一步一步建構不完備定理的證明及詮釋其意義，以極富想像力的方式向世人介紹理論體系上的不完全。

因限於個人領域之狹窄，關於數學與邏輯的專有名詞與台灣現行的用法是否一致，而讓一般讀者因熟悉而更容易理解，在數學上的專有名詞是由台師大數學系周文翔來做全面的校正；而第 7 章和第 10 章則請蒲世豪博士訂正有關的邏輯專有名詞。

有機會讀到一本好書會讓人心曠神怡、視野開闊，變得耳聰目明。但從小到大的我們看了不少數學教材，捫心自問我們記得了多少，可能甚至大多忘得一乾二淨。然而，看結城浩的數學書，除了讓人賞心悅目、優遊自得外，不管你／妳懂或不懂，都會讓你／妳永生難忘。而這，當然也是我極力推薦本書的主要原因。

【推薦序】
一部令人驚豔的作品！

~北一女中數學老師&國際數學奧林匹亞競賽金牌獎得主

王嘉慶

　　繼《數學少女》（2008 年青文出版）、《數學女孩——費馬最後定理》（2011 年世茂出版），結城浩這一系列作的第三部《數學女孩——哥德爾不完備定理》又是一部令人驚豔的作品。

　　市面上的數學科普書很多，有的作者為了照顧讀者的背景知識而不敢談得太深；有的作者則是只顧自己想寫的內容而一路狂飆，卻將讀者留在原地一臉茫然。結城浩成功地突破了這兩難的困境：他將主題「哥德爾不完備定理」談論得非常深入，讓我很驚訝竟然有數學科普書的作者敢有如此大的企圖。但他也不是莽夫，而是極富策略性地一步一步帶著讀者往目標靠近。要做到這一點絕非易事，我很難想像一個人怎能擁有如此深厚的數學底子、廣泛的數學知識，以及靈巧的文字功力，但結城浩就是這樣厲害的一個人。

　　當然，偉大的數學成果不可能僅靠一本書就能讓讀者在短時間之內完全掌握，即使是身為數學科教師的我，也難以吸收最後一章的內容。但這就是作者的體貼，在堅持目標的前提下，盡量讓讀者不會因為題材本質上的艱澀而提早放棄。

　　我相信無論你是一般的數學學習者，或是專業的數學研究人員，都一定能從這本作品中得到收穫，也都會喜歡這本書。

給讀者

　　本書中出現有各式各樣的數學問題，從簡單的到小學生都懂得的部分，甚至困難到會嚴重動搖到整個數學界的世紀難題都有。

　　除了使用語言及圖示來表現故事主角們的思考脈絡之外，另外，也會使用到數學公式來做表達。

　　每當遇有無法理解的數學公式時，請不妨先跳過卡住的數學公式，暫且隨著故事的情節發展往下走。劇中人物蒂蒂和由梨會一路陪伴著你。

　　而對數學充滿自信的讀者們，在享受故事情節之餘，也不要忘了動腦挑戰書中的數學公式哦！如此一來，你將可以進一步體驗到隱藏在故事裡的另一番趣味。

　　或許，聰明的你能超越那些數學天才們，探索出不為人知的祕密噢！

C O N T E N T S

序章

連同感謝與友情，
將從大海收到的禮物，一起還給大海。
——林白夫人《來自大海的禮物》

湧來，消去——潮來潮往的海浪。
日復一日，未曾停歇——潮來潮往的海浪。

　潮來潮往的律動，意識朝著向自己邁進。
　潮來潮往的律動，意識朝著向過去回溯。

在那段時光裡，無論是誰都準備好了將死命地拍打著翅膀迎向浩瀚的天空。
而我卻蹲坐在一個不起眼的鳥籠之中。

　應當說話的自己。應當沉默的自己。
　應當說起的過去。應當沉默的過去。

隨著季節更迭，每當春天造訪時，我總會不斷地想起數學的種種。

　在紙上堆砌符號，試圖描繪宇宙。
　在紙上寫下數式，試圖導出真理。

隨著季節更迭，每當春天造訪時，我總會不斷地想起那些女孩們。

　　彼此切磋那些名為數學的詞彙，

　　在名為青春的時光裡，與我邂逅，豆蔻年華的少女們。

　　我之所以得以展翅飛翔，全源於一個渺小的契機——

　　不知道你是否願意聆聽這樣一個，有關於我和三位青春少女的動人
物語?!

第 1 章
鏡的獨白

「魔鏡啊，魔鏡！誰是這世界上最美的人？」
「尊貴的皇后啊！這世界上最美的人，當然就是您啊！」
聽到這個回答，皇后十分滿意。因為她知道魔鏡只說實話。
——《白雪公主》

1.1　誠實的人是誰？

1.1.1　魔鏡啊，魔鏡！

「哥哥，你知道白雪公主的故事吧!?」由梨問我。

「這還用問嗎！……就是尋找掉了玻璃鞋公主的故事。」我回答道。

「那個是灰姑娘！不是白雪公主啦！……真是的。」

「是這樣喔！」

看到我一臉的無知，由梨嚷著開什麼玩笑，說著便笑了起來。

這裡是我的房間。現在是隆冬一月。很快地，歲末年初的新年假期要結束了。雖然假期一結束馬上就要實力測驗，但我整個人就是懶懶的，怎麼都提不起勁來。

由梨今年國中二年級。而她總是叫高中二年級的我「哥哥」。儘管總是「哥哥」、「哥哥」地叫個不停，但由梨和我並不是親兄妹。我的母親和由梨的母親是親姊妹。換句話說，我和由梨是表兄妹。由梨從小就叫我「哥哥」，所以到現在還是繼續叫我哥哥。

我的房裡有許多由梨喜歡看的書。也因此，每逢假日，住在附近的由梨一定會來家裡玩。我用功的時候，她便在一旁看書消磨時間。

由梨開口說道。

「白雪公主的惡毒後母，會面對著魔鏡，像這樣頌唸呢！」

「魔鏡啊！魔鏡！誰是世界上最美麗的人」？

「嗯！『作為美人判定機的鏡子』嗎?!」我回答由梨。

「皇后之所以能夠說出這一番話，代表著她認為自己很美麗，不是嗎？由梨我啊。每次只要照鏡子，就會忍不住嘆氣。我不僅髮色很糟，髮尾還嚴重分岔呢！」

由梨說著說著，開始用手指把玩著自己栗褐色的馬尾。

我重新審視著由梨整個人。雖然由梨對自己的評價很嚴苛，但是我卻不這麼認為。望著臉上表情不斷變化的由梨，我的眼神無法移開。伶牙俐齒的由梨總像日本搞笑團體「爆米花」般那樣地能言善道。腦筋動得快，能舉一反三，和由梨說話一點都不會覺得無聊。

「啊～啊！好想染頭髮喔！好想變漂亮喔！」

「不行的，不行！由梨！」我開口阻止由梨道。

聽我這麼一說，由梨停下捲動髮尾的手指，朝我望來。

「不行的，不行！指的是什麼事啊？」

「我說妳──現在這樣子很好，不用改變，就、嗯、非常好……」

「……非常好？」

「所以就是……」

「孩子們！要不要來吃貝果啊──？」廚房傳來媽媽的叫聲。

「我要──吃！」

剛剛還一本正經的由梨，臉上的表情立刻有了轉變，大聲地回答。

站起身來，伸手強拉我起身走的由梨，非常適合穿窄管牛仔褲，明明體型那麼窈窕纖細，卻有一身的蠻力。

「喂！喂！哥哥，你動作快一點嘛！快來去吃點心啦！」

1.1.2　誠實的人是誰？

飯廳。

「這本書有趣嗎？」

由梨伸手拿起我放在餐桌旁的數學題庫，啪啦啪啦地快速翻著。

「不知道！還沒有看過。雖然是放假前特地從學校借來看的。」

「咦?!高中圖書館裡有這種類型的書啊！……哥哥，你知道這個問題的答案嗎？題目是說──在 $A_1 \sim A_5$ 的五個人當中，誠實的人是誰？」

誠實的人是誰？

A_1「在這裡，有一個人說謊。」

A_2「在這裡，有兩個人說謊。」

A_3「在這裡，有三個人說謊。」

A_4「在這裡，有四個人說謊。」

A_5「在這裡，有五個人說謊。」

「來！喜歡哪一種口味自己拿喔！」媽媽端著裝滿貝果的盤子從廚房走出來。「這是原味，這是核桃口味，這是羅勒口味……」

「那這個是什麼口味啊？」由梨問道。

「那個是洋蔥口味的哦！」

「那，我要吃這個洋蔥口味的。」

「你呢！想吃哪個?!」媽媽把盤子推過來，傳來陣陣的香氣。

「哪個口味的都好啦！喂！由梨，那個問題……」

「不行！一定要好好地選一個口味才可以。」這次，媽媽將手裡的盤子又推得更近了。

「那我選原味的。」

「可是我比較推薦核桃口味的耶！」

「什麼……那就核桃口味。」

我伸手拿起核桃貝果之後，媽媽帶著一臉滿足地轉身走回廚房。結果，做選擇的還不是媽媽本人嘛！

「在這個問題當中，所謂的**誠實**的人，指的是只說實話的人嗎？」

「對！對！**騙子**就只會說謊。從 A_1 到 A_5，誠實的人是誰？而說謊的又是哪些人呢？」

「那麼，問題很簡單。誠實的人是 A_4，而說謊的是其他四個人。」

「嘖！真是無趣的喵……哥哥，居然這麼快就說出答案了！」

我這個小表妹，偶爾會突然口吐貓語。畢竟，她還是個孩子……。

「這個問題，將誠實的人的人數依場合做分類，馬上就可以回答得出來！」我回答道。「不管怎麼樣，誠實的人有零到五個人不等。首先，如果誠實的人有零個（換句話說，五個人全部都說謊）的話，這個假設不可能成立。因為，A_5 明明就已經說得很清楚了『在這裡，有五個人說謊』。也就是說，如果 A_5 所言屬實的話，那麼 A_5 一定就是那個唯一誠實的人了。可是這麼一來，A_5 所主張的『有五個人說謊』的說法，便無法成立。這樣不是很奇怪嘛！」

「嗯嗯～」由梨點頭如倒蒜地附和著。

「接著，以誠實的人有一個（換句話說，說謊有四個人）為前提來思考。在這種情況下，因為只有 A_4 是正確的發言，所以 A_4 就是那個唯一誠實的人，而剩下的四個人都說謊。這麼一來，就完全合邏輯了。」

「說得也是！」由梨一臉高興的樣子。

「再來，以誠實的人有兩個（換句話說，說謊有三個人）為前提來思考。在這種情況下，只有 A_3 是正確的發言。那麼，A_3 正確的發言應該是『有三個人說謊』才對；但事實上是『說謊的有四個人』，這麼一來，就完全不合邏輯了。同樣地，以誠實的人有三、四、五個的前提出發來思考的話，也完全不合邏輯。結果，最後理所當然的，A_4 就是那個唯一誠實的人了——還真是有趣呢！」

「什麼有趣？」

「不用 A、B、C、D、E 當作人名，而是使用了像編號一樣的作法，將人名以 A_1、A_2、A_3、A_4、A_5 代替。」

「這樣啊——」

「出個一般化後的問題好了。不知道解不解得開呢？」我說道。

誠實的人是誰？（一般化）

B_1「在這裡，有一個人說謊。」

> B_2「在這裡，有兩個人說謊。」
>
> B_3「在這裡，有三個人說謊。」
>
> B_4「在這裡，有四個人說謊。」
>
> B_5「在這裡，有五個人說謊。」
>
> $\vdots$
>
> B_{n-1}「在這裡，有 $(n-1)$ 個人說謊。」
>
> B_n「在這裡，有 n 個人說謊。」

「這個 n 是什麼？」由梨咬著貝果，發出了疑問。

「嗯！這真是個好問題呢！文字 n 代表某個自然數。」

「人家聽不懂啦！即使告訴我 n ……莫非要從無限茫茫人海中搜索?!」

「並不是無限茫茫人海啊！因為條件中已經給了這個叫 n 的數字，只要從 B_1，B_2，…，B_n 等的 n 個人當中找出答案來。並沒有要妳從無數個人中下手。」

「這樣啊！並不是無限多個啊！」

「這個問題，只要把它當作五個人的時候一樣來思考就可以了。」

「咦?!……啊！我懂了！B_{n-1} 就是那個誠實的人。」

「正確答案。由梨妳還真的相當聰明呢！」

「哦呵呵！這種題目實在太簡單了。因為誠實的只有一個人，那麼說謊的人自然就是 $(n-1)$ 個人啦。」由梨開玩笑地說道。

「在這裡，n 這個數字的關係，把問題給一般化了。也就是說——

　　　『因文字的導入所引起的一般化』

——的意思喔！」

「就是說 n 可以是任何數嗎？」

「沒錯！n 可以是自然數 1, 2, 3,…中的任何一個數字喔！」

「唔。這樣很奇怪，很奇怪——耶！」由梨說道。「當 $n = 1$ 時，不就沒有人是誠實的了嗎！」

> **誠實的人是誰？（$n = 1$ 的情況）**
> C_1「在這裡，有一個人說謊。」

「嗯？在這個時候，就要回答『沒有人是誠實的』。」我回答道。

「咦！太奇怪了吧！話說 C_1 是誠實的人呢？還是說謊的人呢？」

「是說謊的人吧？」

「那麼，不就是有一個人在說謊了嗎？C_1 本人就是那個說謊的人啊！這樣一來，原本說謊的人，反倒說了實話呢！」

「啊……好像也是呢！可是，C_1 也不是誠實的人。因為就只有自己一個人，還說『有一個人在說謊』。這不就成了原本是誠實者的 C_1，反而自己變成了說謊的人……嗯，或許這問題本身不能成立了吧！」

「問題——不成立？」

「嗯，會演變成這樣的結論。因為問題的條件是在『不是誠實者，就是說謊者』這樣奇怪的前提下。當 $n = 1$ 時，問題便無法成立。」

「就是說是個無法決定答案是哪一個的問題嗎？」

「嗯。因為我們無法決定 C_1 到底是誠實的呢？還是說謊？說起來……由梨妳還真是犀利呢！」

「喵哈哈。可是，無法決定答案還真是討人厭呢！人家希望可以輕而易舉地解開的喵～」

「就是啊！」

「我知道了！答案應該是說謊的人就是『出題者』本人啦！」

「那是什麼鬼答案啊！」

1.1.3　相同的答案

我繼續思考著新的題目。

「好！由梨。看看這一題妳可不可以解得出來？」

> **會出現相同答案的問題是？**
> 試著思考出一個問題，讓回答者不管是誠實的人或是說謊的人，

說出來的都會是「相同的答案」。並且，這個問題只能用「是」
或「不是」來回答。

「我搞不懂題目的意思耶！『相同的答案』是什麼意思？」

「就是誠實的人跟說謊的人說出來的答案都會變成一樣。如果誠實
的人回答『是』的話，說謊的人也會回答『是』；如果誠實的人回答
『不是』的話，說謊的人也會回答『不是』……就是這樣的問題。」

「有這種問題嗎？」

由梨一臉正經地開始思考問題。我最喜歡由梨思考時的表情。儘
管，她常常不做思考就豎起了白旗，立刻說出「人家不會啦」……。

「怎麼樣？由梨，解得出來嗎？」

「簡單噢。只要像這樣問就可以了。」

　　「你是誠實的人嗎」？

「沒錯！沒錯！真的很厲害。」

「誠實的人因為是誠實的，所以自然就會回答『是』，而說謊的人
因為會說謊，所以也會跟著回答『是』。兩個人都只會回答『是』這個
答案。」

「說的很好！誠實的人答的『是』，完全屬實。而說謊的人答的
『是』，則是謊言，對吧!?──我們也可以像這樣問喔！」

　　「你是個說謊的人嗎」？

「對耶！這樣的話，不管是誠實的人也好，說謊的人也好，都會回
答『不是』這個相同的答案了。」

「讓你們久等了！」媽媽端來了飲料。「來！請喝可可亞。」

「咦……如果是咖啡就好了！」我說道。「算了！也無所謂。」

「人家可是很喜歡阿姨泡的可可亞喔！」由梨說道。

「我的小由梨，真是個貼心的乖孩子！」媽媽說道。

「……我說，哥哥。『誠實的人與說謊的人』的角色設定，還真的

是很厲害呢！對吧？因為，所謂的誠實的人，就只會說實話啊！開口說出來的也只可能是真的事情。實在很厲害呢！」

「還好啦！喂！由梨，說謊的人與誠實的人具有相同的能力——妳知道嗎？」

「咦？這是什麼意思？」由梨看著我。

「因為說謊的人，是絕對會說謊言，不可能說實話的啊！在這種情況下，說謊的人就必須像誠實的人一樣，擁有能看穿真相的能力。否則，很有可能就會一不小心脫口說出實話來了。」

「對！確實如此！『一不小心脫口說出實話來』還滿有趣的喵～」

「就算有多不小心，也絕對不可以說謊喔！你們兩個。」媽媽說道。

1.1.4　名為沉默的答案

「……啊！由梨我也想到一個新的題目囉！剛剛我們所思考的問題是，誠實的人的答案跟說謊的人的答案會相同。那麼，底下這題如何？當然也只能回答『是』或『不是』呀！」

> **無法回答的問題是？**
> 說謊的人可以回答得出來，但是誠實的人卻回答不出來的問題是什麼呢？

「嗯——嗯！原來如此！」我說道，並陷入了思考。「出個誰也不知道答案的問題如何？就像是——『**孿生質數**，存在有無限多個嗎？』之類的問題。」

「這個叫做孿生質數是什麼？」

「指的就是差為 2 的質數對。就像是 3 和 5、5 和 7 這一類的質數對。究竟是不是有無限多個，截至目前為止還沒有人知道答案。」

「意思有點不一樣耶！『孿生質數存在有無限多個嗎？』這個問題只是暫時沒有答案！也許哪一天說不定就會被解開。而且在『孿生質數存在有無限多個嗎？』這個問題當中，就連說謊者也會變得啞口無言不

是嗎？只要無法了解真相，即使是騙子也會連謊都說不成啊！」

「的確很有道理。」

「人家由梨我啊！想到的問題是這個噢！」

　　「在這個問題當中，你會回答『不是』嗎」？

　　「好有趣！妳想的這個問題有趣耶！如果要誠實的人來回答的話……如果回答『是』的話，因為沒有回答『不是』就變成說謊。如果回答『不是』的話，卻會因真的回答了『不是』而變成說謊的結果……這還真是有點棘手呢！因為誠實的人不會說謊，所以既不能回答『是』，也不能回答『不是』啊！」

「就是說，說謊的人只要回答『是』就可以了。因為是謊言所以無所謂！」

「說謊的人就算回答了『不是』也無所謂噢。反正都是說謊啊！」

「還真是複雜呢——」由梨笑著說道。

「的確。」我也笑了。這麼一來，誠實的人就只能保持「緘默」不做任何回答了。

1.2　邏輯問題

1.2.1　愛麗斯與伯里斯與克理斯

「這個問題實在是太有趣了呢！」

看著自己手裡霹哩啪啦翻著的那本數學題庫，由梨不禁笑了起來。

三人的所有物

愛麗斯與伯里斯與克理斯三個人，身上各自穿戴著帽子、手錶與上衣。不管帽子、手錶或上衣，個別都有紅色、綠色及黃色三種顏色，但相同的物件並不會出現有相同的顏色。此外，三個人身上所穿戴著各式物件，沒有一種顏色相同。根據下面的條件，來

推測出三個人身上所穿戴的物件的顏色。
- 愛麗斯的手錶是黃色的。
- 伯里斯的手錶不是綠色的。
- 克理斯的帽子是黃色的。

「咦⋯⋯問題有有趣到會讓由梨笑出來的程度嗎？」我疑問道。

「想像這三個人的樣子吧！──簡直就是花枝招展三人組！」

「說得也是⋯⋯話說，由梨妳已經知道答案了嗎？」

「總覺得很麻煩！所以這一題我跳過，不回答！」

「這樣不行啦！這種時候，只要『利用表格協助思考』就可以了。」

「利用表格協助思考嗎？」

1.2.2　利用表格協助思考

「就是把每人的所有物件羅列成表格啊！首先，先寫問題的條件。」

	帽子	手錶	上衣
愛麗斯		黃色	
伯里斯		不是綠色	
克理斯	黃色		

寫下問題的條件

由梨從胸前口袋掏出眼鏡戴上，緊盯著眼前的表格。

「就是把已經知道的條件先寫下來，對吧?!」

「對！在整理複雜的東西時，不要光只在腦中想，要利用表格來協助思考。伯里斯的手錶顏色馬上就知道了。不是綠色的，還要跟愛麗斯手錶的顏色不一樣，不是黃色的。那剩下的答案就只有紅色了！」

「對耶！」

	帽子	手錶	上衣
愛麗斯		黃色	
伯里斯		紅色	
克理斯	黃色		

知道了伯里斯手錶的顏色

「那麼在這裡，只要仔細閱讀表格，就會知道伯里斯上衣顏色囉！」

「……好像是耶！是黃色嗎？」

「對！對！對！由梨可以說明為什麼嗎？」

「猛地一看再想了一下……伯里斯的上衣不就是黃色的嘛！」

「所以說，是為什麼呢？」

「就黃色的排列組合來說——你看！愛麗斯的手錶是黃色的，克理斯的帽子也是黃色的啊！換句話說，愛麗斯和克理斯的上衣就不可以是黃色的。這麼一來，伯里斯的上衣就只能是黃色的了！」

「很棒的說明唷！」

	帽子	手錶	上衣
愛麗斯		黃色	不可以是黃色的
伯里斯		紅色	一定是黃色的
克理斯	黃色		不可以是黃色的

愛麗斯與克理斯的上衣不可以是黃色的

	帽子	手錶	上衣
愛麗斯		黃色	
伯里斯		紅色	黃色
克理斯	黃色		

知道了伯里斯上衣的顏色

「克理斯手錶的顏色也馬上就可以知道了呢！」我說道。

「嗯！因為愛麗斯的手錶是黃色的，而伯里斯的手錶是紅色的，所

以說，手錶可以使用的顏色就只剩下了綠色。」

　　「說得很正確！」

	帽子	手錶	上衣
愛麗斯		黃色	
伯里斯		紅色	黃色
克理斯	黃色	綠色	

知道了克理斯手錶的顏色

　　「啊！哥哥！這麼一來，克理斯上衣的顏色也確定了唷！我們可以橫著看克理斯那一列……不會是帽子的黃色，也不會是手錶的綠色，那麼就是紅色了。克理斯上衣的顏色是紅色的。真是低級的嗜好呢！」

	帽子	手錶	上衣
愛麗斯		黃色	
伯里斯		紅色	黃色
克理斯	黃色	綠色	紅色

知道了克理斯上衣的顏色

　　「下一步，有必要稍微仔細思考一下哦！」

　　「……人家知道了！愛麗斯的帽子。因為，你看！伯里斯的手錶是紅色的，克理斯的上衣也是紅色的。這麼說來，愛麗斯的手錶和上衣都不可能使用紅色。也因此，愛麗斯帽子的顏色除了紅色以外，不可能有別的顏色！」

	帽子	手錶	上衣
愛麗斯	紅色	黃色	
伯里斯		紅色	黃色
克理斯	黃色	綠色	紅色

知道了愛麗斯帽子的顏色

　　「接下來呢……」

「不行！剩下的全部讓由梨來解答！……首先，是愛麗斯的上衣顏色。」

	帽子	手錶	上衣
愛麗斯	紅色	黃色	綠色
伯里斯		紅色	黃色
克理斯	黃色	綠色	紅色

知道了愛麗斯上衣的顏色

「接著，最後伯里斯帽子的顏色是……」

	帽子	手錶	上衣
愛麗斯	紅色	黃色	綠色
伯里斯	綠色	紅色	黃色
克理斯	黃色	綠色	紅色

知道了伯里斯帽子的顏色

「這麼一來，就全部完成了！」

	帽子	手錶	上衣
愛麗斯	紅色	黃色	綠色
伯里斯	綠色	紅色	黃色
克理斯	黃色	綠色	紅色

全部的顏色都已經確定了

「是的！由梨妳回答得很棒！」我稱讚道。

1.2.3 出題者的心情

「問題太簡單了，感覺好無趣喔！」由梨抱怨道。

「剛說的話不對唷……轉換為出題者的心情會變得有趣哦！」

「那是什麼意思啊？」

「妳想想看嘛！在這個問題當中給了三個既有條件，對不對？

- 愛麗斯的手錶是黃色的。
- 伯里斯的手錶不是綠色的。
- 克理斯的帽子是黃色的。

對條件而言，這樣的條件稱不上多，也算不上少。」

「你到底在說什麼?!人家聽都聽不懂啦。」

「如果給的既有條件比三個多的話，就會顯得太過簡單。可是，如果給的既有條件比三個少的話，就會顯得太難而解不開——我要說的就是這個意思。」

「唔！站在出題者的心情上來思考啊……嗯，是這樣嗎？儘管條件少的話還是解得開啊！例如，把『克理斯的帽子是黃色的』這個條件拿掉，只給了——

- 愛麗斯的手錶是黃色的。
- 伯里斯的手錶不是綠色的。

這兩個條件的話，嗯，我想想喔！……就會出現下面這兩個答案。」

	帽子	手錶	上衣			帽子	手錶	上衣
愛麗斯	紅色	黃色	綠色		愛麗斯	綠色	黃色	紅色
伯里斯	綠色	紅色	黃色		伯里斯	黃色	紅色	綠色
克理斯	黃色	綠色	紅色		克理斯	紅色	綠色	黃色

少了「克理斯的帽子是黃色的」這個條件的答案

「嗯！這樣看起來說『解不開』的是哥哥一時的誤判呢！由梨這問題的答案不限於一個，故此我們該說這問題的答案並非**唯一**。」

「哥哥你在解題時，總是會站在出題者的心情上來做思考的嗎？」

「雖然解開問題會讓人感到愉快，但製作問題也同樣讓人感到舒暢呢！如果是由自己來出題的話，就會不時地去思考問題是怎麼被製作出來的噢……。而思考問題是如何被製作出來的過程，還相當有趣呢！」

「所謂『製作有趣問題的問題』，指的就是有趣問題本身啊喵！」

1.3　帽子是什麼顏色的？

1.3.1　我不知道

「啊，又發現了另一個有趣問題了！」由梨翻著數學題庫。

帽子是什麼顏色的？

司儀讓 A、B 還有 C（你）三個人坐了下來。

司儀　「接下來，我會在你們每一個人的頭上戴上帽子。要讓你們戴上的是我手裡五頂帽子當中的其中三頂。在這五頂帽子中，三頂是紅色，兩頂是白色。雖然你們都無法看見自己頭上的帽子顏色，但卻可以看見戴在別人頭上帽子的顏色。」

司儀讓三個人都戴上了一頂帽子，並且藏起了剩下的兩頂帽子。

司儀　「A，你頭上戴的帽子是什麼顏色的呢？」

參加者 A　「……我不知道。」

司儀　「B，你頭上戴的帽子是什麼顏色的呢？」

參加者 B　「……我不知道。」

C 可以分別看見 A 與 B 帽子的顏色。兩頂都是紅色。

司儀　「C，你頭上戴的帽子是什麼顏色的呢？」

參加者 C　「……」

那麼，C，你頭上戴著的帽子到底是什麼顏色的呢？

「很不可思議的情況，對不對。」我說道。

「讓人完全搞不懂啦！」

讓我們一起來想像一下現場的情況。

我就是參加者 C，可以看見 A 與 B 的帽子，兩頂都是紅色的。因為紅色有三頂，所以我頭上帽子的顏色有可能是剩下的紅色那一頂，也有可能是白色。這好像不是那麼簡單就能回答得出來的呢……？不！A 與 B 明明都說了「不知道」自己帽子的顏色，這也是解題線索。

「哥哥，你知道答案了嗎？」由梨開口問道。

「思考中～」

A 看到 B 和 C 帽子顏色。既然 A 說「不知道」，那就代表了 B 和 C 並非「兩頂都是白色的」。因為，如果 B 和 C 都是白色的話，A 馬上就可以知道自己是紅色的了。因為並非「兩頂都是白色的」，所以就變成了 B 與 C「至少有一頂是紅色的」。

另一方面，B 看到 A 與 C 帽子的顏色。所以 B 的想法也會一樣，即 A 與 C 兩人頭上「至少有一頂是紅色的」……唔，真棘手。會不會太難了點啊?!

「咦？哥哥你怎麼還在想啊？」由梨不懷好意地笑著問道。

「咦?!莫非由梨妳……已經解開了嗎？」

「這個問題意外簡單的喵～」由梨得意洋洋。

好！確實地將狀況條列出好好思考。C 的帽子是白或紅哪一個。

假設 C 頭上帽子的顏色是白色的情況──

- A 看見 B（紅色）且 C（白色）的。那麼，A 確實不知道自己帽子的顏色。
- B 看見 A（紅色）且 C（白色）的。那麼，我想想……。

對了！A 的那句「不知道」的發言，對 B 而言就變成了線索了！B 的想法就會像下面這樣。

假設 C 頭上帽子的顏色是白色的情況，而 B 的想法就會是──

- A 看見 B（未知色）且 C（白色）的。
- A 回答了「我不知道」。
- 因為 A 不知道，所以 B 與 C 兩人頭上的帽子「至少有一頂是紅色的」。
- 因為 C 是白色的，所以 B 頭上的那頂一定是紅色的！

B 這樣思考後，回答說「知道了！我的是紅色的」。

可是──

- 可是，在現實中，B 回答了「我不知道」。
- 這麼說起來，C 頭上的帽子是白色的這個假設就是錯誤的。
- 因為 C 不是白色的，就是紅色的，所以，如果不是白色的就會是紅色的。
- 換句話說，C 頭上的帽子也就是紅色的。

「我知道了！C 頭上的帽子是紅色的。」

「答對了——」由梨宣布。

1.3.2　出題者的確認

當我向由梨說明思考的邏輯之後，由梨不由得皺起了眉頭。

「喂！哥哥是以『假設 C 是白色的情況』來進行思考的，那沒有以『假設 C 是紅色的情況』來進行思考也無妨嗎？」

「很厲害嘛！」我稱讚著由梨。「可是，不利用這個假設來解題也沒有關係。因為給的既有條件是『C 的顏色不是白色的就是紅色的』。」

「可是，由梨我針對『出題者說了謊的方向』進行了思考呢！」

「那是什麼樣的狀況呢？」

「我想想喔……就是啊～

（1）C 頭上的帽子不是白色的就是紅色的。

（2）C 頭上的帽子不是白色的。

這麼一來——

（3）想當然爾，C 頭上的帽子就是紅色的。

這就是我的想法。可是，如果（1）的論述是謊言的話，（3）就不可能會成立了，對不對？」

「嗯，由梨非常正確喔！如果沒有辦法滿足『C 的帽子不是白色的就是紅色的』這個前提的話，儘管知道了『C 的帽子不是白色的』，也就不能說『所以，C 的帽子就是紅色的』。那麼，我們就必須利用『假

設C帽子的是紅色的情況』，來確認出題者是不是有所疏失。要試試看嗎？」

　　「好！」

假設 C 頭上帽子的顏色是紅色的情況——

- A看見 B（紅色）且 C（紅色）的。但是 A 不曉得自己的顏色。
  →這符合了 A 的說法。
- B看見 A（紅色）且 C（紅色）的。但是 B 不曉得自己的顏色。
  →這符合了 B 的說法。

　　「的確都符合兩人的說法。雖然假設C帽子顏色是白的不合邏輯；但假設C帽子顏色是紅色卻符合邏輯。因此，就不能說『C帽子顏色是白色或紅色其中一種』這個前提條件奇怪而不合理的了。」

　　「我同意你的說法。哥哥，這個問題雖然複雜，卻相當有趣呢！」

　　「嗯！真的有趣！該說哪個地方有趣呢………就是『不知道』的發言竟變成了解題線索的這個地方。還有，就是站在 A 或 B 的立場——也就是站在別人的立場來思考問題，這些地方都很有趣……」

　　「一言以蔽之，就是愛啦！」

　　「話說回來，這次由梨解題的速度可是比哥哥快多囉！」

　　「嗯！可是，由梨啊，卻不能像哥哥一樣，條理分明地把問題邏輯說明清楚呢！哥哥讓由梨覺得最厲害的地方，就是說出了——

　　　　　　因為並非『兩頂都是白色的』，所以『至少一頂是紅色的』

……這樣的說法。我有點被哥哥感動到了。」

　　「在這個帽子謎題的世界裡，『那個說了我不知道的人，在他看見的其他兩人當中，至少有一人戴紅色帽子』的說法，就像『定理』一樣呢！」

　　「定理……」

　　「那麼，差不多該回房間用功了。媽媽，謝謝妳的貝果！」

　　「阿姨，謝謝招待！」

「等一下我再把茶送到房裡去喔！」媽媽說道。

1.3.3　鏡的獨白

一回到我的房間，由梨喀啦喀啦作響地扳著手指。

「哥哥，剛剛那個帽子謎題，實際上要解開很簡單喔！」

「為什麼這麼說呢？」

「在房間裡放一面鏡子就可以了。或在天花板裝鏡球之類的。」

「嚴禁過度裝飾……透過鏡子映照來看帽子顏色，不會太狡猾了點！」

「哼！這房間也沒鏡子啊！難不成哥哥是德古拉伯爵註（Dracula）嗎?!」

「德古拉的房間裡沒有鏡子嗎？」

「因為德古拉在鏡子中看不見自己的影像啊！」

「看不見鏡中影像這個假設，就是不存在這世界的表徵……」

「是！是！是！一點都不浪漫。……好！用繞口令決一勝負！」

由梨，猛力地用手指指著我。

「繞口令？」

「看哥哥你，追不追得上由梨的速度——？」

「隔著窗戶撕字紙，撕了柱子吃柿子！」

「撕了柱子，到底是什麼東西啦？」我忍不住冒出這樣的問題。

「唉呀?!等一下喔……」

「隔著窗戶撕字紙，撕了字紙吃四子！」

「這次變成吃四子了嗎？」我一頭霧水，感覺更疑惑了。「由梨想要說的，是不是『撕了字紙吃柿子』呢？」

註：來自於歐洲中世紀的費拉德四世（Vlad IV），德古拉為其別稱，意即魔鬼。費拉德的個性殘暴，手段殘忍，當時因為流言發揮作用，將他塑造成了一個恐怖的魔王。到了十九世紀，英國作家史托克（Bram Stoker）以費拉德為靈感，寫出了《吸血伯爵德古拉》，傳神而完整的描寫讓德古拉這個具有高貴貴族形象的吸血鬼深植人心。

「對！對！撕了字紙吃四……咦?!奇怪！」

不肯死心的由梨，又挑戰了好幾次。

「撕了柱子吃四子！……呼～總算是說完整了喵～」

「哪來的完整啊！根本就是錯誤百出好嘛！」

我開口糾正由梨，兩個人忍不住笑出了聲。

「討厭！你看連眼淚都笑出來了。」由梨拿出一面小鏡子。

「咦?!由梨都隨身帶著小鏡子嗎？」

「那還用問嘛！」

由梨突然變得一言不發，一臉表情複雜地盯著鏡子裡頭的自己看。

「……由梨？」

「女生照鏡子的時候，不要多嘴多舌地妨礙人家啦！」

「是！是！是！原來還有這種規定啊！」

由梨左調右整的，不斷地變換著各個角度，確認自己的臉和髮型。由梨也有女孩愛漂亮的這一面，讓我感到很訝異。

「……吶！哥哥。要變成世界上最美麗的人，方法其實很簡單喔！只要這個世界上剩下自己一個人的話，就會變成最美麗的人了──啊！這樣不行！如果這個世界上只剩下自己一個人的話，不就沒有人看見自己的美麗了嘛！一點意義都沒了說。」

由梨邊捧著鏡子站了起來，用極為戲劇化的聲音吟唱著。

「魔鏡啊！魔鏡！誰是這世界上最美麗的人？」

這個時候，媽媽剛好端著茶壺走進了我的房間。

「唉呀！由梨。妳說的是灰姑娘嗎？」

「我想你一定是搞錯了。一定！
是到了什麼別的地方錯誤的 208 室去了。一定是的！
沒錯！只能做這麼想了！」她說道。
──村上春樹《發條鳥年代記》「第三部刺鳥人篇」

第 2 章
皮亞諾算術

在媽媽一氣之下，被丟出窗口的豆子，

經過一夜之後，豆子發了芽，長成了一顆巨大的豆樹。

彼此糾纏著的粗壯樹幹像是一座梯子，並且伸展到了雲端。

高不可見的樹梢因為整個沒入雲層之中，而無法看見。

——《傑克與魔豆》

2.1 蒂蒂

2.1.1 皮亞諾公理

「學——長」有個聲音叫住我，我回過了頭。

「啊！蒂蒂！」

這裡是我就讀的高中。校園中庭有個小池塘，池塘四周有幾張長椅，午餐時間會坐滿用餐的學生。可是，現在是放學後，我一個人，坐在長椅上望著池塘。雖寒風刺骨，但腦筋清醒得讓我覺得心情很好。

「原來學長你在這裡啊！」蒂蒂說道。

真虧她可以找到我。的確不負擁有「可愛小跟蹤狂」盛名的蒂蒂。……只不過，會這樣稱呼蒂蒂的人，也只有我媽一個人而已。

蒂蒂是小我一屆的學妹。剪有一頭適合她的短髮，是個相當可愛的高一學生。身材嬌小、好奇心旺盛，是個朝氣蓬勃的陽光美少女。

我常教她數學。在放學後的圖書室裡、在樓頂上、在教室裡——蒂蒂總是會找到我，並向我請教數學問題。是和我感情很要好的學妹。

我稍微挪出了一些空間，蒂蒂在我旁邊坐了下來。淡淡的香氣從蒂蒂身上飄了過來。為什麼女孩子的身上總是散發出這般香甜的氣味呢?!

「新的問題卡片出爐囉……」蒂蒂一面說著，一面拿出卡片。「上

面寫得密密麻麻的，我怎麼看都看不懂。」

皮亞諾公理（文字版本）

PA1　1 是自然數。

PA2　每一個確定的自然數 n，都會有一個確定的後繼數 n'，n' 也是自然數。

PA3　對任何自然數 n，$n' \neq 1$ 會成立。

PA4　對任何自然數 m, n，若 $m' = n'$ 成立，則 $m = n$。

PA5　就一個關於自然數的命題 $P(n)$，倘若以下（a）與（b）兩個條件成立，

　　（a）$P(1)$ 成立。

　　（b）對任何自然數 k，若當 $P(k)$ 成立，則 $P(k')$ 也成立。

則對任何自然數 n，$P(n)$ 都會成立。

「啊～啊！原來如此！」我說道。

「啊！卡片後面還寫著其它字喔！」

我翻轉卡片，上面寫著邏輯式。

皮亞諾公理（邏輯式版本）

PA1　$1 \in \mathbb{N}$

PA2　$\forall n \in \mathbb{N} \left[n' \in \mathbb{N} \right]$

PA3　$\forall n \in \mathbb{N} \left[n' \neq 1 \right]$

PA4　$\forall m \in \mathbb{N} \ \forall n \in \mathbb{N} \left[m' = n' \Rightarrow m = n \right]$

PA5　$\left(P(1) \wedge \forall k \in \mathbb{N} \left[P(k) \Rightarrow P(k') \right] \right) \Rightarrow \forall n \in \mathbb{N} \left[P(n) \right]$

「這到底是什麼問題啊……」蒂蒂疑惑不解。

「這是村木老師出的『研究課題』呀！」

村木老師是我們高中的數學老師，常喜歡給我們出些與上課或考試的內容完全無關、耐人尋味的題目。可說是個古怪的老師。村木老師習

慣把題目寫在「卡片」上再發給我們。卡片出現的時間不定，而出題的難易度也不一。村木老師不管我們解題的方式，或想要參考哪本書解題，或是想請教誰都無所謂；不需要提交解題結果，也不會併入成績計算。通常，我們都是自動自發地解題，並提交解題報告給村木老師。能解開村木老師出的問題這件事情，當然不只能享受得到知識的樂趣……該怎麼形容好呢?!對我們而言，比較像是能夠一決勝負的競賽。

「所謂的『研究課題』……是要我們自己出題然後再解開嗎？」蒂蒂重新檢閱卡片上的內容。

「嗯！這個是皮亞諾公理。相當有名哦！我們要將寫在這張卡片上的公式，也就是針對 PA1 到 PA5 這五個公理來進行思考喔！」

「好……可是，學長。我從村木老師手中接下這張卡片開始，就很努力地想搞懂寫在這張卡片上面的意思。可是，我完完全全不了解卡片上面的意思。我唯一能夠理解的，大概就只有這個所謂的後繼數 n……」

「唉呀！可惜了！要看仔細一點喔！後繼數是 n'（n prime）而不是 n 喔！」

「啊！對耶……。那麼，那個所謂的 n'，指的該不會就是 $n + 1$ 的意思吧！因為，後繼數應該就是『下一個數字』的意思，對不對？」

「n' 的意思是 $n + 1$ 嗎」？

「差不多！就結果而言，差不多就是這個意思了！」

「那為什麼還要特地寫下 n' 呢?!直接寫成 $n + 1$ 不就好了嗎?!總覺得好像是刻意寫出 n' 這種難懂的字眼來刁難解題的人……。除此之外，這個所謂的皮亞諾公理，究竟代表的是什麼呢？關於這些問題我實在想不透。更別提背面那個『邏輯式版本』了，我真的……」

「看題目時不要跳著看，依序從 PA1 開始。」

「啊——好的！說的也是呢！」

「我在書裡頭看過，所以，關於皮亞諾公理的部分大致有所了解。蒂蒂因為是第一次接觸到皮亞諾公理，所以現在『一頭霧水，完全搞不懂』是很正常的噢！我們一起來先讀這個題目好了。」

「好！」

蒂蒂張著閃亮亮的雙眼直盯著我。這個蒂蒂啊，還真是喜歡和我一起研究數學呢！

「首先呢！我們要先從皮亞諾公理了解起——」

「這個皮亞諾是人名嗎？皮亞諾先生？」

「嗯！**皮亞諾**是一位數學家。利用皮亞諾公理就可以定義自然數。」

「利用皮亞諾公理，可以定義自然數」。

「定義——自然數？咦？怎麼會？可以做到那種事情嗎……」

「嗯，做得到哦！」

「啊！不是做不做得到的問題……應該說是定義自然數什麼的，真的有必要這麼做嗎?!因為，自然數——就是自然數啊！即使沒有定義什麼的，自然數不就是 1, 2, 3,…大家不都早就已經知道了嘛！」

蒂蒂在說到（1、2、3）的時候，還不忘搭配大動作的用手指比著。

「數學家皮亞諾是從自然數本質的性質上出發，經過思考論證後建立皮亞諾公理的。所謂的**公理**，指的是不需證明而必須加以承認的命題（「不證自明」的命題）。而所謂的**命題**，則是指能夠判斷真假的數學陳述。只要使用寫在這張卡片上的PA1～PA5 公理，就可用來定義 N 這個被稱為所有自然數的集合。從現在開始，我們暫時忘掉我們對自然數的理解。接著，我們要假設集合 N 會滿足皮亞諾公理。這個時候，有哪些元素會屬於集合 N 呢？——我們要用這種觀點來看皮亞諾公理。」

「哈！……哈啾！」

蒂蒂打了一個非常可愛的噴嚏。

「這裡太冷了，我們往『學藏』移動吧！」

2.1.2　無窮的請託

在前往「學藏」的途中，我和蒂蒂肩併著肩在校園的林蔭大道上漫步著。蒂蒂為了跟上我的步伐，幾乎小跑步了起來。

「學長，在童話中經常會出現『三個願望』這種橋段的說！」

「被關在瓶中的精靈會讓人的『願望』美夢成真……」

「就是那個！每次我只要一聽到這樣的故事，我總是忍不住會這麼想。在說出兩個願望之後，我的第三個願望是——

　　　『請再實現我三個願望』

如果可以這麼說就好了！」

「只要不斷地重複，不管有多少願望都可以實現了。」

「就是說啊！哈哈哈……」

「所謂的『請再實現我三個願望』，就是『後設願望』（meta，在……之後）——」

「後設？」

「關於願望的願望。像這種願望我們就稱為後設願望哦！」

「啊啊！就是 meta 啦！關於願望的願望——」

「等一下！」我停下了腳步。「這麼說的話，在一開始許願的時候，只要說出——

　　　『請實現我無數個願望』

不就好了嗎?!光憑這一句話就可以搞定後設願望啦！」

「可是，這樣一來，一開口就得用一句話讓人家給你無數個願望了耶！再怎麼說，這種行徑都太厚臉皮了啦……」蒂蒂握緊拳頭強調。

「話說回來，蒂蒂，妳的『願望』是什麼呢？」

「永遠都能跟學長……！唉呀呀！祕……祕密啦！」

2.1.3　皮亞諾公理 PA1

「學藏」是一個聚集許多學生的舒適空間。我們在自動販賣機買了咖啡後，在交誼廳裡的四人座坐了下來。今天難得只有小貓兩、三隻。我在桌上攤開了筆記本，蒂蒂在我左側坐了下來。

皮亞諾公理 PA1

1 是自然數。

$$1 \in N$$

「在 PA1 公理當中出現的 $1 \in N$ 的式子，蒂蒂懂它的意思嗎？」

「懂！指的應該是……元素與集合間的關係，對吧！所謂的 $1 \in N$，就是用來表示 1 為集合 N 的元素的數式。」

「對！沒錯！就像蒂蒂剛剛的解釋一樣。」

「是！」

我在筆記本上寫下了註記。

$$1 \in N \qquad \text{1 為集合 N 的元素}$$

「也可以使用『屬於』這樣的表現形式。」

$$1 \in N \qquad \text{1 為屬於集合 N 的元素}$$

「屬於──的確！就是 "1 belongs to N"，對吧！」

蒂蒂的英文發音真的很漂亮。

「嗯！如果把 $1 \in N$ 畫成圖的話，畫出來的就會像下面這個圖。」

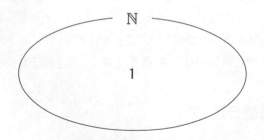

1 為屬於集合 N 的元素（$1 \in N$）

「是！」

「那麼，我們繼續往下來看 PA2 公理。」

2.1.4 皮亞諾公理 PA2

皮亞諾公理 PA2

每一個確定自然數 n，都會有一個確定後繼數 n'，n' 也是自然數。

$$\forall n \in \mathbb{N} \left[n' \in \mathbb{N} \right]$$

「雖然寫成了後繼數 n' 的形式，但指的就是 $n+1$，對吧！」

「雖然就結果而言是如此，但在 PA2 公理當中並沒有提及這個部分呢！」

這個部分還真是不太容易說明呢……。

「這是怎麼一回事呢？『並沒有提及』……？」

一聽到我的解釋有些含糊其詞，蒂蒂便立刻毫不留情地追問了起來。這個小妮子，不打破砂鍋問到底是絕對不肯罷休的。蒂蒂本人確實說過『我已經厭倦了自己做什麼都比別人慢一步』這種話。但我很欣賞蒂蒂那種會沉著仔細思考的態度。

「用心仔細讀 PA2 公理的部分。PA2 的部分寫著『每一個確定的自然數 n，都會有一個確定的後繼數 n'，n' 也是自然數』。寫的是『n'』，並沒有寫著『$n+1$』耶！從一開始到目前為止，我們所將要、想要定義的自然數中，還沒有定義『加法運算』的概念。」

「什麼……」

「雖說在結果上 n' 會等於 $n+1$，不過那也是之後的事。因此，不可以在有 n' 會等於 $n+1$ 這個先入為主的觀念下來進行討論！」

「是——不知道為什麼總覺得好像有點懂了。因為 $n+1$ 還沒有被定義，所以無法使用……學長說的是這個意思嗎？」

「對！沒錯！正是如此！話說回來，蒂蒂妳認為這個 PA2 公理到底想要主張的是什麼呢？我換個方式問好了！PA2 想要主張的是不是有哪些元素是屬於所有自然數所形成的集合 $\mathbb{N}$ 的呢？」

「咦——因為對每一個確定的自然數 n 來說，都會有一個確定的後繼數 n'，n' 也是自然數；這麼一來，就像是說如果 1 是自然數的話，那

麼『2 也會是自然數噢』，對不對？」

「蒂蒂。目前我們還不知道有 2 這個東西哦！」

「因為 1 是自然數，加上 1 等於 2，也會是自然數啊……」

「錯了錯了！還不要加 1。因為還沒有對『加法運算』定義。」

「啊，對耶！為什麼一瞬間我就把這件重要的事給忘得一乾二淨了呢！」

「PA1 公理保證了『1 為自然數』。接著，如果我們使用 PA2 的說法的話，那麼就可以說『1′ 也是自然數』。聽清楚了嗎？這裡說的可不是 2 喔！之所以會寫成──

$$1'\ (\text{One Prime})$$

其中大有文章。」

「哈哈！解題之鑰就是，要 literally（逐字分析）PA2 公理中的每一字一句，對不對？」

「逐字分析？」

「就是逐字逐句地分析 PA2 公理中的文意啊。」蒂蒂換個說法解釋。

「……嗯！對！因此，我們可以說 $1' \in \mathbb{N}$。為什麼呢？這是因為從一開始在 PA1 就說了 1 為自然數的緣故。

$$1 \in \mathbb{N}$$

而在 PA2 公理中，則說了每一個確定的自然數 n，都會有一個確定的後繼數 n'，n' 也是自然數。

$$n' \in \mathbb{N}$$

因此，我們將這個 1 代入 n 的話，那麼當然也就可以說 1′ 是自然數啊！

$$1' \in \mathbb{N}$$

雖然看起來很囉唆，但好好地運用公理來表示 $1' \in \mathbb{N}$ 是相當重要噢！」

「啊！總覺得我好像有點抓到訣竅了。這個道理說起來就像是——

『假裝不知道的遊戲』

對不對？只將寫出的文字部分當作公理使用。這麼一來，不管結果如何，就算我們察覺到了，也要刻意假裝不知道。我們要玩的就是這種遊戲……」

「太棒了！跟蒂蒂所說的一樣喔！只要『將寫出的文字部分當作公理使用』就可以了。然後，也要使用『從公理中邏輯推論所得到的結果』。可是，除了這兩個之外，其它的東西都不可以使用。除了已經被定義過的部分以外，我們全都要假裝不知道。的確是在玩『假裝不知道的遊戲』呢！」

「是！如果使用 PA1 與 PA2 的話，就會知道 1 及 1′ 會屬於我們的自然數集合。——請讓我把圖畫出來！」

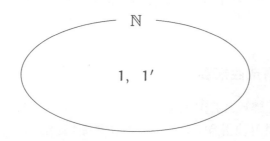

1′ 也屬於集合 $\mathbb{N}$ 的元素（$1 \in \mathbb{N}$）

「相當不錯呢！」

「不過，學長。請問一下有關於出現在邏輯式版本中的 $\forall n \in \mathbb{N}$ ……」

「嗯！這是 $\overset{\text{for all}}{\forall}$ 。換句話說，也就是相當於『所有』、『每個』等意思喔！卡片上是寫成了下面這種形式——

$$\forall n \in \mathbb{N} \left[\text{《與 } n \text{ 有關的命題》} \right]$$

它的意思是……

對集合 N 的所有元素 n，「與 n 有關的命題」會成立。有的時候也可以使用 $\overset{\text{若}\sim\text{則}\sim}{\Rightarrow}$ 的符號寫成下面這樣的邏輯式。

$$\forall n \left[n \in N \Rightarrow 《 與\ n\ 有關的命題 》 \right]$$

因為前面已經聲明過了 $n \in N$，所以在公式裡有的時候也會將 $\in N$ 這個部分省略掉。

$$\forall n \left[《 與\ n\ 有關的命題 》 \right]$$

不管有沒有省略掉 $\in N$ 這個部分，兩式的意思都是一樣的。只要多看一些數學書籍，就不難了解其中的各種變化了。」

「的確如此……那麼，接著就往 PA3 公理的部分繼續前進吧！」蒂蒂高高舉起緊握的右手。

「別急！別急！PA2 的部分還沒有結束呢！蒂蒂！」

「還有啊?!」

2.1.5 培育成巨無霸

「我們已經知道了 $1'$ 為屬於集合 N 的元素。換句話說，$1'$ 是自然數。如果針對 $1'$ 使用 PA2 公理的話，會變成什麼樣的情況呢？」

公理 PA2：每一個確定的自然數 n，都會有一個確定的後繼數 n'，而 n' 也是自然數。

「該不會就變成了……後繼數的後繼數了吧?!」

「說得非常正確！$1'$ 為已知的自然數，再加上一個 $'$ 的 $1''$ 也會變成自然數喔。」

$$1'' \in N$$

「如果這樣的話，是不是不管在 $'$ 之後再加上多少個 $'$ 都可以呢？」

「完全正確！」

$$1 \in \mathbb{N}, \quad 1' \in \mathbb{N}, \quad 1'' \in \mathbb{N}, \quad 1''' \in \mathbb{N}, \quad 1'''' \in \mathbb{N}, \quad \dots$$

「呼～說的也是啦！自然數 1,2,3,4,5,…有無窮多個，所以當然也非得製造出無窮多個像 $1, 1', 1'', 1''', 1'''',$ … 這樣的後繼數囉！」

「利用 PA1 與 PA2 兩個公理，可以把我們的自然數培育成巨無霸。」

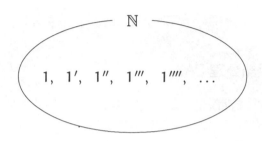

$1, 1', 1'', 1''', 1'''',$… 為屬於集合 N 的元素

「原來如此……」

「我們可以把集合 N 寫成下面的形式。」

$$\mathbb{N} = \left\{1, 1', 1'', 1''', 1'''', \dots\right\}$$

「這麼一來，自然數的定義就完成囉！」

「不，還沒有噢！到現在只使用 PA1 和 PA2 這兩個公理而已。」

「啊！說得也是！……可是，抓到訣竅後就變得有趣味多了。」

- 可以使用公理本身所給予的內容。
- 從公理推論出來的也可以使用。
- 重複使用公理也無妨。
- 我們藉由這些作法來定義集合 N。

「嗯！整理歸納得相當不錯呢！我們很期待這個 N 會變成所有自然數所形成的集合。於是，託了 PA1 與 PA2 的福，我們知道了集合 N 以 $\{1, 1', 1'', 1''', 1'''', \dots\}$ 的樣態存在著。」

「是！這個集合指的就是 $\{1, 2, 3, 4, 5, \dots\}$。可是，對這件事情我們

要『假裝不知道』。」

「沒錯！沒錯！就是要這樣！繼續玩『假裝不知道的遊戲』。」

「只是用了兩個公理就可以製造出無限多個自然數，這真的是太強了！簡直就像是讓兩面鏡子面對面……所進行的『雙鏡對話』呢！」

「不！光靠 PA1 與 PA2，還不能說可以製造出無限多個自然數噢！」

「咦？」

聽我這麼一說，蒂蒂立刻睜大了眼睛詫異地看著我。

2.1.6　皮亞諾公理 PA3

「這樣都還不能說是可以製造出無限多個自然數嗎？可是，不是增加多少個 $'$ 都沒有關係嗎？沒有界限的不是嗎？」

「沒錯！但還不能說是可以製造出無限多個自然數。」

「……到底是為什麼呢？」

「蒂蒂妳認為是為什麼呢？」

「因為、因為，都已經製造出了 $\{1, 1', 1'', 1''', 1'''',...\}$，不是嗎？」

「嗯～」

「那這樣的話，……不就有很多個——」

「可是呢！像 1 或 $1'$ 或 $1''$ 這類數字，並沒有保證它們彼此是不同的數字啊！」

「這個嘛……可是，$1'$ 與 1 是不同的，對吧！」

「在 PA1 公理與 PA2 公理的內容當中，並沒有說 $1' \neq 1$ 噢！」

「啊，非質疑到這麼徹底不可嗎……」

「當然！因為這個的緣故才會有皮亞諾 PA3 公理存在啊！」

「厲害、厲害……皮亞諾先生還真不是個省油的燈呢！」

皮亞諾公理 PA3

對任何自然數 n，$n' \neq 1$ 會成立，即 1 不是任何自然數的後繼數。

$$\forall n \in \mathbb{N} \left[n' \neq 1 \right]$$

「在公理 PA3 當中，我們就可以說 $1' \neq 1$ 了嗎？」

「當然！因為，『對任何自然數 n，$n' \neq 1$ 會成立』；因此，我們將自然數 1 套入 $n' \neq 1$ 的 n 當中，就會發現 $1' \neq 1$ 會成立。」

「啊啊！因為 1 是自然數……是這樣沒錯！學長，雖然是我剛剛才想到的，但是『對任何自然數 n』這樣的表現，真覺得相當厲害耶！完全不需要顧慮 n 是什麼。要在乎的只有一個點，那就是 n 是不是自然數就可以了……。蒂蒂我啊！對條件或邏輯這些理論……真的是不擅長。再正確一點說，或許是對這種『問答無用』的地方感到無奈而棘手吧！」

「原來如此啊！和由梨完全不同。由梨好像對邏輯上這種已經明確規定且不容質疑的『問答無用』之處最感興趣了。可是，我很能了解蒂蒂所想要表達的感覺。妳杞人憂天這一點，跟我還真的是滿像的呢！」

「咦?!是、是這樣嗎……」蒂蒂羞紅了雙頰。「怎麼覺得我老是說出這麼奇怪的話，真的很抱歉！」

「沒關係的！想說什麼就說什麼。我也因此上了寶貴的一課。」

聽我這麼一說，蒂蒂的臉上漾起了甜美的笑容。

2.1.7 微小？

我這才喝了一口冷掉的咖啡，蒂蒂便舉起手發問。

「在公理 PA3 當中，我有……疑問。」

蒂蒂這女孩，即使要問的人就在眼前，有問題還是會舉手發問。

「什麼疑問？」

「在公理 PA3 中有沒有說『1 是最小的數』呢……。」

公理 PA3：對所有自然數 n，$n' \neq 1$ 會成立。

「嗯……。這個說法既正確，也不正確。」

「啊？」

「公理 PA3 所主張的是，1 具有相當特別的任務。可是呢！這樣還不能說『1 是最小的數』。蒂蒂妳認為這是為什麼呢？」

　　蒂蒂面有難色地陷入了思考。今天的「學藏」真是異常安靜！平常總是有吵雜的說話聲和管絃樂團響亮的演奏練習聲，好不熱鬧！

　　蒂蒂生性羞怯，個性像隻小松鼠一樣。要形容的話，大概就是一隻蒂德拉松鼠（蒂德拉是本名，蒂蒂是膩稱）吧！我的腦海中想像著小蒂蒂因忙著消除不停往下落的俄羅斯方塊而焦急的身影，不禁噗嗤地笑出了聲。

　　「為什麼還不能說『1 是最小的數』呢……？」蒂蒂疑惑地問道。

　　「嗯！為什麼呢？我們目前正試圖定義自然數的集合。儘管是平常我們在運算數學時已經司空見慣了的東西，其實還有很多都沒有被定義喔！」

　　「……沒辦法，我真的不知道！」蒂蒂一臉心有不甘的表情說道。

　　「因為我們還沒擁有『小』這種概念啊！我們還沒有定義大‧小，所以自然不能說『1 是最小的數』啊！」

　　「什麼……像這種最基本的部分居然都還沒有被定義嗎？」

　　「嗯。那麼，我們言歸正傳吧！剩下的皮亞諾公理還有兩個。」

　　「沒錯！」

2.1.8　皮亞諾公理 PA4

　　「話說皮亞諾公理 PA4……」

　　「對，就是這個！」蒂蒂指著卡片上寫著皮亞諾公理 PA4 的地方。

皮亞諾公理 PA4

就後繼數而言，對任何自然數 m, n，若 $m' = n'$，則 $m = n$。

$$\forall m \in \mathbb{N} \ \forall n \in \mathbb{N} \left[m' = n' \Rightarrow m = n \right]$$

　　「蒂蒂已經看得懂了不是嗎?!這個部分。」

　　「大概吧……那個啊！文句的意思也好、邏輯式的意義也罷，可以說大概都已經了解了。⇒ 這個箭頭是『若…則』的意思，對吧?!」

「對！」

「我懂『若 $m'= n'$，則 $m = n$』這句話的意思。因為指的就是如果『m' 與 n' 相等』的話，那麼『m 與 n 就會相等』。可是——我不懂這到底和定義自然數這件事情有什麼關係呢?!」

「原來如此！原來是這麼一回事啊！」

「還有啊……『若 $m'= n'$，則 $m = n$』不是很理所當然的想法嘛！因為，如果 $m'= n'$，那麼 $m + 1 = n + 1$，所以 $m = n$ 不就是再自然也不過的結果了嗎……」

「妳看妳，又把公理用錯地方了。妳的想法完全顛倒過來了！蒂蒂現在思考的是後繼數的『意義』。因為蒂蒂察覺到了在結果上 m' 有 $m + 1$ 的意思，所以才會覺得『若 $m'= n'$，則 $m = n$』是理所當然的。是蒂蒂自己說要玩『假裝不知道遊戲』的，卻玩得一點都不徹底。」

「啊——我又重蹈覆轍了嗎？」

「沒錯！這個公理 PA4 的用意在於透過『若 $m'= n'$，則 $m = n$，確立後繼數的意義』。換句話說呢！我們就是以『若 $m'= n'$，則 $m = n$』這個性質定義尋求後繼數的運算 $'$ 噢！」

「運算……這樣啊！$'$ 說到底也是一種運算的方式呢！——那，可是，這麼一來，會變成什麼樣呢？嗚嗚——整個頭都痛起來了。明明是數學卻好像不是數學。和一般不太一樣，我整個腦袋嗡嗡轉個不停！」

蒂蒂一邊說著，一邊就像話中的意思一樣地抱頭苦惱。

「嗯，就是要用運算 $'$ 來滿足『若 $m'= n'$，則 $m = n$』這個性質，對不對？這麼做的話……就能避開迴圈（Loop）。」

「Loop……指的是『循環』嗎？」

「嗯。所謂的迴圈，只不過是我在自己心中擅加的意象……我們已經完全知道 N 為 $\{1, 1', 1'', 1''', 1'''', \ldots\}$ 的集合。這裡要使用演算 $'$，現在我們要試著思考如何在這些元素上徘徊。換句話說，我看到了如同下面一樣的連鎖。」

$$1 \longrightarrow 1' \longrightarrow 1'' \longrightarrow 1''' \longrightarrow 1'''' \longrightarrow \cdots$$

「哈哈啊！從 1 依序排列出後繼數、後繼數……，一直綿延下

去！」

「對！沒錯！可是呢！乍看之下，好像是同一條路，但如果我們假設在半路上讓 1′ 等於 1″″″ 的話，情況會變怎麼樣呢？」

「啊！是！」

「如果 1′ 等於 1″″″ 的話，這個連鎖就不會是筆直的一條路，而會變成一圈又一圈的迴圈。」

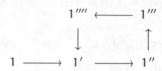

如果 1′ 等於 1″″″ 的話，這個連鎖就會變成一圈又一圈的迴圈

「為什麼……？啊！原來這樣啊！重複到 1″″″ 之後，就會回到 1′。」

「可是，這個跟我們想要製造出來的自然數結構不一樣喔！因為，我們想要的自然數結構不會變成迴圈，而是一條筆直的康莊大道啊！」

「等一下！」

蒂蒂突然緊緊地抓住了我的手臂，一臉認真的表情。

「請等一下！現在，我正在了解中……對於剛剛學長說我的想法完全顛倒過來的意思，我好像有『懂了的感覺』。n' 本身應該帶有什麼樣的性質，會藉由公理表現出來，對不對?!原來是這樣，原來是這樣啊……」

忘情的蒂蒂，不斷地搖晃著我的手，繼續往下說道。

「就是這樣噢！因為想要說『1 是自然數噢』，所以特地準備了 1 $\in$ N 這個名為 PA1 的公理。因為想要說『不管哪一個自然數都會有後繼數噢』，所以特地準備了 $n' \in$ N 這個名為 PA2 的公理。然後，又因為沒有比 1 還要小的自然數……唉呀，慘了！一時說溜嘴，居然不小心就說了『小』呢！我想想看……因為想要說『不會有後繼數為 1 的自然數噢』，所以特地準備了 $n' \neq 1$ 這個名為 PA3 的公理。再來是——因為想要說『後繼數會不絕地緊接在後出現』，所以特地準備了公理

PA4！」

「蒂蒂……妳現在已經完全接收到了皮亞諾所送出的訊息了呢！接收到了皮亞諾所欲傳達出的自然數的真正樣態！」

蒂蒂將緊抓著我的手放開，雙頰因興奮而變紅，緊接著站起。

「皮亞諾先生的訊息啊……這樣啊，沒錯。正是這樣呢！啊！」

蒂蒂突然提高了嗓音。

我追著蒂蒂的視線──

帶著笑意一臉燦爛的米爾迦正站在那裡。

2.2　米爾迦

米爾迦──她是我的同班同學。數學很強。不！用很強還不足以形容。應該說，只要是和數學有關的，沒有人是她的對手。戴著金框眼鏡，一頭烏溜溜的長髮，是個辯才無礙的才女。可是，除了數學以外，我常搞不懂她到底在想什麼……自從我和她第一次見面以來，她就像一團謎。要想搞清楚米爾迦的真實樣貌，實在是太困難了。

「兩位，我就想你們會在『學藏』。蒂蒂，妳拿到卡片了吧！」

米爾迦不疾不徐地走近我們這一桌。

米爾迦向蒂蒂伸出了手。

米爾迦的一舉一動在在都散發著優雅的氣息。

「咦？咦咦……」

蒂蒂將手中的卡片遞給了米爾迦，緩緩地在椅子上坐了下來。

「**皮亞諾算術。**」米爾迦就這麼站著，看了卡片正反面後開口說。

「原來這個叫做皮亞諾算術嗎？」蒂蒂問道。

米爾迦用中指推了一下眼鏡。

「PA1～PA5 指的就是 Peano Axioms，換句話說，也就是皮亞諾公理。研究滿足皮亞諾公理的集合 N，接著進一步定義謂語 $P(n)$，定義加法運算和乘法運算，就可以研究 Peano Arithmetic，也就是皮亞諾算術了──那麼，你的解說已經結束了嗎？」

我快速地將剛剛告訴過蒂蒂的內容轉述一遍給米爾迦聽。

米爾迦的視線越過我的肩，看往我身後那本攤在桌上的筆記。

米爾迦的秀髮輕觸臉頰。

香甜的柑橘芳香籠罩著我的四周。

我感覺得到米爾迦搭在我肩上的手。

（好溫暖）

「算了！差不多就那個樣子啦！雖說沒什麼錯，但說到迴圈……」

米爾迦站直了身體，閉起了雙眼。一瞬間，周遭的空氣似乎凝結了起來。見米爾迦一閉起雙眼，誰都沒有再開口說話。

「迴圈的表現不恰當。」米爾迦睜開雙眼說道。

「是嗎？」我的語氣顯得有些焦急。「如果 PA4 不存在的話──換句話說，也就是 $m' = n' \Rightarrow m = n$ 這個公理不存在的話，後繼數 ′ 的途徑會變成迴圈，我們也沒有什麼好抱怨的，對吧?!」

「先不管那個。我想說的是，與其說 PA4 是用來防止迴圈出現的保險裝置，倒不如說它是用來預防合流。只要可以預防合流的話，就一定也能夠預防迴圈的出現了。」

「……合流？」

「我來畫圖說明一下好了！」米爾迦向蒂蒂揮手。

是示意要坐在我身旁的蒂蒂讓位給米爾迦的手勢嗎？

一瞬間，現場的空氣迅速凝結。

蒂蒂在稍稍遲疑之後，站起身來，移往我對面的座位。

米爾迦，就在蒂蒂旁邊的位置上坐了下來。

……咦？是要坐在蒂蒂旁邊嗎？

於是，米爾迦無視於我的反應繼續往下解說。怎麼會這樣啦……。

「就像是，如果說只有 PA1、PA2、PA3 的話，自然數就變成這樣構造的話也無妨。而與其說是迴圈，倒不如說是合流比較正確吧！」

米爾迦用我的自動鉛筆畫了下面這個圖。

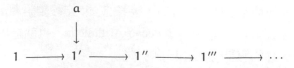

如果只有 PA1、PA2、PA3 的話，出現合流的情況也無妨

「這樣很奇怪耶！因為這個叫做什麼 a 的元素，到底是從哪裡來的呢?! a 並沒有辦法從 1 延伸出來啊！」我提出反駁。

「只要仔細閱讀公理就會了解了。在 PA1、PA2、PA3 當中，不管哪一個公理裡都沒有註明『所有的元素都是從 1 延伸出來的』。此外，光只有這三個公理是無法導致那樣的結果的。因此，像寫在這裡的 a，我們只要言明這裡有一個不是從 1 延伸出來的元素 a 就可以了。也就是說，只要有 PA1、PA2、PA3 的話，就可以製造出那樣的模式了。正如同你所說的一樣，PA4 可以防止迴圈。但同樣地也可防止合流。」

「米爾迦學姊……」蒂蒂開口喊道。「針對剛剛學姊所做的解釋，我大概思考了一下，如果 PA4 可以阻止合流的話，那麼不就是不需要 PA3 中所提到的 $n' \neq 1$ 這個條件了嗎？」

「那是必要條件。」米爾迦斬釘截鐵地答道。「如果剔除了 PA3，只剩下 PA1、PA2、PA4 的話，自然數的構造就會變成下面這個圖了！」

米爾迦又畫了一個新的圖。

$$\cdots \longrightarrow a \longrightarrow 1 \longrightarrow 1' \longrightarrow 1'' \longrightarrow 1''' \longrightarrow \cdots$$

只有 PA1、PA2、PA4 的話，變成這種構造也無妨

「的確沒有產生合流。可是，這並不是我們所期待的自然數構造——對不對？」米爾迦語尾上揚詢問道。

「嗯～」我點頭表示贊同。「如果只有 PA1、PA2、PA4 的話，那麼集合將從遙不可知的遠方而來，又將去到邈不可及的海角天涯吧！」

「皮亞諾先生可是在多方考量下才寫出這個公理的呢……」

「最後，我們要討論的是公理 PA5。」米爾迦說道。

2.2.1　皮亞諾公理 PA5

最後，我們要討論的是公理 PA5。

皮亞諾公理 PA5

就一個關於自然數的命題 $P(n)$，倘若以下（a）與（b）兩個條件成立。

（a）$P(1)$ 成立。

（b）對任何自然數 k，若當 $P(k)$ 成立，則 $P(k')$ 也成立。

則對任何自然數 n，$P(n)$ 都會成立。

$$\left(\underbrace{P(1)}_{(a)} \wedge \underbrace{\forall k \in \mathbb{N} \left[P(k) \Rightarrow P(k') \right]}_{(b)} \right) \Rightarrow \forall n \in \mathbb{N} \left[P(n) \right]$$

在公理 PA5 當中，將會有嶄新且與自然數 n 有關的**謂語**出現。所謂與自然數 n 有關的謂語，指的就是當我們將自然數 n 具體化的時候，$P(n)$ 就會成為命題。雖然我們在這裡稱做 $P(n)$，但事實上叫什麼名字都可以。公理 PA5 所敘述的是——

　　對任何自然數 n，$P(n)$ 都會成立

的證明方法。——沒錯！所謂的皮亞諾公理 PA5，也就是**數學歸納法**。在自然數的定義中，數學歸納法的登場可以說是意義相當深遠的一件事。因為，數學歸納法可說是啟發了與自然數本質有關的部分。

如果說自然數為有限個的話——例如，我們設自然數只有 1, 2, 3 三個。這麼一來，我們只要證明 $P(1)$、$P(2)$、$P(3)$ 這三個命題成立的話，那麼也就同時證明了所有與自然數 n 有關的 $P(n)$ 也會成立。

可是，自然數有無限多個。我們不可能針對無限多個自然數進行實際調查。要想知道對所有自然數所欲主張孰真孰假，數學歸納法是不可或缺的工具。PA5 是皮亞諾公理為了了解所有自然數所欲主張孰真孰假而特地準備的結構。

◎　◎　◎

「請問一下……米爾迦學姊。」蒂蒂戰戰兢兢地問道。「關於那個

『數學歸納法』──實際上，我並不是很了解。雖然之前上課有學到過⋯⋯」

「那麼，我就簡單介紹一下。數學歸納法的步驟，有以下兩個。」

米爾迦一臉開心地開始解說。

2.2.2 數學歸納法

數學歸納法，有以下兩個步驟。

STEP（a）：證明命題 $P(1)$。這個步驟，也就是歸納的基礎。

STEP（b）：證明對任意自然數 k，「如果 $P(k)$ 成立的話，則 $P(k+1)$ 也會成立」。

如果可以同時證明STEP（a）與STEP（b）兩步驟的話，「對所有自然數 n，$P(n)$ 會成立」也會跟著被證明。

這就是數學歸納法的證明步驟。

◎　◎　◎

「這就是數學歸納法的證明步驟。」米爾迦說道。

「是⋯⋯」蒂蒂點頭表示了解了。

「現在我立刻出一題簡單好解的題目讓妳試試看。」米爾迦繼續往下說。「因為沒有加法運算＋的話，接下來的話題也不好進行；在這裡，我們要將利用皮亞諾公理定義自然數的這個話題做個結束，而改用加減乘除等運算這些已經完全被定義過的東西，來定義自然數。」

> 問題 2-1（奇數和與平方數）
> 試證明對任何自然數 n 下面數式會成立。
> $$1 + 3 + 5 + \cdots + (2n - 1) = n^2$$

「好、好的！⋯⋯我來證明。根據數學歸納法──」

「錯！」米爾迦咚咚地敲著桌面。「一開始要製作例子。步驟就跟平常一樣。就只有笨蛋會忘記要舉例。」

「啊——的確如此！

『舉例說明為理解的試金石』

呢！」蒂蒂說著說著，偷偷往我瞄了一下。「我這就舉個具體的例子。」

$$1 = 1 = 1^2 \qquad\qquad n = 1 \text{ 的情況}$$

$$1 + 3 = 4 = 2^2 \qquad\qquad n = 2 \text{ 的情況}$$

$$1 + 3 + 5 = 9 = 3^2 \qquad\qquad n = 3 \text{ 的情況}$$

「對！在 $n = 1, 2, 3$ 的時候，的確是成立的……而且，那個我發現到了耶！因為舉出了具體的例子，所以發現了 $1 + 3 + 5 + \cdots + (2n - 1) = n^2$ 這個式子，就是要把 n 個奇數給相加起來，對不對？」

「對！蒂蒂的這個發現相當重要！」米爾迦突然豎起了食指。

「人的心會壓縮具體實例。而從下意識中探尋模式，會找出精簡表現的正是人的心。就像把『n 個奇數相加起來所得到的東西』一樣。——要證明這個式子的方式雖然有很多種，但是，請試著利用數學歸納法的方式來進行思考，蒂德拉！」

「好！我想想看——」

◎　◎　◎

依下面的步驟制定與自然數有關的謂語 $P(n)$。

謂語 $P(n)$：$1 + 3 + 5 + \cdots + (2n - 1) = n^2$

接著，再按照 STEP（a）與 STEP（b）的順序來進行證明。

STEP（a）的證明：首先，要證明 $P(1)$。因為 $P(1)$ 是像下面一樣的命題，所以的確會成立。

命題 $P(1)$：$1 = 1^2$

因此，STEP（a）獲得了證明。

STEP（b）的證明：接著，要證明就自然數 k，若相關的 $P(k)$ 成立的話，$P(k+1)$ 也會成立。先就自然數 k，假設相關的 $P(k)$ 成立。這麼一來，下面的命題也會跟著成立。

假設過的命題 $P(k)$：$1 + 3 + 5 + \cdots + (2k-1) = k^2$

從這裡開始，證明 $P(k+1)$ 會成立便成了主要目標。所謂的 $P(k+1)$ ——

目標的命題 $P(k+1)$：$1 + 3 + 5 + \cdots + (2\underline{(k+1)} - 1) = \underline{(k+1)}^2$

指的就是上面這個形式。我們只是將 k 的部分變成了 $(k+1)$ 而已。而這個變化過後的數式就成了我們的目標。那麼，我們就來將 $P(k)$ 的數式轉化成 $P(k+1)$ 的數式吧！$P(k)$ 的數式……換句話說，也就是要從 ——

$$1 + 3 + 5 + \cdots + (2k-1) = k^2$$

這個數式開始，將數式左邊的部分視為 $P(k+1)$ 左邊的形式來思考。

也因此，兩邊都要同時加上 $(2(k+1)-1)$。

$$1 + 3 + 5 + \cdots + (2k-1) + \underline{(2(k+1)-1)} = k^2 + \underline{(2(k+1)-1)}$$

去掉括弧。

$$= k^2 + \underline{2(k+1)-1}$$

接著，再次去掉括弧。

$$= k^2 + \underline{2k+2} - 1$$

計算常數的部分。

$$= k^2 + 2k + \underline{1}$$

因式分解。

$$= \underline{(k+1)^2}$$

好！在這裡，我們要將得到的數式再重寫一遍。

$$1 + 3 + 5 + \cdots + (2k - 1) + (2(k + 1) - 1) = (k + 1)^2$$

這個結果就和 $P(k + 1)$ 的形式一致了。換句話說，我們從假設的命題 $P(k)$，推導得到目標命題 $P(k + 1)$。因此，STEP（b）也獲得了證明。

像這樣，因為STEP（a）與STEP（b）兩者同時成立，所以根據數學歸納法原理，就任意自然數 n，相關的 $P(n)$ 也會成立。也就是說，下列與任意自然數 n 相關的數式也會成立。

$$1 + 3 + 5 + \cdots + (2n - 1) = n^2$$

這就是我們所要證明的。——Q. E. D.（Quod Erat Demonstrardum，證明完畢，故得證）。

◎　◎　◎

「Q. E. D.？」蒂蒂疑問道。

Q. E. D.——證明完畢的印記。

「Perfect！」米爾迦說道。

蒂蒂居然能夠完成數式轉化，這始料未及的意外讓我相當訝異。

「蒂蒂，為什麼剛剛妳會說自己不是很了解呢？」

「啊！是⋯⋯套用數學歸納法的模式來證明數式，這點我還會。因為在課堂中曾經練習過——但事實上，我並不是整個都了解。我想請問一下，對我而言那個算是謎團的STEP（b）。在剛剛證明STEP（b）的時候，我說了像這樣的話。

⋯⋯先就自然數 k，假設相關的 $P(k)$ 成立⋯⋯

可是，我覺得非常奇怪耶！因為，我們想要證明的是『就任意自然數 n 相關的 $P(n)$ 會成立』，對吧!?但在這裡卻感覺是要將所欲證明的東西變成像是假設一樣的東西。將所欲證明的東西假設之後再進行證明，我認為這很奇怪。雖然可以配合數學歸納法的模式寫下證明的過程，但為什麼要先假設之後再進行證明，這一點我怎麼都想不透?!」

蒂蒂一口氣說完，然後看著坐在自己隔壁的米爾迦。

米爾迦雖然沒有開口，但帶著一臉（接下來，輪到你上場了）的神情望著我。

「這個問題問得相當好噢！蒂蒂！」我說道。

◎　◎　◎

這個問題問得相當好噢！蒂蒂。

我現在就用比較淺顯易懂的例子來做說明喔！

數學歸納法的運作方式如同骨牌效應。

所欲證明的是「排成一列的骨牌會全倒」。

STEP（a）相當於「第一張骨牌會倒」。

STEP（b）則相當於「第 k 張骨牌倒下的話，那麼第 $k + 1$ 張也會跟著倒下」。嗯！換句話說，也就是「如果骨牌倒下來的話，下一張骨牌也會跟著倒下」。請仔細思考下面的兩個重點。

- 「如果骨牌倒下來的話，下一張骨牌也會跟著倒下」這件事情。
- 「實際上，骨牌倒下來」這件事情。

這兩件事情完全不一樣，對不對?!蒂蒂。

◎　◎　◎

「哈哈啊……的確如此！只要試著想像自己的眼前排列有骨牌，就會發現『如果骨牌倒下來的話，下一張骨牌也會跟著倒下』這件事情，與『實際上，骨牌倒下來』這件事情，是完全不一樣的呢……」

「的確是。」我說道。「但還是常常會有人把它們搞混。問題出在用字遣詞上的差異。那麼，數學歸納法的STEP（b）屬於哪一種呢？」

（1）對所有自然數 k，

「$P(k)$ 成立的話，那麼 $P(k + 1)$ 也會成立」

（2）「對所有自然數 k，如果 $P(k)$ 成立」的話，

那麼 $P(k + 1)$ 也會成立

「……啊啊！原來如此！數學歸納法所使用的應該是（1）吧！總覺得我之前的想法都比較傾向（2）」。

「是啊！」我點頭贊同蒂蒂的說法。

解答 2-1（奇數的和與平方差）

將會成立的等式 $1 + 3 + 5 + \cdots + (2n - 1) = n^2$ 寫成 $P(n)$，接著使用數學歸納法。

（a）當 $n = 1$ 時，因為 $1 = 1^2$，所以 $P(1)$ 成立。

（b）假設 $P(k)$ 與自然數 k 有關，則下面命題會成立。

$$1 + 3 + 5 + \cdots + (2k - 1) = k^2$$

兩邊同時加上 $(2(k + 1) - 1)$ 整理之後，就會得到——

$$1 + 3 + 5 + \cdots + (2k - 1) + (2(k + 1) - 1) = (k + 1)^2$$

即可證明 $P(k + 1)$ 亦能成立。

以上（a）和（b）兩項都能證明時，根據數學歸納法，則對任何自然數 n，$P(n)$ 都會成立。亦即下面命題會成立。

$$1 + 3 + 5 + \cdots + (2n - 1) = n^2$$

2.3　在無盡的邁步中

2.3.1　是有限？是無限？

天色已經完全地暗了下來。

我們走出了學藏，三個人一起走往車站的方向。因為是小路，我們三個人自然地走成了一行。蒂蒂在前，我居中，而米爾迦殿後。

我邊走邊思考著。

人類，一步一腳印往前邁進。無法預知所有的步伐會邁向何方。

人類，一天活過一天。無法預知生活裡每一天的風景會是如何。

「無法預知接下來會發生什麼事」。

未來，就如同墜入五里霧中，前路朦朧不清，無法分辨方向。

然而……。

然而，我們的記憶足跡，或許就這樣在每一步當中留下了印記。

在春雨紛紛的時節裡，我配合著蒂蒂的步伐緩緩走著的回憶；

在絢麗的餘暉中，我配合著米爾迦毫不遲疑，大步向前的回憶——

一切的一切，都埋藏在無盡的邁步當中。

蒂蒂突然回過身來說道。

「只用五個公理就搞定了自然數的定義，真是很厲害呢！」

「是啊！」我同意了蒂蒂的看法。「可是，仔細思考的話，就會發現其實PA5相當複雜噢！要說它單純是一個公理的話也沒有錯啦……」

「用有限捕捉無限——的確！那正是它的魅力所在呢！」米爾迦說道。「只是，雖說是無限，但也被以某種形式、某種制約、某種標記法給束縛住了。沒有模式的無限，是沒有辦法有模式地記錄下來的。」

2.3.2　是動態的？是靜態的？

「我們可不可以這麼說呢?!皮亞諾利用名為後繼數的『下一步』，來對抗這個名為自然數的無限概念。」我一邊蹀步向前一邊說。

「是笨蛋的話恐怕連『下一步』都辦不到吧！」蒂蒂說道。「數學歸納法也是藉由一步一步地進行證明的……」

「一步一步地進行證明，這種動態的意象，是否正確呢？」米爾迦疑問道。「就數學歸納法的證明步驟來看，似乎是按部就班地進行證明。帶有這種想法稱不上壞。可是，數學歸納法所要展示的是，根據數

學歸納法的原理此一命題對所有的自然數都會成立這件事。而這個部分的特質屬靜態意象。所主張的並非是針對一個個的自然數,所欲主張的是針對所有自然數的集合。藉由邏輯的力量,一鼓作氣地全數一網打盡。你剛剛祭出的『骨牌效應的比喻』相當不賴,但卻是片面的。」

「原來如此……」我恍然大悟道。

「人、人家我也……」蒂蒂欲言又止地說道。「以前也曾經思考過類似的東西。當時,我向學長請教的是有關於數列的問題。例如,就算利用了『對所有自然數,$a_n < a_{n+1}$ 都成立』這樣的表現方式,但當我們親眼目睹一個接著一個的數列時,卻不免會心生「啊～慢慢愈變愈大」的感覺。可是,『對所有自然數,$a_n < a_{n+1}$ 都成立』這個主張,感覺起來就像是米爾迦學姊所描述的那種靜態感。」

「使用皮亞諾公理,便可以定義自然數的集合。明明要定義的是自然數,卻使用了『集合與邏輯』。因為我們試圖藉由集合與邏輯之力,奠下數學的基礎。」米爾迦說道。

「藉由集合與邏輯之力,數學的基礎……」我喃喃地重複道。

「啊,黃燈了!」

蒂蒂一邊喊著,一邊加快腳步跑過了人行道。元氣十足的陽光女孩一跑過人行道之後,信號立刻轉為紅燈。米爾迦和我站在馬路的這一頭,靜靜地等待著號誌燈轉綠。

另一頭的蒂蒂,不斷地向我們這一頭揮舞著手。

我揮動著手回應著蒂蒂。

「啊!對了!」我對站在身邊的米爾迦開口說,「剛在『學藏』裡——

我沒有想到米爾迦竟然會選擇坐在蒂蒂的隔壁呢!」

沉默。

不一會兒,米爾迦就這樣面對著紅燈,淡淡地吐出了話語。

「……因為坐在你對面,可以把臉看得比較清楚。」

「咦?」

「綠燈了!」

2.4　由梨

2.4.1　加法運算是？

「皮亞諾算術這個話題，還真是相當有趣呢喵～」由梨說道。

和往常一樣平凡無奇的週末。在我的房間。由梨纏著我說話。

「是嗎？是哪一個部分讓妳覺得有趣呢？」

「我想想看喔！公理啪地就決定好了一切的那一部分。在一開始的時候，只準備了 1。之後，為了製造後繼數才又準備了運算 '。光靠著這些居然就可以一鼓作氣地製造出無窮多個自然數。而且為了避免合流還特地準備了公理。真是毫無破綻。由梨，我啊！最喜歡這些地方了。圍堵到滴水不漏的皮亞諾，還挺有兩把刷子的嘛！」

「……妳會不會臭屁了點啊？由梨！」

「話說回來，『加法運算』也可以定義嗎？」

「可以定義！『加法運算』的定義並沒有想像中來得難噢！」

加法運算的公理

ADD1　對所有自然數 n，$n + 1 = n'$ 會成立。

ADD2　對所有自然數 m, n，

　　　$m + n' = (m + n)'$ 會成立。

「咦……？光這個樣子真的可以進行加法運算嗎？」由梨疑惑道。

「嗯！當然可以啊！這可以稱得上是＋這個運算符號的定義呢！」

「那，來試試看 $1 + 2 = 3$ 的運算吧！」

「好啊！不過運算的時候，我們要利用 $1 + 1'$ 來取代 $1 + 2$ 喔！」

「……咦？啊—是這樣啊！因為我們還不知道 2。」

$$
\begin{aligned}
1 + 1' &= (1 + 1)' \qquad &&\text{在公理 ADD2 中，令 } m = 1, n = 1 \\
&= (1')' \qquad &&\text{在公理 ADD1 中，令 } n = 1 \\
&= 1'' \qquad &&\text{除去括弧}
\end{aligned}
$$

「所以——

$$1 + 1' = 1''$$

會成立。接下來，我們只要將 1′ 與 1″ 個別取名為 2, 3，這麼一來——

$$1 + 2 = 3$$

證明就可以成立了。」

「那麼，2 + 3 = 5 呢？」

$$
\begin{aligned}
1' + 1'' &= (1' + 1')' && \text{在公理 ADD2 中，令 } m = 1', n = 1' \\
&= ((1' + 1)')' && \text{在公理 ADD2 中，令 } m = 1', n = 1 \\
&= (((1')')')' && \text{在公理 ADD1 中，令 } n = 1' \\
&= 1'''' && \text{除去括弧}
\end{aligned}
$$

「所以，下面的式子會成立。

$$1' + 1'' = 1''''$$

和剛才一樣地，我們只要將 1′, 1″, 1″″ 個別取名為 2, 3, 5，這麼一來——

$$2 + 3 = 5$$

證明就可以成立了噢！」

2.4.2　公理是？

「儘管如此，說起來蒂蒂學姊還真是不可思議呢！雖老是嚷著不知道，結果卻這樣漸漸地理解了問題。哥哥，她究竟是何方神聖啊!?」

「我自己常常會有這樣的疑惑呢！說起來蒂蒂這個女生啊，在我們解題的過程中，確實經常提到自己不懂數學呢！她可以說是拚命三郎型的人，相當用功喔！如果由梨可以向蒂蒂看齊就好囉！」

「……什麼嘛！」由梨的眉頭整個都皺了起來，但隨即聳了聳肩裝作不在意地繼續往下說。「米爾迦大小姐一如既往，依舊美麗動人喵。

到底米爾迦大小姐都是用什麼樣的神技妙法用功的呢?!」

由梨相當崇拜米爾迦，總是在米爾迦名字後多加上大小姐這個尊稱。

「米爾迦的話，我想她一定是腳踏實地、實實在在地努力用功吧！」

「是這樣嗎?!……數學歸納法這個課題也滿有趣的呢！針對所有自然數 n 所進行的證明……

$$1 + 3 + 5 + \cdots + (2n - 1) = n^2$$

『將 n 個奇數相加所得到的和』居然會等於『n 的平方』呢！……咦，奇怪了?!不知道為什麼我總覺得好奇怪耶！哥哥！」

由梨慢慢地抬起了頭，臉上的表情看起來像個小大人似的。

「哪裡奇怪?!」

「為什麼在這裡使用等號就沒關係呢?!哥哥剛剛只定義了＋號，根本還沒有定義＝號啊！對吧？」

我感到相當地詫異。

「啊……的確好像是這麼一回事呢！」

開始一臉笑嘻嘻的由梨。

「不只是 $\underset{等於}{=}$，還有 $\underset{屬於}{\in}$ 這個符號也還沒有定義喔──！」

「嗯嗯～說起來還真是如此耶……」

「就是說啊──！在哥哥說明過程中出現過的符號，大部分都還沒有定義過喔！不管是 $\underset{所有}{\forall}$ 這個符號也好，$\underset{若\sim則}{\Rightarrow}$ 這個符號也好，都還沒有定義過。定義是由公理中所產生的對吧?!如果是這樣的話……」

由梨眼睛眨也不眨地緊盯著我說道。

「哥哥，$=$、$\in$、$\forall$、$\Rightarrow$ 這些符號的公理，到底在哪裡呢喵？」

結果，不管針對整數的哪一種性質來進行證明，
都脫離不了必須使用到數學歸納法。
這是為什麼呢?!因為只要追根究柢到基本概念的話，
就會發現整數的本質是由數學歸納法所定義建構而成的。
──高德納（Donald Ervin Knuth，美國著名電腦科學家）

No.

Date ･ ･ ･

「我」的筆記（皮亞諾算術）

皮亞諾公理

$$1 \in \mathbb{N}$$

$$\forall n \in \mathbb{N} \left[n' \in \mathbb{N} \right]$$

$$\forall n \in \mathbb{N} \left[n' \neq 1 \right]$$

$$\forall m \in \mathbb{N} \ \forall n \in \mathbb{N} \left[m' = n' \Rightarrow m = n \right]$$

$$\left(P(1) \wedge \forall k \in \mathbb{N} \left[P(k) \Rightarrow P(k') \right] \right) \Rightarrow \forall n \in \mathbb{N} \left[P(n) \right]$$

加法運算的公理

$$\forall n \in \mathbb{N} \left[n + 1 = n' \right]$$

$$\forall m \in \mathbb{N} \ \forall n \in \mathbb{N} \left[m + n' = (m + n)' \right]$$

乘法的公理

$$\forall n \in \mathbb{N} \left[n \times 1 = n \right]$$

$$\forall m \in \mathbb{N} \ \forall n \in \mathbb{N} \left[m \times n' = (m \times n) + m \right]$$

不等號的公理

$$\forall n \in \mathbb{N} \left[\neg (n < 1) \right] \qquad (n \ 不可能比 \ 1 \ 小)$$

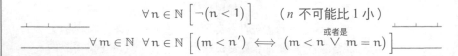

$$\forall m \in \mathbb{N} \ \forall n \in \mathbb{N} \left[(m < n') \iff (m < n \ \overset{\text{或者是}}{\vee} \ m = n) \right]$$

第 3 章

伽利略的遲疑

<blockquote>
「倒不如說漠然是人類語言的慣例啊！

若要問為什麼那場旅程的所有細節無法用語言做表現？

那是因為興奮之情溢於言表，而過於明快的緣故噢！」

——路易斯《漫遊金星》

（C. S. Lewis，英國著名學者、文學家，《Perelandra》）
</blockquote>

3.1　集合

3.1.1　美人的集合

「……哥、哥哥！快‧起‧床——！」

我被一個大到無法想像的聲音給挖了起來。原來是由梨。

「不要在桌上睡啦——」

「我只不過是閉著眼睛在沉思而已噢！」我回答道。

「口水都流滿桌了喵～」

我慌慌張張地用袖口擦著嘴角。

「我‧騙‧你‧的‧啦——」由梨捉狎地笑道。

「啥?!……」我突然感到一陣疲倦。

今天是週末。這裡是我的房間。就像平常一樣，由梨來找我玩。雖然由梨老藉口說是來找我一起用功的……。

「吶、哥哥。今天要拜託你教由梨『集合』噢！」

「集合？」

「就是啊！前一陣子數學課快要結束的時候，老師突然說『我們來談點有趣的數學話題』，便開始說起了集合。哥哥之前不是也曾提起過集合嗎？所以，也燃起了由梨對集合的興趣……」

「是這樣啊！」

「可是啊！老師卻不清不楚地做了『所謂的集合，強調的是聚集。簡單舉例就像是〈美人的集合〉之類的』這樣解釋。老師的話才一說完，便引起班上同學一陣譁然。議論著班上的美人到底是誰──誰知道不久之後，老師居然又說了『美人的集合，其實根本不能算是一種集合』，聽得由梨一頭霧水，根本就搞不懂老師說的究竟是什麼意思啦！」

「如果對象是國中生的話，我認為舉數學為例會比較恰當。」我說。

「數學的例子？」

「嗯！那我們一起來思考這個問題看看！」我翻開筆記本。

「好耶──」由梨一邊說著，一邊戴上了眼鏡。

3.1.2　外延的定義

「由梨可以試著說說看 2 的倍數嗎？在自然數範圍內的就可以了！」

「嗯！可以啊！像 2 啊 4 啊這一類都是。」

「對！沒錯！就這樣從 2 開始說說看 2 的倍數。」

「好的！我懂了！我說說看喔！

$$2, 4, 6, 8, 10, 12, 14, 16,\ 等等$$

是不是這樣？」

「對！所以將 2 的倍數全聚集在一起所組成的群體，就叫做──

『所有 2 的倍數的**集合**』。

因此，我們可以把它寫成像下面這個樣子。」

$$\{2, 4, 6, 8, 10, 12, 14, 16, \ldots\}$$

「這不就只是把它們排列在一起而已嗎？」

「一般集合的書寫規則就像下面這樣噢！」

- 用逗點（,）在元素的具體實例之間做區隔排列。
- 元素與元素之間的排列，並不需要按照順序。
- 如果元素有無窮多個的話，在最後的部分要加上點點點（...）。
- 要在整體集合的最後用大括弧括起來。

「大括弧是什麼？」

「就是{ }這個符號。」

「這樣啊！那哥哥，所謂的集合指的是不是數字的聚集啊?!」

「不全然指的是『數字的聚集』。總之，是『什麼事物』的聚集。」

「就是將內容集合起來，再用大括弧括起，對吧?!簡單！」

「不是叫做內容，而是稱為元素喔！」

「ㄩㄢˊㄙㄨˋ？」

「屬於集合物件中的每個單一物件就稱為**元素**。」

「ㄩㄢˊㄙㄨˋ……」

「舉例來說，10 為『所有 2 的倍數的集合』的元素。我們要利用 ∈ 的符號來表示。」

$$10 \in \{2, 4, 6, 8, 10, 12, 14, 16, \ldots\}$$

「數學家這種生物真的是很喜歡符號呢！」由梨聳了聳肩說道。

「同樣地，表示 100 屬於『所有 2 的倍數的集合』的元素呢……」

「就像這樣啊！」由梨探出身說道，洗髮精的香味似有若無地飄散。

$$100 \in \{2, 4, 6, 8, 10, 12, 14, 16, \ldots\}$$

「就是這樣。對了，3 並不是『所有 2 的倍數的集合』的元素喔！也可寫成數學式。只要在 ∈ 上劃上斜線，就變成 ∉ 的符號了！」

$$3 \notin \{2, 4, 6, 8, 10, 12, 14, 16, \ldots\}$$

「簡單！簡單……那像 1 也就不包含在這個集合裡了，對不?!」

「嗯。唉呀！剛剛由梨是不是說了不包含這三個字啊?!」

「怎麼了？」

「『1 不屬於這個集合』的說法比較正確喔！」

「哥哥，你今天有點太嚴格囉！也太重視這些細微的字彙了啦！」

「可是啊……」

「這個話題我有點膩了。而且人家肚子餓了啦！」

「由梨，妳時間還算得真準呢！差不多也該是下午茶的時間了！」

「哼！靠的全是我和阿姨之間的心電感應啊！」

由梨嘴裡發出嗶嗶嗶的聲響，邊模仿機器人邊走出房間。

不久後，從廚房傳來「阿姨，今天有沒有點心吃啊──」這樣的聲音。

這個由梨真是的……說著說著我也感到餓了起來。

3.1.3　餐桌

我往飯廳的方向走去。由梨已經開始吃起了年輪蛋糕。

「啊！哥哥你要不要吃？這個味道很讚──喔！」

「你也想要來一點吧?!味道很不錯噢！」媽媽拿了碟子來。

「由梨，妳這樣就感到厭煩了啊！」我把手中的筆記本攤在餐桌上，迅速地將蛋糕塞進嘴巴裡。嗚哇！真是甜啊……。

「我啊，是對必須持續記憶那些不斷蹦出來的東西感到厭煩噢──」

「我知道了，由梨。接下來，我改以問問題的方式繼續講解好了。」

「真不愧是由梨的哥哥。畢竟，哥哥是我個人的專屬家教嘛！」

3.1.4　空集合

「這個是不是集合呢？」我在餐桌上攤開的筆記上寫下這樣的式子。

$$\{\}$$

「哥哥，大括弧裡頭什麼內容都沒有耶！」

「妳說的內容，指的是什麼東西呢？」

「……哥哥，你很壞心眼耶！不包含任何元素的集合也是集合嗎？」

「沒錯！這樣的集合我們稱作**空集合**。空集合也是集合噢！」

「ㄎㄨㄥㄐㄧ′ㄏㄜ′……沒有聚集任何物件的集合也是集合啊！一整個空。」

「那麼，這個也是集合嗎？」我再寫下另一個式子。

$$\{1\}$$

「嗯！是集合啊！內容……說錯了！元素是 1。所以，可以寫成這樣。」這一次，換由梨寫出了下面的數式。

$$1 \in \{1\}$$

「不錯嘛！怎麼說，妳的記憶力還是很不錯嘛！」

「嘿嘿嘿——」

「那麼，下面這個式子會成立嗎？」

$$\{1\} \in \{1\} \quad ?$$

「嗚——我不確定耶……是成立的嗎？」

「為什麼？」

「因為……唉唷！人家不知道啦！」

「$\{1\} \in \{1\}$ 不會成立。但 $\{1\} \notin \{1\}$ 卻是成立的。」

$$\{1\} \notin \{1\}$$

「什麼……」

「1 雖然是 $\{1\}$ 的元素，但是 $\{1\}$ 卻不是 $\{1\}$ 的元素。自然數的 1 與集合的 $\{1\}$ 是完全不相同的。」

「是這樣嗎?! ∈ 這個記號要像——

$$元素 \in 集合$$

這樣子來使用吧！」

「嗯！說得對！元素 ∈ 集合這種表現方式雖然沒有錯。可是呢！因為某一個集合也有可能會變成其它集合的元素，所以要特別小心喔！」

「集合會變成元素嗎？……那是什麼意思！」

3.1.5　集合的集合

「例如說，我們來看看下面的式子。下面這個數式會成立嗎？」

$$\{1\} \in \{\{1\}, \{2\}, \{3\}\}$$

「嗚哇！好多個大括弧喔……這個數式，會成立嗎？」

「這個數式成立噢！讓我們來仔細地檢視一下右邊的集合。我們先把大括弧獨立出來，改寫得讓人更容易看得懂。」

$$\Big\{\{1\}, \{2\}, \{3\}\Big\}$$

「嗯～」

「在這個集合當中，{1}、{2}、{3}這三個元素是屬於集合的。」

「這樣啊，{1}雖然是集合，但也是屬於其它更大集合的元素呀！」

沒錯！察覺到這一點的話，就可以理解這個數式會成立了，對吧?!」

$$\{1\} \in \Big\{\{1\}, \{2\}, \{3\}\Big\}$$

「真是太有趣了！現在，由梨有點覺得集合這個話題有趣了噢！由梨覺得啊，集合就好像是裝著數字的盤子呢！」

1	1
2	2
3	3
$\{1\}$	裝著 1 的盤子
$\{2\}$	裝著 2 的盤子
$\{3\}$	裝著 3 的盤子
$\big\{\{1\},\{2\},\{3\}\big\}$	同時裝著以下盤子的大盤子：
	裝著 1 的盤子、
	裝著 2 的盤子、
	裝著 3 的盤子

「原來如此！」由梨的腦筋轉得還真是快呢！

「我說哥哥啊！如果這樣的話，下面這個數式也是正確的囉?!」

$$1 \notin \big\{\{1\},\{2\},\{3\}\big\}$$

「嗯！說得對！1 並沒有直接裝在大盤子裡。」

「吶、哥哥，這麼說起來的話，下面這個數式是不是也正確呢？」

$$\{1,2,3\} \in \big\{\{1,2,3\}\big\}$$

「對！對！對！將裝有 1, 2, 3 的盤子再裝到更大的盤子裡頭。看起來，妳已經了解得很透徹了呢！由梨！」

「是嗎！」

「那麼，我要出題囉！請做出只有 1 與 {1} 這兩個元素的集合！」

「嗯～嗯……嗯！簡單！簡單！像這樣，對吧?!」

$$\{1,\{1\}\}$$

「喔！做得相當不錯耶！」

「對了！」由梨把手指扳得喀喀作響。「吶，哥哥。這個時候，我

們可以說——

$$1 \in \left\{1, \{1\}\right\} \quad 和 \quad \{1\} \in \left\{1, \{1\}\right\}$$

這兩個數式成立嗎？」

「當然成立！」

「那麼，用——

$$什麼東西 \in \left\{1, \{1\}\right\}$$

這種形式寫成的數式，不就代表了屬於集合的只有這兩個元素嗎？……這、這不是理所當然的事情嘛！」

「由梨，就算是『理所當然』也是相當重要的噢！儘管是理所當然的例子，也要自己親自試著舉舉看。就算是理所當然的事情，也要自己親口說說看。對學習而言，這些看來細微末節的部分，其實都是相當重要的噢！所以說，可以做到這種程度的由梨，相當了不起的呢！」

「我覺得會稱讚我這一點的哥哥，才更了不起呢！」

3.1.6 交集

「接下來，把話題延伸到從集合與集合製造的新集合！」我說道。

「製造出新的集合？」

「首先，將兩個集合的**交集**記作符號 ∩。利用 ∩ 將{1, 2, 3, 4, 5}與{3, 4, 5, 6, 7}兩個集合連接起來，就會得到下面的數式，而這個數式所表示的也仍舊是集合。屬這兩個集合全部元素所構成的集合！」

$$\{1, 2, 3, 4, 5\} \cap \{3, 4, 5, 6, 7\}$$

「同時屬於這兩個集合……咦?!不好意思！剛剛說的是什麼？」

「同時屬於這兩個集合全部元素所構成的集合。換句話說，如下所列。」

$$\{1, 2, 3, 4, 5\} \cap \{3, 4, 5, 6, 7\} = \{3, 4, 5\}$$

「嗯——嗯⋯⋯啊！是指兩個集合共有的數字嗎？」

「是啊！正因是相交的部分，所以才會把它稱做交集。我們試看看在共同元素的底下劃上橫線。」

$$\{1, 2, \underline{3}, \underline{4}, \underline{5}\} \cap \{\underline{3}, \underline{4}, \underline{5}, 6, 7\} = \{\underline{3}, \underline{4}, \underline{5}\}$$

「嗯～」

「像這樣用**文氏圖**（Venn Diagram）來表示的話，就可以看得更清楚了。」

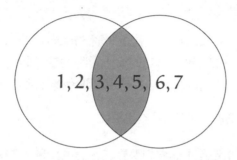

用集合之間關係的文氏圖來表示兩者之間的交集

交集

由同時屬於 A 與 B 兩集合的全部元素所構成的集合

$$A \cap B$$

「嗯！」

「那麼，接下來的這個集合是什麼集合，由梨知道嗎？」

$$\{2, 4, 6, 8, 10, 12, \ldots\} \cap \{3, 6, 9, 12, 15, \ldots\} = ?$$

「唔？由 6 與 12 與⋯⋯等等所構成的集合，所以應該是{6, 12, ⋯}。」

$$\{2, 4, 6, 8, 10, 12, \ldots\} \cap \{3, 6, 9, 12, 15, \ldots\} = \{6, 12, \ldots\}$$

「正確答案！{2, 4, 6, 8, 10, 12, ...}是由所有的 2 的倍數所構成的集合，{3, 6, 9, 12, 15, ...}則是由所有 3 的倍數所構成的集合。如果是用這種說法來表現的話，由梨現在所說的{6, 12, ...}是屬於哪一種集合呢？」

「是 6 的倍數……嗎？是由所有 6 的倍數所構成的集合！」

$$\{2, 4, 6, 8, 10, 12, \ldots\} \qquad \text{由所有 2 的倍數所構成的集合}$$

$$\{3, 6, 9, 12, 15, \ldots\} \qquad \text{由所有 3 的倍數所構成的集合}$$

$$\{6, 12, \ldots\} \qquad \text{由所有 6 的倍數所構成的集合}$$

「對！沒錯！6 這個數字，就是 2 與 3 的最小公倍數啊！」

「唉呀！……這是理所當然的嘛！重疊的就是共同的部分啊！」

「搞什麼啦?!我的感動竟然在一瞬間被秒殺！那麼，接下來呢？」

$$\{2, 4, 6, 8, 10, 12, \ldots\} \cap \{1, 3, 5, 7, 9, 11, 13, \ldots\} \; = \; ?$$

「我想想看！奇怪！偶數和奇數間沒有共同部分的元素耶！」

「像這種沒有元素的集合，有個特別的名字來稱呼它噢！」

「——啊！是空集合。那麼，我們就要像這樣子來表示吧！」

$$\{2, 4, 6, 8, 10, 12, \ldots\} \cap \{1, 3, 5, 7, 9, 11, 13, \ldots\} = \{\}$$

「完全正確！妳表現得相當出色！」

3.1.7　聯集

「接下來，要談聯集。記作符號 $\cup$。看下面的例子立刻就能了解了！」

$$\{1, 2, 3, 4, 5\} \cup \{3, 4, 5, 6, 7\} = \{1, 2, 3, 4, 5, 6, 7\}$$

「我懂了！就是將兩個集合中的所有元素集合起來，對不對?!」

「對！如果用文氏圖來表示的話，圖形就像下面這樣。」

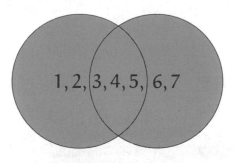

用文氏圖來表示聯集

「『由至少屬於兩個集合其中一方的所有元素所組成的集合』，因由兩個集合所共同組成，所以稱它為**聯集**。也稱為併集或和集。」

聯集

由至少屬於 A 或 B 其中一方的所有元素所組成的集合

$$A \cup B$$

「話說回來，雖 3, 4, 5 部分有所重疊，但是不是可以寫成這樣呢？」

$$\{1,2,3,4,5\} \cup \{3,4,5,6,7\} = \{1,2,3,3,4,4,5,5,6,7\} \quad ?$$

「通常我們不寫成這種形式。作為集合，$\{1, 2, 3, 3, 4, 4, 5, 5, 6, 7\}$ 與 $\{1, 2, 3, 4, 5, 6, 7\}$ 兩者是相等喔～」

「咦?!哥哥你說的意思我不懂！」

「所謂的集合單憑『包含哪種元素』就可以決定了噢。並不需要去思考元素各有多少個。從使用的 $\in$ 符號上面，唯一可以得知的訊息就是『究竟屬不屬於』。所屬元素到底有幾個，並不能透過 $\in$ 這個符號來獲得解答。因此，就算我們手上有 $\{1, 2, 3, 3, 4, 4, 5, 5, 6, 7\}$ 與 $\{1, 2, 3, 4, 5, 6, 7\}$ 這兩個列表，也無從判別這兩個集合的差異噢！」

「是這樣啊！」

「除此之外，就算我們改變了集合元素的排列順序，就集合而言還是相等的。例如，{1, 2, 3, 4, 5, 6, 7}與{3, 1, 4, 5, 2, 6, 7}這兩個集合是相等的。」

「原來如此！」

「讓我們回到符號 ∪ 的話題上面。這個數式會變成哪種集合呢？」

$$\{2, 4, 6, 8, 10, 12, \ldots\} \cup \{1, 3, 5, 7, 9, 11, 13, \ldots\} = ?$$

「耶——這是偶數與奇數所共同組成的集合。」

「吶、由梨，它有個特別的名字，叫做——」

「啊！就是自然數嘛！」

「對！沒錯！這是由所有自然數所構成的集合。」

$$\{2, 4, 6, 8, 10, 12, \ldots\} \cup \{1, 3, 5, 7, 9, 11, 13, \ldots\} = 所有自然數的集合$$

3.1.8　子集

媽媽端著花草茶走近餐桌。

「我最怕喝這個了！」我小聲地埋怨道。

「你剛剛說了什麼嗎？」媽媽盯著我問道。

「啊～沒有啦……」

「這可是相當天然的飲品噢！」媽媽說道。

（可是，不喜歡的人怎麼樣也無法喜歡啊）我心裡嘀咕著。

「好迷人的香氣——」由梨稱讚道。

「小由梨，真是個貼心的孩子！」媽媽唸唸有詞地走回廚房。

「到目前為止……」我繼續開始數學話題。「我們聊到了製造交集的 ∩ 運算符號，以及製造聯集的 ∪ 運算符號。這兩種運算符號，不管是哪一種都可以從兩個集合當中再製造出另一個新的集合噢！」

「嗯～」

「順便再介紹一些其它的符號。和剛剛兩個符號很像的，還有 ⊂ 這個符號。這個符號是用來表示兩個集合之間的**子集關係**。」

「ㄕˇㄐㄧˊ關係？」

「就是用來表示某個集合『包含於』其它集合的意思噢！」

「就算你這樣解釋，我也是有聽沒有懂啦。完全就像咒語一樣！」

「咦?!……會嗎?!」

「哥哥是由梨專屬家教，所以要解釋清楚，讓我明白啦！」

「舉例來說明，應該就立刻懂了！現在，試想有兩個集合。」

$$\{1,2\} \quad 與 \quad \{1,2,3\}$$

「嗯！」

「集合$\{1,2\}$的所有元素，在$\{1,2,3\}$集合中也有出現，對不對?!」

「對！就是1和2！」

「這個時候，我們可以說集合$\{1,2\}$的所有元素包含於$\{1,2,3\}$集合。然後，我們要使用 $\subset$ 這個符號來作表現！」

$$\{1,2\} \subset \{1,2,3\}$$

「我懂了！」

「也可說是$\{1,2,3\}$『包含於』$\{1,2\}$，或者說$\{1,2\}$是$\{1,2,3\}$的子集。」

「ㄕˇㄐㄧ……奇怪?!可以使用『包含於』這種說法嗎？」

「沒錯！在這裡要使用『包含於』的說法。注意不要將『元素與集合的關係』及『集合與集合的關係』搞混。我來多舉幾個例子！」

$$
\begin{array}{lll}
1 & \in & \{1,2,3\} \qquad 1 \text{ 屬於 } \{1,2,3\} \\
2 & \in & \{1,2,3\} \qquad 2 \text{ 屬於 } \{1,2,3\} \\
3 & \in & \{1,2,3\} \qquad 3 \text{ 屬於 } \{1,2,3\} \\
\{\} & \subset & \{1,2,3\} \qquad \{\} \text{ 包含於 } \{1,2,3\} \\
\{1\} & \subset & \{1,2,3\} \qquad \{1\} \text{ 包含於 } \{1,2,3\} \\
\{1,2\} & \subset & \{1,2,3\} \qquad \{1,2\} \text{ 包含於 } \{1,2,3\} \\
\{1,2,3\} & \subset & \{1,2,3\} \qquad \{1,2,3\} \text{ 包含於 } \{1,2,3\}
\end{array}
$$

「咦?!原來空集合$\{\}$也包含於$\{1,2,3\}$啊！」

「是啊！」

「而且，{1, 2, 3}本身也包含於{1, 2, 3}……嗎？」

「對啊！當集合{1, 2, 3}的每一個元素，都是集合{1, 2, 3}的一個元素時，我們可以稱{1, 2, 3}是{1, 2, 3}的子集；或者是{1, 2, 3}包含於{1, 2, 3}中；或者說{1, 2, 3}包含於{1, 2, 3}，我們也可將這個記作{1, 2, 3} ⊆ {1, 2, 3}，或{1, 2, 3} ⊇ {1, 2, 3}。若採用這記法，符號 ⊂ 就可能不會用作表示該集合包含於自己本身的這個情況，甚至為了特別強調，進而特地使用符號 ⊊ 作記，以表示子集元素較少的情況。」

「這樣啊……話說回來，總覺得{2}這樣也無妨。」

「由梨的這句也無妨，指的是什麼意思呢？」

「就是說{2}也是{1, 2, 3}的一部分……的意思。」

「由梨。我都已經講解了，妳好歹也使用學過的新詞彙啦！」

× {2}是{1, 2, 3}的一部分。

○ {2}包含於{1, 2, 3}。

○ {2}是{1, 2, 3}的子集。

「……好啦！我知道！『老蘇』，{2}也是{1, 2, 3}的子集，對吧!?」

「嗯！沒錯！我的『好鞋生』！」

「哥哥。既然我們這麼熟了，你好歹也喊一下我的名字啦！」

3.1.9　思考集合的理由

到這裡學習告一個段落，中間休息時間。

由梨從書架上取下了糖果罐，從裡頭拿出了檸檬糖。

「我說哥哥啊！看到 ∈, ∩, ∪, ⊂, ……這些符號，簡直像進行視力檢測一樣！出現了各式各樣的符號，好像在玩拼圖，說起來還真是有趣呢！可是，吶、哥哥。集合這個東西會很重要嗎？」

「很重要喔！集合對於釐清數學上的概念可是很有幫助呢！由梨口中那些像是『視力檢測』的符號，在數學書籍上也常常會出現喔！」

「就算你說在數學書籍上也常常出現。但今天由梨所聽到的集合內容，像是共同部分與聯集之類的，談的不全都是些理所當然的東西嗎？究竟為什麼會這麼重要呢？而又為什麼數學家要思考集合呢？」

由梨認真的眼神盯著我看。一瞬間，秀髮發出微微的亮光。

「……就連哥哥也解釋不來！等去請教米爾迦再解釋給妳聽！」

「米爾迦大小姐！對了！還有這個辦法！好想見米爾迦大小姐啦——」

「只要來我們學校的話，就可以見到她了噢！」

「什麼?!等到由梨考進你們學校，米爾迦大小姐早就畢業了！」

「咦?!」不！我的意思不是說「如果由梨考進我們學校的話」，而是想跟由梨開玩笑地說「如果由梨到我們學校來玩的話」——什麼?!畢業?!說的也是呢！剩下不到一年的時間，我和米爾迦就要畢業了……。

「快點把米爾迦大小姐請來我們家啦！用『我們家有美味巧克力，請妳來品嚐一下』這種藉口的話，米爾迦大小姐應該就會上鉤吧！」

「妳打算用食物誘騙米爾迦上鉤嗎？」

「總之，你一定要好好地請教米爾迦大小姐啦！哥哥！」

「而又為什麼數學家要思考集合呢」？

3.2　邏輯

3.2.1　內涵的定義

「為了掌握無限。」米爾迦說道。

「無限？」我疑惑地重覆道。

這裡是圖書室。我坐在平常的老位子上，米爾迦則是背對窗子面向我站著。儀態凜凜的她……看起來相當耀眼迷人。

「為了掌握無限。思考集合的其中一個目的，就是這個。」米爾迦說。

「可是，米爾迦。集合的元素也有可能會有有限個吧!?」

「當然！可是，集合在**無限集合**的領域中才能將本領發揮到極致啊！如果不驅使集合與邏輯的話，要想掌握無限就會難如登天。」

「集合與——邏輯？」

我陷入沉思。集合也好，邏輯也好，兩者有多麼重要我都能理解。可是，集合與邏輯這兩個東西，原本就迥然不同啊！集合是元素的聚集，而邏輯——則像是將數學證明逐步推導至正確途徑一樣的東西。

見我露出詫異的神色，米爾迦的手指頭開始來回轉動，在窗前來回踱步繼續往下解釋。每一轉身，米爾迦身後那頭秀髮輕柔地飛散開來。在放學後的圖書室裡頭，除了我們兩個人之外，沒有其他人在。我們得以悠閒而毫無拘束地度過這樣一段時光。

米爾迦已經慢慢地進入了開講模式。

「集合是『屬於或不屬於』，而邏輯是『為真或為假』——像這樣二選一的基本概念。撇開集合的外延定義不談，光只思考內涵定義的話，集合與邏輯之間的關係便顯而易懂。那麼，談到集合的外延定義……」

◎　◎　◎

所謂集合的**外延定義**指的是經由——寫下的元素來定義集合。也就是你在教由梨的時候所選擇的方式。

$$\{2, 4, 6, 8, 10, 12, \ldots\} \quad \text{外延定義的實例}$$

要具體地將元素排列出來，很容易就能理解外延定義了。可是，在同樣處理無限集合時，卻會遭遇難題。為什麼呢?!因為我們並不可能把無限多個元素寫下來啊！採用「…」的方式，就會引發只能想像集合有那些元素，而缺乏明確定義的問題。

和外延定義相對的是**內涵定義**。所謂的內涵定義，指的是將寫下來的滿足條件視為命題，以此定義集合。換句話說，也就是藉由邏輯來定義集合噢。例如，用內涵定義的方式來寫「所有 2 的倍數的集合」的話，我們就要使用「n 為 2 的倍數」這個命題。將元素的形式寫在垂直

線「|」的左邊，而命題則要寫在右邊。

$$\{n \mid n \text{為 2 的倍數}\} \quad \text{內涵定義的實例}$$

在內涵定義中，因所列舉的元素都會滿足於命題，所以遭到誤解的危險性較低。如果使用命題將應該滿足元素的條件明記下來的話，那麼就算元素有無窮多個的集合也可以被表現出來。在處理無限集合的時候，使用內涵定義處理會比使用外延定義來得更容易。

在表示相同集合的情況下也一樣，內涵定義的命題並不只限於一種。例如，下面所列舉的集合全部都會相等。

$$\{n \mid n \text{為 2 的倍數}\}$$
$$\{x \mid x \text{為 2 的倍數}\}$$
$$\{n \mid n \text{為偶數}\}$$
$$\{2n \mid n \text{為自然數}\}$$

內涵定義雖然很有用，但是需要特別注意。
使用內涵定義如果不加節制的話——就會引發矛盾。

◎　◎　◎

「引發矛盾！」米爾迦說著說著突然停下腳步。
「矛盾？」我疑問道。
所謂的矛盾，就是一個命題及其否定命題同時成立……。
「內涵定義產生矛盾最著名的例子就是——」
米爾迦在我身旁坐了下來，將嘴唇湊近了我的耳邊悄聲說道。
「羅素悖論。」

3.2.2　羅素悖論

所謂的**羅素悖論**，即「不管任何命題都能定義集合」而產生自相矛盾的例子。在羅素悖論裡頭，使用了 $x \notin x$ 這個命題。

問題 3-1（羅素悖論）
證明若以 $\{x\,|\,x\notin x\}$ 構成集合的話，就會發生矛盾。

如果 $\{x\,|\,x\notin x\}$ 是集合的話，我們設這個集合為 R。

$$R = \{x \mid x \notin x\}$$

在這裡，要研究的是 R 本身的性質。也就是 R 究竟是不是集合 $\{x\,|\,x\notin x\}$ 的元素？

若以 $\{x\,|\,x\notin x\}$ 構成集合，則 R 必定會屬於／不屬於這個集合，乃兩者之一。也就是說，下面的命題是真？是假？的其中一個。

$$R \in \{x \mid x \notin x\}$$

（1）**假設命題 $R \in \{x\,|\,x\notin x\}$ 為真的話**，R 即為集合 $\{x\,|\,x\notin x\}$ 的元素。這個時候，R 會滿足命題 $x\notin x$。意即，下面的命題亦為真。

$$R \notin R$$

在這裡，我們將右邊的 R 寫成{ }的形式，而這個命題也會為真。

$$R \notin \{x \mid x \notin x\}$$

可是，這樣的結果卻與我們之前命題的假設互相矛盾。

$$R \in \{x \mid x \notin x\}$$

（2）**假設命題 $R \in \{x\,|\,x\notin x\}$ 為假的話**，則 R 不為集合 $\{x\,|\,x\notin x\}$ 的元素。這個時候，R 不會滿足命題 $x\notin x$。意即，$R\notin R$ 的命題亦為假。換言之，下面的命題會為真。

$$R \in R$$

在這裡，將 $R \in R$ 式子右邊的 R 寫成{ }的形式，而這個命題也會為真。

$$R \in \{x \mid x \notin x\}$$

可是這樣一來，下面的命題就會與之前就這命題為假的假設互相矛盾。

$$R \in \{x \mid x \notin x\}$$

從（1）與（2）得知，不管命題 $R \in \{x \mid x \notin x\}$ 孰真孰假，都會產生矛盾。

以上，證明完畢。

解答 3-1（羅素悖論）

在研究集合 $\{x \mid x \notin x\}$ 是否會成為集合本身的元素時，不管我們假設集合 $\{x \mid x \notin x\}$ 乃其本身的元素，或假設集合 $\{x \mid x \notin x\}$ 並非其本身的元素，結果都會產生矛盾。

使用淺顯的方法是無法避免羅素悖論的。這是因為在羅素悖論中，光是集合最重要的 $\in$ 就會產生矛盾的緣故。

為防止矛盾的結果發生，有必要使用集合的內涵定義來對命題形成限制。

舉個簡單的限制例子來說。先制定 U 為宇集，若我們在 U 的範圍內思考集合的話，內涵定義就是合理而安全的。也就是說，並不是使用像——

$$\{x \mid P(x)\}$$

這種毫無節制的 $P(x)$ 命題；而是要使用像——

$$\{x \mid x \in U \overset{且}{\wedge} P(x)\}$$

這種對宇集 U 的元素 x 有所限定的命題 $P(x)$ 會比較適用。

3.2.3 集合運算與邏輯運算

內涵定義就是使用命題來制定集合。因此，集合與邏輯關係緊密並非不可思議。也就不難理解集合運算與邏輯運算間的對應關係了。

	集合	←----→	邏輯
	集合 A = { x | P }	←----→	命題 P
	集合 B = { x | Q }	←----→	命題 Q
	交集 A∩B	←----→	邏輯「且」P ∧ Q (P and Q)
	聯集 A∪B	←----→	邏輯「或」P ∨ Q (P or Q)
	宇集 U	←----→	真
	空集合	←----→	假
	補集 $\overline{A}$	←----→	否定 ¬P (not P)

所謂的補集 $\overline{A}$，指的是在屬於宇集 U 的元素當中，並不屬於A的所有元素的集合。

迪摩根定律（De Morgan's Laws）也很美麗。

	集合	←----→	邏輯
	$\overline{A \cap B} = \overline{A} \cup \overline{B}$	←----→	$\neg(P \wedge Q) = \neg P \vee \neg Q$
	$\overline{A \cup B} = \overline{A} \cap \overline{B}$	←----→	$\neg(P \vee Q) = \neg P \wedge \neg Q$

為什麼我會說迪摩根定律美麗呢?!那是因寫在這裡的四個數式全部都可以只用一個規律表現……這樣說，不知道懂不懂呢?!

迪摩根定律的規律如下。

$$h(f(x,y)) = g(h(x), h(y))$$

如果將出現在這裡三種分別名為$f(x,y), g(x,y), h(x)$的函數，像下面一樣讓它們具體化的話，利用迪摩根定律便可以得到下列這樣的表格：

$f(x,y)$	$g(x,y)$	$h(x)$	$h(f(x,y))$	=	$g(h(x), h(y))$
$x \cap y$	$x \cup y$	$\overline{x}$	$\overline{A \cap B}$	=	$\overline{A} \cup \overline{B}$
$x \cup y$	$x \cap y$	$\overline{x}$	$\overline{A \cup B}$	=	$\overline{A} \cap \overline{B}$
$x \wedge y$	$x \vee y$	$\neg x$	$\neg(P \wedge Q)$	=	$\neg P \vee \neg Q$
$x \vee y$	$x \wedge y$	$\neg x$	$\neg(P \vee Q)$	=	$\neg P \wedge \neg Q$

　　在內涵定義中，使用邏輯並定義集合，無論是再怎麼抽象的想法與概念，只要可以使用邏輯的方式來做表現的話，就能取得以集合形式的成果，並成為數學的研究對象。雖然必須極為小心地注意不要引發任何矛盾，但卻可以發現，在拓展數學研究對象上，這會有令人意想不到的延伸。

　　代數也好，幾何也好，分析也好，這些研究對象都可以使用集合與邏輯來作表現。更甚者——數學本身也可以成為研究的對象。

　　使用集合與邏輯的話，連「**用數學做數學**」這件事情也能辦到喔！

◎　◎　◎

　　「連『用數學做數學』這件事情也能辦到喔！」米爾迦說道。

　　我似乎陶醉在米爾迦的一連串解說中。

　　「所謂的用數學做數學指的是……？」

　　喀嚓。

　　從圖書室的入口傳來了一陣巨大的聲響。

　　元氣陽光美少女蒂蒂登場了。

3.3　無限

3.3.1　對射的鳥籠

　　「好痛痛痛痛……」蒂蒂拚命揉著剛剛撞到的膝蓋。

　　「發生什麼事了？」我關心地問道。

　　「不、不好意思！吵到你們了。剛進門時不小心撞上停在門口的推車……。應該是瑞谷先生停放的。真危險！」

　　「……蒂蒂，我想那輛推車一直都是擺放在那個老位置上的噢！」

　　「總覺得只要眼前東西一多起來，我的眼睛就容易昏花呢！」

　　「妳一定是急著想把眼前的東西都看清楚，才會出現這種事！」我說。

「是！學長……話說回來，今天的問題是什麼呢？」蒂蒂問道。

我簡單扼要地向蒂蒂描述了集合與邏輯，還有無限的問題。

「——無限這個主題還真的深奧難懂呢！數也數不清……」蒂蒂說。

「數也數不清？」米爾迦反問道。

「無限個的東西，因為無窮無盡，所以自然就數不盡?!」

「儘管不知道『個數』有多少，但卻可以知道『個數是相等的』。例如說——」米爾迦說著說著便張開了雙臂。「就像這個樣子讓兩手十指彼此疊合。拇指和拇指，食指和食指……最後，小指和小指。」

米爾迦照著順序，將自己兩手十指一一疊合起來——

一個小巧的「鳥籠」，在米爾迦的胸前就這樣形成了。

「儘管不知右手手指數，也不知左手手指數，但像這樣兩手手指疊合的話，就可以說兩手手指的個數是相等的。」

「什麼……？」蒂蒂疑問道。

「我再舉個例子來說明。例如，當某個有限集合對應到另一個有限集合時，就會存在有像下面一樣的映射。在這個時候，兩個有限集合所包含的元素個數是相等的。而像這種映射我們通常稱為**蓋射**。」

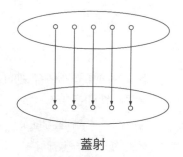

蓋射

「我有疑問。這個叫做**映射**的東西是什麼？」蒂蒂開口問道。

「就是『取得對應』噢。蒂蒂！」我回答道。「就像是米爾迦右手的手指對應著左手的手指一樣地，對某集合的元素也會取得某種對應的方法，而這就是映射噢！」

「你的表現方式未免太曖昧了！」米爾迦說道。「現在有集合 A、B，對於集合 A 中的任何一個元素，在集合 B 中都有唯一的元素與它對應的話，那麼這樣的對應就叫做集合 A 到集合 B 的映射。嗯，也可以說是函數這個概念在一般化之後所產生的東西。」

米爾迦稍微停頓了一下後，繼續解說。

「有各式各樣的映射——簡單整理後可分成蓋射、嵌射及對射。」

◎　◎　◎

蓋射指的是毫無「遺漏」的映射。即使有「重疊」也沒有問題。

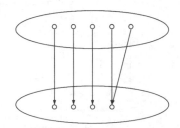

毫無「遺漏」的映射——蓋射的例子

如果有所「遺漏」的話，就不是蓋射了。

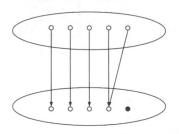

因為有所「遺漏」而不是蓋射的例子

嵌射指的是毫無「重疊」的映射。即使有「遺漏」也沒有問題。

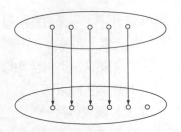

毫無「重疊」的映射——嵌射的例子

如果有所「重疊」的話，就不是嵌射了。

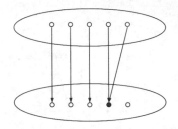

因為有所「重疊」而不是嵌射的例子

對射指的是既蓋射又嵌射的映射。

也就是，對射既是毫無「遺漏」，又毫無「重疊」的映射。

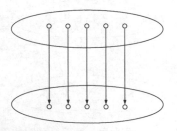

既無「遺漏」又無「重疊」的映射——對射的例子

如果是對射的話，就可以製造出逆映射。

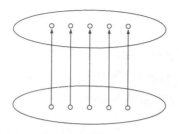

如果是對射的話，就可以製造出逆映射

如果對射存在的話，認為兩個集合的元素個數會相等是很自然的。

「……的確，感覺很自然。」蒂蒂開口贊同，邊說還邊學著米爾迦，也用手圍出了一個迷你小巧的鳥籠。這就是「對射的鳥籠」啊！

米爾迦變得愈來愈健談，而說話的速度也不斷地加快。

「我們試著利用映射思考元素個數的方式，來將有限集合往無限集合擴張吧！無限集合的元素個數也可以利用映射來研究。只是，在無限集合中會引發與直觀相悖且極為不可思議的事情。因為太不可思議了，所以就連科學大師伽利略（Galileo Galilei）也忍不住想走回頭路……」

「伽利略？」我疑惑地重複道。

3.3.2 伽利略的遲疑

米爾迦便開始以伽利略的遲疑為主題，繼續往下聊。

伽利略將自然數與其平方數做對射後發現——

$$\begin{array}{ccccccc}
1 & 2 & 3 & 4 & 5 & 6 & & n & & \text{所有自然數} \\
\updownarrow & \updownarrow & \updownarrow & \updownarrow & \updownarrow & \updownarrow & \cdots & \updownarrow & \cdots & \\
1 & 4 & 9 & 16 & 25 & 36 & & n^2 & & \text{所有平方數}
\end{array}$$

如果說「對射存在的話元素個數就會相等」，那麼，是否也可以說自然數與平方數的個數會相等呢?!……不！這樣很奇怪——伽利略忍不住這麼想。為什麼?!那是因為平方數也只不過是自然數的一部分。

$$①, 2, 3, ④, 5, 6, 7, 8, ⑨, 10, 11, 12, \ldots$$

顯然地，全體與部分的個數相等這件事情，再怎麼想都覺得詭異。因此，在個數上並不能說無限與對射是相等的——伽利略這麼想。

十七世紀時，伽利略疑惑不解就是這個部分（世人稱之為伽利略悖論，Galileo Paradox）。

伽利略「就無限而言，透過對射論證個數對等，並不成立」。

可是，到了十九世紀，康托（Georg Cantor）與戴德金（Dedekind, Julius Wilhelm Richard，1831～1916 年）雖然和伽利略發現了相同的事實，但想法卻和伽利略不一樣。戴德金認為，全體與部分間存在有一個對射，這正是無限的定義。這個發現可說是空前的，也替剖析無限帶來逆轉的曙光。

戴德金「所謂的無限，就是指於全體與部分間存在一個對射」。

而康托爾針對無限集合的元素「個數」——通常稱為「基數」——進行了更深入的研究。

當發現錯誤時，會認為自己失敗而想走回頭路是人之常情。可是，戴德金卻不認為錯誤是失敗，反而把它視為是發現。如果我們將「存在於全體集合與部分集合間的對射」視為無限集合來定義的話，不管有限或無限，都可以說在對射當中，兩個集合元素的個數是相等的。

錯誤、不合邏輯——之所以會陷入如此事態，是因碰上了前所未見的嶄新概念之故。只要把它們視為失敗，走回頭路便可以東山再起；可是，將它們視為嶄新的發現，如此一來，就可以往前大步邁進。

概念的擴張，通常都是在這樣的情況下發生的。

- 加了 1 之後會等於 0 的自然數並不存在。
    ——因此，我們定義了負數 -1。
- 平方之後會等於 2 的有理數並不存在。
    ——因此，我們定義了無理數 $\sqrt{2}$。

- 平方之後會等於 −1 的實數並不存在。

  ——因此，我們定義了虛數單位 i。

- 全體與部分之間存在有一個對射。

  ——因此，我們定義了無限集合。

概念擴張時所遭遇的困難——只不過是「飛躍前的停滯」罷了！

◎　◎　◎

「只不過是『飛躍前的停滯』罷了！」米爾迦說道。

「原來如此！」我點頭深表贊同。

「不管是誰都會遲疑。在數的名字前面，遲疑總是經常現身。」

「名字——此話怎講？」蒂蒂問道。

「接下來，是英文單字測驗。」米爾迦邊說，邊用手指了指蒂蒂。

「負數？」米爾迦問道。

「negative number！」蒂蒂回答道。

「無理數？」

「irrational number！」

「虛數？」

「imaginary number！」

「否定的、不合理的、想像的 ——」米爾迦從座位上站起來。「這些新語彙經常出現在迎向嶄新概念人們的遲疑當中。」

米爾迦朝向窗外望去。

「在踏上嶄新的道路時，任誰都會出現遲疑的噢！」

3.4　表現

3.4.1　歸途

米爾迦在說了自己和永永還有鋼琴練習之後，便離開朝著音樂教室而去了。

而我和蒂蒂則雙雙踏出校門，走入彎曲的小徑，往車站的方向走。

我一面回想著米爾迦的解說，一面喃喃說出了這樣的話。

「集合與邏輯……在內涵定義中，使用了邏輯來定義集合。『滿足某個命題的什麼』就會被視為『該集合的元素』。作為命題的表現，能夠創造出名為集合的對象。換句話說，是不是藉由『美人的條件』就可以製造出『美人的集合』呢……」

「學長想要說的東西會不會是這個呢……」蒂蒂也緩緩地開口說道。「那個所謂的『表現』，指的其實應該就是『用文字表達出來』的意思吧！雖然我們無法將無限個東西具體地用文字的方式表達出來，但是卻可以將無限個東西所擁有的共同性質用文字表達出來……」

和蒂蒂肩併著肩走在一起的我，默默地聆聽蒂蒂的解說。

「describe 這個英文字的語源是 de-scribe，scribe 有『書寫』之意……」話說到這裡的蒂蒂，似乎沉浸在自己的世界，把在一旁的我給忘得一乾二淨。「實際上，就是把什麼東西書寫下來。這會不會就是表現的本質呢？儘管是相同的『表現』，卻與 express 不同。express 的字根（ex），其意思為『向外』；而字尾（press），則為『擠壓』的意思——將心中的東西用力地向外擠壓，就是 express 之意；然後將擠壓出的東西書寫下來就是 describe？那 represent 呢？那 denote 呢？」

蒂蒂停下了腳步，從書包裡取出了辭典。

「那本是英英辭典嗎？」我驚訝地開口問道。

蒂蒂輕輕地抬起了頭。

「什麼?!啊！對！真抱歉！剛剛在想事情沒聽到你說什麼。」

「嗯！妳已經把心中所想全部都 express 出來了噢！」

3.4.2　書店

蒂蒂要我陪她到書店買參考書，所以我們轉往書店方向走。

「學長。如果要買數學參考書的話，哪種比較適合呢？……蒂蒂我啊！還真是買了非常多的參考書呢……」

蒂蒂抬起頭邊在排滿參考書的架上搜尋著，邊開口詢問我。

「話說，每本參考書的目錄都不太一樣，妳應該注意到吧?!」

「啊！還有這種事啊……說起來真慚愧，我也不知道為什麼到後來，好像不多買個幾本書就無法心安。結果就這樣愈買愈多……。總覺得只要回去也買了成績好的人使用的參考書的話，成績就會像那些人一樣突飛猛進……說來說去，感覺作用就像遊戲攻略本一樣。」

「蒂蒂，到現在也還是這麼想嗎？」我不由得莞爾而笑。

「學長你不要嘲笑人家啦！經學長這麼一問……現在我的想法是真的有點不一樣了。現在的我是這樣想的。選擇參考書這種東西的關鍵並不在『買／不買』，而是自己的頭腦『使用／不使用』。已經購買的參考書一定要看，但光只是看還不行，還要動手解、動腦筋想。可是，如果自己手邊有不錯的參考書，那麼解起題目來一定更能得心應手……三不五時，在我心裡還是忍不住會有這種想法……」

蒂蒂從架上拿了一本參考書後翻開。翻閱的時候還發出了陣陣劈啪清脆的聲響。沒看幾頁之後，又將那本參考書放回了架上。

「如果是我的話，我會選擇對自己來說最適合的參考書吧！」

「這話怎麼說？」

「嗯。妳想想看，不懂的地方，或者是讓人覺得挫折的地方，本來就是因人而異的，不是嗎?!特別是數學這一門學問，只要理解了一個關鍵，就會感到豁然開朗。所以囉！妳應該好好仔細思考自己不懂的地方，然後再以解開這個難題為目標，來選擇適合的參考書啊！」

「咦？咦？學長，你現在一針見血說出的，正是解決我難題的方法，對不對!?拜託請你再說得更具體一點，好讓蒂蒂也能夠理解！」

蒂蒂鍥而不捨地追問著我。

「……嗯。好吧！比如說，假設我們並不懂『數學歸納法』，要面對鏡子問『我究竟是哪裡不懂』──也就是說，詢問的對象是──自己。雖然幾度想要大聲嚷嚷『全部都搞不懂啦』，但在這種想要放棄的當下，才更要腳踏實地，邁開腳步努力向前。然後，要捺著性子仔細地探索自己究竟哪裡不懂。努力地朝著對自己而言，那個位於──

『不懂的最前線』

繼續進行多方探索。就是這裡了！……當我們發現最前線的所在之後，就要前往書店，翻開參考書，尋找寫有最前線所在的某一頁。好好地、用心地閱讀。花上多一點的時間，反覆推敲這本書是不是可以解開自己的疑問?!當看完一本參考書的解法之後，再拿起另外一本，重複進行同樣的動作及思考。這麼一來，經過幾次的仔細比較及嘗試錯誤之後，找到一本既適合自己又好用參考書的可能性就會相對大幅提高。也就是說，妳手上找到的那本參考書，並不是一本對萬萬人而言是本好的參考書；但是對妳個人來說，是一本最適合自己的好參考書噢！」

「可是，這樣做好像很花時間的耶……」

「這也是沒有辦法的事啊！畢竟，在朝著數式前進的時候——」

「——無論是誰，都是個名不見經傳的數學家啊！」蒂蒂打斷我要說的話，並搶著把它們說完。我們不由得相視而笑。

「『我究竟是哪裡不懂呢』這個問題，可是數學的最根本呢！」

「對我來說，學長說的話是最淺顯易懂不過了……如果可以把學長擺放在我的書架上的話，不知道有多好用呢喵——」

話一說完，蒂蒂便不好意思地吐吐舌頭，還偷偷地瞄了我一眼。

3.5　沉默

3.5.1　美人的集合

「我們之所以思考集合——是為了掌握無限嗎?!」由梨問道。

接下來的週末，我在家裡向由梨傳達了米爾迦的解說。

「無限這個東西真的有這麼神奇嗎？我完全感受不到耶——」

「到現在我也還沒有搞懂這一點。可能再用功點才行囉！」

「唔——」

「不要慌！這沒什麼大不了的！由梨很擅長動腦筋。對於感到疑問的地方，也可以把它們說清楚講明白。聽好囉！數學並不會落荒而逃。所以，仔細地弄懂、吸收就可以了噢！由梨的話，一定沒問題。」

「是、是這樣的喵──」

「是啊！由梨對數學的理解之深，恐怕已到我無法想像的地步噢！」

「⋯⋯我說，哥哥！」

由梨慢慢地摘下眼鏡。

「嗯？」

「那個啊！由梨想問啊⋯⋯」

由梨輕輕地將眼鏡放入口袋，然後望著我。

「嗯～」

「哥哥你認為由梨屬不屬於『美人的集合』呢？」

「咦？⋯⋯會因人而異改變真假的東西，根本不能稱之為命題耶──」

「只要將哥哥設定為『美人判定機』的話，就成為命題啦！」

「⋯⋯我想想喔！」

「宇集限定在哥哥周圍的女孩子們也沒關係噢！」

「⋯⋯啊？」

「吶，哥哥認為由梨是不是『美人集合』的元素呢？」

「⋯⋯」

「『是』也不是，『不是』也不是，莫非沉默是解答？」

儘管在數學中導入了既新且抽象的概念，
但只要可以明確地定義那個概念的話，
也就能夠將那個像是飄浮在空中的概念，
視為集合與其元素，讓它們直接而立即地從空中飛落地面，
如此，那個概念便足以在各種數學領域裡，確實而有效地發生作用。
　　　　　　　　　　　　　　　──志賀浩二（日本數學家）
　　　《無限への飛翔　集合論の誕生》（朝無限飛翔，集合論的誕生）

第 4 章
無止境地接近的目標地點

快去參加舞會吧，灰姑娘！
但是千萬不要忘記一件事情。
只要午夜的鐘聲響起，所有的咒語就會解除，
馬車會變回南瓜，僕人會變回老鼠，
而妳則會從美麗的公主變回渾身髒兮兮的模樣。
——《灰姑娘》

4.1　我家

4.1.1　由梨

「唉唷！真受不了！好不甘心！好不甘心喔！」

「怎麼啦?!由梨！」

今天是二月的一個星期六。這裡是我的房間。就在剛才，明明聽到從玄關傳來由梨宏亮的問候聲「我又來了！」也聽到媽媽回答「歡迎！歡迎！外面很冷吧！」的聲音。可是，現在進入我房間的由梨卻一臉的悽慘。這個小女生會出現這樣的神情，可以說是相當罕見。

「昨天，居然輸給最討人厭的男生。啊——想起來就氣——討厭、討厭、討厭死了啦！」由梨甩著馬尾搖著頭說。

「喂喂喂！妳在學校和男同學吵架了啊？」

「才不是呢！是數學啦！那傢伙，出了這樣的題目要我解。」

問題 4-1

下面的等式是正確的嗎？

$$0.999\cdots = 1$$

「哈哈哈！原來如此啊！」

「然後啊，由梨就回答『這樣的等式怎麼可能會正確嘛！』」

「為什麼會這麼回答呢？」

「因為 0.999... 耶！這個數字不是比 1 還小嗎?!」

「是這樣嗎？那麼那個男生又是怎麼回答的呢？」

「那傢伙得意地說『這等式當然是正確的啊』。超級──不甘心的──」

「那個男生說出理由了嗎？」

「那傢伙說了『1 跟 1 是相等的』之後，就開始進行『證明』。」

4.1.2 男孩的「證明」

1 等於 1。

$$1 = 1$$

兩邊同時除以 3。左邊寫成小數的形式，而右邊寫成分數的形式。

$$0.333\cdots = \frac{1}{3}$$

兩邊同時乘以 3。

$$3 \times 0.333\cdots = 3 \times \frac{1}{3}$$

同時計算兩邊後得到。

$$0.999\cdots = 1$$

因此，0.999... = 1，故得證。

◎　◎　◎

「我當場啞口無言，無法回嘴，覺得好不甘心喔！」

「一個國中生能做出這樣的解答，相當厲害呢！」我稱讚道。

「咦——這樣的證明行得通嗎?!」

「嗯。雖然以嚴密度而言，要挑剔的話還是有幾個小瑕疵啦！」

「唔——其實，老實說，由梨我啊，放學回到家後立刻思考了『證明』的方法。而且，我還是認為 $0.999\ldots = 1$ 這個等式是錯誤的！因為，$\overset{\text{等於}}{=}$ 這個符號是在完全吻合的嚴密狀態下才會使用到的符號啊！而這個嚴密之處，不正是數學的魅力與精彩所在嗎？所以，不是使用等號，而是應該使用 $0.999\ldots < 1$ 這種不等號才對啊！我的心裡一直有這樣的『疑惑』——」

「那好，妳就把妳想出來的『證明』與產生的『疑惑』一一說給我聽！然後，我們再一起思考，如何？」

方才還哭喪著臉、嘴角呈ㄟ字形的由梨，整張臉瞬間開朗了起來。

「嗯～」

4.1.3 由梨的「證明」

「首先，請告訴我由梨妳的『證明』。」我打開筆記本說道。

$0.999\ldots = 1$ 的證明

「就算證明錯了，也不可以把人家當笨蛋噢！」

「當然不會。」

「人家我的想法啊，是先研究 0.9，然後研究 0.99，最後才研究 0.999 的說。」

「不錯嘛！」

「可是，1 與 0.9 雖然很接近，但還是偏離了 0.1。」

「偏離了 0.1 的意思是？」

「嗯，就是說啊，只錯了 0.1。」

「由梨是想說相差 0.1 的意思嗎？」我在筆記上寫下數式。

$$1 - 0.9 = 0.1$$

「嗯！對對！就是這個意思。就是差。這樣啊！也可以用數式寫出來啊——因此，這就是我想出來的證明方法。一開始是 0.9。」

◎　◎　◎

一開始是 0.9。

$$1 - 0.9 = 0.1$$

接著是 0.99。

$$1 - 0.99 = 0.01$$

以此類推。

$$1 - 0.9 = 0.1$$
$$1 - 0.99 = 0.01$$
$$1 - 0.999 = 0.001$$
$$1 - 0.9999 = 0.0001$$
$$1 - 0.99999 = 0.00001$$
$$\vdots$$

經過這樣無限次反覆進行，我認為與 1 之間的差異就會變成 0.000...。

$$1 - 0.999\cdots = 0.000\cdots$$

那麼，右邊的 0.000...不就等於 0 了嗎？

$$1 - 0.999\cdots = 0$$

因為差為 0，所以最後 0.999...就會與 1 相等！

$$0.999\cdots = 1$$

到這裡，嗯——*Quod Erat Demonstrandum*，證明完成。

◎ ◎ ◎

「證明完成。」由梨說道。

「沒想得很周全呢！以一個國中生來說，已經相當了不起囉！」

「好開心喔喵～」由梨口吐貓語，笑了起來，不一會兒隨即恢復了嚴肅的表情。「可是，『以一個國中生來說』這個附帶條件，還真的是討人厭呢！」

「為了要能詳盡說明，在『經過這樣無限次反覆進行⋯⋯』這個地方，如果不用更嚴謹一點的數學語言就會很棘手噢！」

「這樣啊——其實，由梨對『無限次反覆進行』這個地方不是很懂。我只是知道『0.000...比 0 要來得稍微大一點』。於是，這麼一想的話，也就可以認為『0.999...比 1 要來得稍微小一點』囉！」

「原來如此！莫非這就是由梨感到『疑惑』的地方？」

「沒錯！你聽我說，哥哥⋯⋯」

4.1.4　由梨的「疑惑」

沒錯！你聽我說，哥哥。

「$0.999\cdots = 1$不會成立的疑問」

0.9 比 1 來得小，對吧！

$$0.9 < 1$$

同樣地，0.99 也會比 1 小。

$$0.99 < 1$$

如此反覆進行的話，不就變成下面這樣的情況了。

$$0.9 < 1$$
$$0.99 < 1$$
$$0.999 < 1$$

$$0.9999 < 1$$
$$0.99999 < 1$$
$$\vdots$$

這麼一來的話，不就代表了進行了多少次，終究還是會比 1 小！

$$0.999\cdots < 1 \quad ?$$

可是，這種結果是對的嗎……我的心裡不禁存有這樣的疑惑。

◎　◎　◎

「原來如此！原來妳是這麼想的啊！」

「嗯。按照 0.9, 0.99, 0.999 這樣依序思考，剛剛的『證明』就會變為──

　　『再怎麼樣都會趨近於 1』

的結果，而我目前的『疑惑』是再怎麼樣都會演變成──

　　『無論進行了多少次都會比 1 小』

的結果。這兩種想法在我的腦海中不斷地交戰噢。唉唷！我已經不知道該如何是好了喵～」由梨呼地……大大吐了一口氣。

　　「那麼，正確解答到底是什麼呢」？

由梨用帶著疑問的眼神看著我。

4.1.5　我的說明

　　「由梨已經將問題好好整理過了。接下來，哥哥也要用自己的方式重新整理。首先，要思考如下的數列。為了能夠一目瞭然，要將所有的數字分別取上像 $a_1, a_2, a_3, \cdots, a_n, \cdots$ 的名字。」

$$a_1 = 0.9$$
$$a_2 = 0.99$$
$$a_3 = 0.999$$
$$a_4 = 0.9999$$
$$a_5 = 0.99999$$
$$a_6 = 0.999999$$
$$\vdots$$
$$a_n = 0.\underbrace{9999\cdots9}_{n}$$
$$\vdots$$

「a_n 啊！」由梨點著頭重複道。

「在這裡，n 代表了小數列中 9 的個數。如此一來，n 就會帶有——

（1）隨著 n 愈大，a_n 就會愈接近 1。

（2）可是，無論 n 變得再怎麼大，a_n 還是會比 1 小。

這兩種性質。引發戰爭就是這兩個罪魁禍首吧！」

「對，沒錯！就是這兩個傢伙。由梨煩惱的是，這兩個怎麼看都是正確的。到底哪一個才是錯誤的呢?!」

「由梨，聽好囉……」我看著由梨。

「嗯～」由梨看著我。

「（1）跟（2），兩個都是正確的噢！」

「什麼？」

「兩個都是正確的。下面這兩個主張，不論哪一個都是正確的。」

（1）隨著 n 愈大，a_n 就會愈接近 1。

（2）可是，無論 n 變得再怎麼大，a_n 還是會比 1 小。

「咦？可是，如果說（2）是正確的話，$0.999... < 1$ 不就成立嗎……」

「不！不成立。$0.999... < 1$ 是錯誤的。$0.999... = 1$ 才是正確的。」

$$0.999\cdots < 1 \qquad 錯誤$$
$$0.999\cdots = 1 \qquad 正確$$

「不好意思，哥哥！由梨目前正陷入了空前的混亂狀態噢！」

「是嗎？」

由梨沉默地思考著，我靜靜地等待著。沉默思考時間。這樣的時間對數學而言，何其珍貴。沒有人開口說話、沒有人打擾，可以聚精會神、專心思考的時間……。可以稍稍聽見媽媽在廚房作菜的聲音。

「我懂了！改變的是等於的定義！我說數學家還真是喜歡定義呢！只要將等號定義成當差比較小時才可以使用就行了！」

受到了極大衝擊的我。

「那還——真是相當了不起的解答呢！可是，不對。$0.999... = 1$ 的等號，與 $1 = 1$ 的等號，兩者的意義是完全相同的。在這裡，我們不做再定義。$0.999...$ 與 1 是完全嚴密相等的噢。」

「可是，那……人家就不懂了喵～」由梨一臉懊惱的神情。

就在這個時候。

「啊～啊～！」

是媽媽的驚叫聲。

我和由梨急急忙忙地衝向廚房。

「發生什麼事了？」

穿著圍裙的媽媽，開著冰箱的門，一臉的慌張。

「沒有蛋了！昨天晚上我把蛋用光了！」

媽媽回過頭來直盯著我瞧。然後，迅速變臉地立刻掛上溫柔表情。

「唉呀！我知道你正在用功，但不好意思——」

「咦咦？沒有蛋就做不出菜來了嗎？」

「沒有蛋的蛋包飯，不能叫蛋包飯吧！」媽媽義正辭嚴地說道。

「可是我們現在正在用功耶！」

「那今晚得吃零蛋包飯囉……」雙手交握，可憐兮兮望著我的媽媽。

「好好好。我知道了啦！我去超市買總可以了吧！」

「由梨也要去！」

4.2 超市

4.2.1 目標地點

腳踏車後座坐著由梨，我們抵達了超市。今晚天氣相當寒冷。

嗯，蛋、蛋、蛋，我要買蛋。六顆盒裝的雞蛋不知道夠不夠呢?!

在收銀台結完帳正打算走出超市時，由梨突然猛力地拉了拉我的手。

「吶，哥哥你看看……那邊有很棒的東西唷！」

我順著由梨手指的方向看去，發現那是一家霜淇淋店。

「不行啦！媽媽等著用蛋。而且這種天氣妳不冷嗎？」

「別這麼說！不要拒絕人家嘛……」由梨在我面前走來走去，像是祈禱般地雙手合十，一臉可憐兮兮地懇求著我。為什麼每一個人在有求於我的時候，都會做出這個相同的動作呢?!……唉！算了！也沒差啦。

我買了兩客香草霜淇淋走回了室內用餐區。「來！由梨，給妳。」

「嘿嘿嘿——謝謝！哥哥。」由梨滿臉笑容地迎接著我。

「看起來心情不錯嘛！已經不生氣了嗎？」

「咦？什麼事情呀？」

「忘記的話，就算了。」

我們一邊舔著霜淇淋，一邊聊天。

「吶，哥哥你將來想要做什麼啊？」

「啊？——我想想喔——那由梨妳呢？」

「嗯——我應該會當律師吧！」

「真稀奇！……難不成妳是受了電視節目的影響？」

「那種理由，嗯、唉唷！可能真的有那麼一點啦！因為很神氣的喵。吶，我說哥哥啊……你是那種會在乎老婆收入比自己高的人嗎？」

「這是什麼鬼問題!?」

「我想應該是不會在乎啦！對吧?!那種芝麻蒜皮的小事。」

「——剛剛我們說的，如果將它們繪成圖，感覺就會像這樣。」

我換手拿霜淇淋，在特賣 DM 背面的空白處畫上圖。

「那個人家知道啦！」由梨說道。

「在這裡，名為 0.9、0.99、0.999 的數列會**無止境地接近** 1。而無止境地接近的所在──換句話說，也就是**目標地點**，是 0.999...噢！」

「所以說啊！哥哥。0.9、0.99、0.999 這個連續的數列，雖然不會變成 1，但卻會無止境地接近 1。關於這些，總覺得自己似懂非懂，說懂了又好像不懂，說不懂又好像有點懂。」

「那到底是懂還是不懂啊！」

「就像哥哥所畫的圖一樣，可以感覺得到會無止境地接近 1。可是，我想就算是無止境地接近 1，但 0.999...終究還是不會變成 1 啊！」

由梨一臉的不快，接著舔了一口霜淇淋。

「那麼，接下來是問題時間。請根據問題回答『是』或『不是』。」

「0.9、0.99、0.999 這樣循環下去，是否會變成等於 1 呢」？

「不會。在 0.9 之後不管 9 再怎麼繼續，應該都會比 1 小！」
「由梨說得很對！」我說道。

「唉唷！真叫人受不了。總覺得再這樣說下去人快心浮氣躁了起來──。明明在 0.9 之後，不管 9 再怎麼繼續下去都不會變成 1。那到底為什麼 0.999...會等於 1 呢?!」

「啊！稍微等一下！由梨，那這個問題呢？」

「0.9、0.99、0.999 繼續循環下去，是否會無止境地接近某數了呢」？

「會。在 0.9 之後，只要 9 繼續循環下去的話，就會接近 1。並且是無止境地噢！」

「嗯。由梨是正確的！」我點頭贊同。「接下來，是相當重點中的重點噢。當 0.9、0.99、0.999 繼續循環下去而無止境地逐漸接近『某數』

時，那個『某數』呢！就會以——

$$0.999\cdots$$

這樣的書寫規則表達出來。」

「以這樣的**書寫規則**表達出來？你、給我、等一下啦！」由梨的聲音上揚了起來。

她一頭的秀髮，有如黃金般地閃耀著。

「什麼？」

「我懂了噢。哥哥。由梨，搞懂了噢。請讓我確認一下。」

「當然！沒問題噢！」

「那個啊！0.999...所代表的就是『某數』對吧！」

「對！」

「0.999...代表的是『某數』。」

「隨著 0.9、0.99、0.999 這樣一路繼續下去，就會無止境地接近這個 0.999...所代表的『某數』，對不對?!」

「嗯。由梨說得對！」

「當 0.9、0.99、0.999 繼續循環，會無止境地接近『某數』」。

「雖然已經愈來愈接近了，但就算 0.9、0.99、0.999 一直繼續循環下去，這個『某數』也仍然不會出現。我這麼說，應該沒錯吧！」

「嗯，沒錯！說得很棒！」

「就算 0.9、0.99、0.999 循環下去，『某數』仍不會出現」。

「因此，那個 0.999...所代表的『某數』就會等於 1。」

「0.999...所代表的『某數』就會等於 1」。

「嗯。這樣說是正確的。為什麼由梨突然茅塞頓開了呢？」

「哥哥，我就是懂了噢。可能還有什麼地方不懂，但就是突然豁然開朗了。由梨就是意外地發現 0.999... 所代表的是『某數』這個事實。」

話一說完，由梨舔了一口開始融化的霜淇淋。

- 0.999... 代表的是「某數」
- 當 0.9、0.99、0.999 循環下去，會無止境地接近「某數」
- 就算 0.9、0.99、0.999 持續循環下去，某數仍不會出現
- 0.999... 所代表的「某數」就會等於 1

「嗯嗯——已經知道真兇是誰了噢。哥哥——這個『0.999...』的寫法就是真兇。這還真是讓人容易混淆不清呢！」

由梨將所剩不多的霜淇淋連同脆皮杯喀滋喀滋地吃下肚。

「……我說啊！在寫數列的時候啊～

$$0.9, \quad 0.99, \quad 0.999, \quad ...$$

不都是要像上面這樣，在最後的部分加上點點點（...）嘛！所以，我就想只要像 0.9, 0.99, 0.999 這樣繼續下去，一定會在某一個地方出現『0.999...』這個數呀。但事實並非如此！0.9, 0.99, 0.999 不管怎麼繼續下去，都不會出現 0.999... 這個數的。到底為什麼要寫成 0.999... 呢?!這只會讓人混淆不清，真是夠了！寫成心型 ♡ 之類的不更好。例如——

- 0.9, 0.99, 0.999,...無止境地接近 ♡ 。
- 然後，♡ 等於 1。

——寫成這樣的形式，就不會因為混淆不清，惹出這麼多麻煩來啦！」

「說得也是！」

「剛剛取名為 ♡ 的這個數，就是『0.999...』的書寫規則對吧？而這個規約在一開始就言明了，對吧!?厚！這個單純只是數的寫法出了問題啊！」

「妳已經完全了解透徹了呢！由梨！」

「哥哥。這個部分如果不好好思考的話，還真是無法理解呢！就算學校有教，也絕對會產生誤解懂。0.999...這個數，並不是會出現在數列中的數，而是數列前進的目標地點。就算無法抵達該目的地也無所謂。哥哥所談及的部分，我完全理解了唷。的確，0.999...與 1 是完全嚴密相等的。因為那正是 0.9, 0.99, 0.999 這些數所欲前往接近的目標地點啊！」

「由梨所言完全正確！」

「奇怪？──話說回來啊……下面這兩個意思完全不相同呢！」

$$0.999\cdots \qquad （等於 1）$$
$$0.999\cdots 9 \qquad （小於 1）$$

「對！沒錯！像 0.999...這種最後會變成點點點的數，是數列前進的目標地點所在。像 0.999...9 這種途中出現點點點，最後又出現 9 的數，則是會出現在數列當中的數。兩者完全不一樣喔。」

「那，那個實在是太含糊不清了啦！」

「可是，由梨已經不會再搞錯了呀！對吧?!」

「唔──」

突然間，我的目光落在腳邊的白色塑膠袋上。

──袋子裡頭裝的是什麼啊?!

裝在袋子裡的，是盒裝蛋。

「糟了！媽媽還在家裡等著我們買的蛋呢！」

解答 4-1

下面的等式是正確的。

$$0.999\cdots = 1$$

4.3　音樂教室

4.3.1　文字的導入

「那個男生該不會是由梨的男朋友吧!?」蒂蒂說道。

「才不是呢！怎麼可能！」我回答道。

「我們總是會想要待在自己喜歡的人的身邊啊！不是嗎？一定是的！」蒂蒂臉上帶著我所不熟悉的笑意這麼說著。

這裡是音樂教室。現在是放學後。米爾迦和永永正面對著鋼琴，而我和蒂蒂則在音樂教室的角落裡小小聲地聊著。

永永是個一頭波浪捲髮的美少女。雖然和我不同班，但和我和米爾迦一樣，都是同一所高中的二年級學生。永永是鋼琴同好會「Fortis-simo」的社長。除了上課時間以外，幾乎所有的時間都花在鋼琴上了……聽說，永永似乎取得了可以自由進出音樂教室的許可。

永永和米爾迦兩人一起進行四手聯彈，每彈完一首曲目兩個人便互相討論。永永剛剛說想要分別演奏「機械式的巴哈」與「天界的巴哈」；而米爾迦則似乎是指出「正統（Formal）巴哈」與「後設（Meta）巴哈」兩者間的差異。話題太難了，以致於我完全搞不懂。

我把和由梨之間的對話內容，詳述給蒂蒂聽。

「由梨這小女生真是冰雪聰穎呢！是我的話，還停留在感覺 0.999...比 1 小的階段。」

平常我老覺得蒂蒂冒冒失失地靜不下來，但不知怎地，只要一提到由梨的話題，蒂蒂就會顯得格外地沉靜穩重。

「學長在向由梨說明時，說了這個數是由 n 個 9 所排列而成的，對吧?!」蒂蒂說道。

$$a_n = 0.\underbrace{999\cdots9}_{n \text{ 個}}$$

「嗯，對！因為使用了像 n 之類的文字來表現的話，就會輕鬆許多呀！a_n 中的 n 稱為下標字。相較之下，與其要將『0.999...9 的 9 的個數』一個一個地喊，不如用下標字的作法比較簡潔省力吧！」

「啊！對！在思考數學的時候，能夠『導入新文字』，輕鬆地使用 n 這一類的下標字。可是，我的腦袋好像不怎麼靈光——只要文字一增加，就會認為問題變得複雜！」

蒂蒂懊惱地說著，像試寫自動鉛筆似的，開始在自己的筆記本上依序寫下英文字母。

輪到永永演奏鋼琴了。雙手抱胸的米爾迦站在永永身後。有這麼一瞬間，米爾迦往我的方向看，但她的視線很快地又回到永永的演奏上。

4.3.2 極限

我繼續向蒂蒂進行說明。

「接下來，我們就好好地來聊一聊極限這個主題吧！」

◎　◎　◎

令當 n 愈來愈大的時候，a_n 也就會愈趨近於「某數」。這個時候，我們稱這個「某數」為**極限值**，並且要寫成下面這樣：

$$\lim_{n\to\infty} a_n$$

例如，當 a_n 趨近於名為 A 的「某數」時，我們可以說「極限值會等於 A」，也可以寫成下面這樣的數式：

$$\lim_{n\to\infty} a_n = A$$

對了！如果不使用 lim 的話，我們還可以寫成這樣噢。

$$n \to \infty \quad 的時候 \quad a_n \to A$$

此外，隨著 n 的增加，數列會無止境地接近「某數」，即稱為**收斂**。換句話說，也就是收斂與極限值的存在是等價的喔！

求算出極限值即稱為「取極限」。

數列的極限

　　　　當 n 愈大，a_n 就會愈趨近於數 A

$\Longleftrightarrow$　$\lim\limits_{n\to\infty} a_n = A$

$\Longleftrightarrow$　$n \to \infty$　的時候　$a_n \to A$

$\Longleftrightarrow$　數列 $\langle a_n \rangle$ 收斂於數 A

蒂蒂目不轉睛地注視著我寫下來的數式。

而我則盯著這樣的蒂蒂看。

「學長，這種寫法真顯淺易懂呢！」蒂蒂的手指著其中一行字。

$$n \to \infty \quad 的時候 \quad a_n \to A$$

「是啊！在說明極限的時候，這種寫法常常被使用呢！」

「可是，這邊這個寫法是正確的嗎？」

$$\lim_{n\to\infty} a_n = A$$

「嗯。是正確的噢。蒂蒂覺得哪裡奇怪呢？」

「使用箭頭的話，比較容易讓人有『無止境地接近』的感覺吧！」

$$\lim_{n\to\infty} a_n \to A \quad ?$$

「原來如此啊！可是，$\to$ 通常是針對變化的數量來使用的。$n \to \infty$ 代表變數 n 會愈來愈大的意思，而且 $a_n \to A$ 則代表一般項 a_n 會趨近於數 A 的意思。」

「好的。」

「可是，當 $\langle a_n \rangle$ 是收斂數列時，$\lim\limits_{n\to\infty} a_n$ 代表了一個已經決定好的『數』。而不是代表它會變化噢。所以，在這裡不使用箭頭。」

$$\lim_{n\to\infty} a_n \to A \qquad 錯誤$$
$$\lim_{n\to\infty} a_n = A \qquad 正確$$

「是這樣啊……」蒂蒂說著說著，還用手狠狠地拉捏了自己兩頰的肉。「話說回來，並不是所有的數列都會收斂，對吧?!」

「嗯。說的對！我們舉個例子，試思考看看下面這個數列。」

$$10, 100, 1000, 10000, \ldots$$

「這個數列……看起來會愈變愈大呢！」蒂蒂的兩手猛力地往兩旁張大，並說道。

「對。這個數列會無限增大。意思就是說這個數列並不會無止境地接近『某數』。所以說，這個數列不會收斂。而不會收斂就叫做**發散**。數列 $10, 100, 1000, 10000, \ldots$ 為發散數列。當數列因無止境地變大而發散的時候，像這樣的數列有個特別的名字，我們稱它為**發散到正無限大**。」

「請、請等一下！學長。我們不能把它想成『無止境地接近無限大』就好嗎？」蒂蒂問道。

「沒辦法喔！因為無限大並不是數，所以也不能說是無止境地接近『某數』噢。因此，我們不說『極限值會變成無限大』，也不說『收斂於正無限大』。始終都只有『發散到正無限大』這個說法。」

「是……就是這樣吧！」

4.3.3 音樂是由聲音所決定的

「C♯ 很麻煩耶！」永永的聲音上揚。

「會嗎？」米爾迦回應道。

「噠噠噠地沒辦法連續啦！」

「這樣啊──莫非是右手所以無法流暢演奏的關係……」

永永與米爾迦邊聊著天，邊往我們的方向走了過來。永永不知為什麼鐵著一張臉。

「休息了嗎？」我開口問道。

「你們都在聊些什麼呢？」米爾迦沒回答，反問道。

「在說 lim 好難啊！」蒂蒂回答道。

「是嗎？」米爾迦微微地歪著頭說道。

「雖大致上能夠了解所謂的『趨近於』，可是一旦像 lim 這種數式出現……就會直觀地認為自己搞不懂了。」

「lim 就是 limit——也就是說極限而來。」米爾迦說道。

「話雖如此沒錯，但要一變成數式的話，無論如何我都……」

「可以打擾一下嗎？」永永突然身體往前探，並開口說：「在數學中使用數式，當然是最好的表現方法呀！」

說到這裡，永永的話突然中斷，盯著自己的手看，似乎在思考著什麼。翻了翻手掌，看著自己的手背。好修長的手指——這是理所當然的啊！這雙手可是用來彈鋼琴的呢！

「音樂由聲音所決定。」永永盯著自己的手，用少有的認真口吻說出了這句話。「總而，最後就是『聲音』——如果可以用話語來表現世界的話，那也很不錯。可是，偏偏就存在只能用聲音才能表現的世界——」

然後，永永用自己那雙修長的手指著自己的胸口。

「音樂是——我所追求的。如果要說有什麼東西可以劈開我的胸口、將它扒開、翻攪並使之蠢蠢欲動的話，那一定就只有音樂了……我是打從心底這麼認為。我是為了音樂而呼吸，為了音樂而飲食。」

說話的口吻不像平常的那個永永，這一席話聽得我們個個啞口無言。

「常常有人說『我不懂音樂』。只要是無法用語言好好表達的東西，全推給了『不懂』這個藉口。音樂這種東西，只要好好聆聽就懂了。無法化為語言做表達的，就交給聲音。習慣仰賴語言的人，不會聆聽聲音，因為他們總是探索著語言，因而才會有演奏者的誕生。但這些人卻對關鍵之聲置若罔聞，更遑論要他們在揚起聲音的時刻、在流洩著聲音的空間，細細體會了。停止語言的探索，用耳朵傾聽！……就是這麼一回事了。」

「不會聆聽聲音？」我重複道。「指的該不會就是像明明想要學習數學，但卻不去解讀數式的意思吧！」

「啊！就是這個意思。」蒂蒂贊同道。「不仔細地去解讀數式——就等同於沒有在看由數學家們所創造建構出來的世界一樣。而這是不是也就是說，不仔細地解讀數式，反被自然語言給牽著鼻子走的話，便無法研究數學的意思呢？」

「自然語言？」我疑問道。

「啊！就是『Natural Language。』」

「雖然音樂與數學兩者風馬牛不相及，但總覺得它們有某些相似之處。」我說道。「演奏者因為要彈奏出聲音，所以必須仔細聆聽。數學家則因為要寫出數式，必須嚴謹地解讀數式……之類的。」

「在音樂中最重要的語言莫過於聲音，而在數學中最重要的語言莫過於數式。」蒂蒂說道。

「語言啊……？」永永遲疑道。

「啊！也就是最重要的 表現 的意思。」蒂蒂補充道。

「或許也不一定僅限於數式。」我說道。「在極限的說明當中，使用趨近於來表現該值，而不是使用成為來表現該值。仔細閱讀載記於數學書裡的內容是相當基本而重要的喔！」

「總之，我——」永永繼續說道。「創作音樂，催生音樂。未來，我不清楚自己會不會走上音樂這條路。可是，我一定不會放棄關於音樂的任何事情。絕對不會——」

說到這裡像是要強調似的，永永猛力地以雙手擊掌。

「——唉呀！總覺得一不留神就說過頭了。真是丟臉！丟人吶！」永永看似一臉害羞，用力地將自己的長髮抓成一束。

「可是，永永一定不會有問題的噢。不管演奏也好、作曲也好，妳不都相當拿手嘛！」

「……你這傢伙，還真是『遲純』好人一枚啊！」

「純？」

「純和鈍部首不同，但看起來很像啊！就是純粹的遲鈍啦！吶，『三角函數（日文：三角関数）與三角關係（日文：三角関係）不就只差了一個字嗎?!』。你知道吧!?『天才與蠢才也只有一字之差啊』。而

『質數（日文：素数）與數一數二（日文：素敵）也是一字之差啊』──
──我先去喝點水！」

　　丟下一枚煙霧彈後，永永拋下我們獨自離開煙硝四起的音樂教室。

4.3.4　極限的運算

　　「基本的極限，你已經教過蒂蒂了嗎？」米爾迦問我。

　　「咦？」

　　「例如說像這種問題。」米爾迦在我的筆記本上寫下數式。

問題 4-2（基本的極限）

$$\lim_{n \to \infty} \frac{1}{10^n}$$

　　「啊、那個、嗯………」蒂蒂一臉為難的表情看著我。

　　「那麼，來求算這個數式的值吧！」我拿起自動鉛筆。

◎　◎　◎

我們就來求算這個數式的值吧！

$$\lim_{n \to \infty} \frac{1}{10^n}$$

這個問題是要求算 $\frac{1}{10^n}$ 的極限值喔！也就是要求算下面的 ♣。

$$n \to \infty \quad 時 \quad \frac{1}{10^n} \to ♣$$

首先，要將數列具體地寫出。因為「舉例說明為理解的試金石」
呀！

$$\frac{1}{10^1}, \quad \frac{1}{10^2}, \quad \frac{1}{10^3}, \quad \frac{1}{10^4}, \quad \frac{1}{10^5}, \quad \cdots, \quad \frac{1}{10^n}, \quad \cdots$$

也就是說，隨著 n 愈來愈大，是否會有趨近於 $\frac{1}{10^n}$ 的數存在呢？如果有的話，那個數是多少？——我們只需回答這樣的問題就可以了。

把注意力集中在分母的話，就不會覺得那麼難了。分母可為下面的數列：

$$10^1, \quad 10^2, \quad 10^3, \quad 10^4, \quad 10^5, \quad \ldots, \quad 10^n, \quad \ldots$$

寫成下面的數列，更容易理解：

$$10, \quad 100, \quad 1000, \quad 10000, \quad 100000, \quad \ldots, \quad 10^n, \quad \ldots$$

隨著 n 愈來愈大，10^n 會趨近於無限大。也就是，可以寫成下列：

$$n \to \infty \quad \text{的時候} \quad 10^n \to \infty$$

隨著 n 愈來愈大，分數 $\frac{1}{10^n}$ 的分母會趨近於無限大。因為分母趨近於無限大，所以分數 $\frac{1}{10^n}$ 本身就會趨近於 0。換句話說，可以寫成下列：

$$n \to \infty \quad \text{時} \quad 10^n \to \infty$$

使用 lim 的話，可以寫成下列：

$$\lim_{n \to \infty} \frac{1}{10^n} = 0$$

因此，我們可以知道極限值確實存在，而該極限值為 0。

◎　◎　◎

解答 4-2（基本的極限）

因為 $n \to \infty$ 的時候 $10^n \to \infty$，所以 $\frac{1}{10^n} \to 0$。因此——

$$\lim_{n \to \infty} \frac{1}{10^n} = 0$$

「原來如此！」蒂蒂說道。「是剛剛在聽解說時想到的。

$$n \to \infty \quad 時 \quad 10^n \to \infty$$

是不是也可以寫成下列呢？」

$$\lim_{n \to \infty} 10^n = \infty$$

「嗯。可以啊！有什麼問題嗎？」

「那個……寫成這樣的話，感覺很像是說 10^n 的極限值為∞；但是，剛剛學長明明也提醒了不能說是『極限值會變成無限大』……」

「啊，是啊！是我解釋得不夠完整。的確，∞不是一個數。在這裡，我們要將等號像下面這樣擴展開來，並且定義它。蒂蒂！」

$$\lim_{n \to \infty} 10^n = \infty \quad \Longleftrightarrow \quad n \to \infty \quad 的時候 \quad 10^n \to \infty$$

「我們可以把稱它為數列〈10^n〉為『發散到正無限大』，對吧！」

「嗯，很進入狀況喔！」我稱讚道。

一語不發默默聽著我們解題的米爾迦開口說道。

「下一個問題！」

問題 4-3（基本的極限）

$$\lim_{n \to \infty} \sum_{k=1}^{n} \frac{1}{10^k}$$

「咦……這個問題和剛剛那個不一樣嗎？」蒂蒂疑惑地問道。

「真不知道是誰剛剛還大言不慚地嚷著，拚命想說服大家『不仔細解讀數式，就等同於沒有看到數學家所建構出的世界一樣』呢！」米爾迦打趣道。

「啊……那個厚臉皮的傢伙，就是我。我馬上開始讀……」

蒂蒂來回閱讀筆記本上的數式。

「……我懂了。兩者之間不相同呢！我把 $\overset{\text{sigma}}{\Sigma}$ 給看漏了。可是，這一題我可能真的沒辦法計算出來。lim 與 Σ 與……」

「換人接棒！」米爾迦把手搭在我肩上片刻後，便走回了鋼琴處。

「我們想要計算的──」我向蒂蒂說道。「是這個數式，對吧?!」

$$\lim_{n \to \infty} \sum_{k=1}^{n} \frac{1}{10^k}$$

為了要進行運算，首先，我們要將注意力鎖定在求算極限的部分。

$$\sum_{k=1}^{n} \frac{1}{10^k}$$

接著，我們要利用 n 的形式來表現這個數式。因為不做轉變的話，依原數式中的 Σ 很難求算。一開始，為了確認自己的理解程度──」

「就要先舉個實際的例子，對吧！」蒂蒂拿起了自動鉛筆。

$$\sum_{k=1}^{1} \frac{1}{10^k} = \frac{1}{10^1} \qquad \text{（當 } n = 1 \text{ 時）}$$

$$\sum_{k=1}^{2} \frac{1}{10^k} = \frac{1}{10^1} + \frac{1}{10^2} \qquad \text{（當 } n = 2 \text{ 時）}$$

$$\sum_{k=1}^{3} \frac{1}{10^k} = \frac{1}{10^1} + \frac{1}{10^2} + \frac{1}{10^3} \qquad \text{（當 } n = 3 \text{ 時）}$$

「對！就是這樣！蒂蒂也寫得出一般項嘛?!」

「啊！真的耶！寫得出來。」

$$\sum_{k=1}^{n} \frac{1}{10^k} = \frac{1}{10^1} + \frac{1}{10^2} + \frac{1}{10^3} + \cdots + \frac{1}{10^n} \qquad \text{（一般項）}$$

「嗯。這麼一來就萬事OK啦！蒂蒂。接下來就是常做的數式變形。兩邊同時乘以 $\frac{1}{10}$ 之後，數式各項會往後移一格。」

$$\sum_{k=1}^{n} \frac{1}{10^k} = \frac{1}{10^1} + \frac{1}{10^2} + \frac{1}{10^3} + \cdots + \frac{1}{10^n} \qquad 表示一般項的數式$$

$$\frac{1}{10} \cdot \sum_{k=1}^{n} \frac{1}{10^k} = \frac{1}{10} \cdot \left(\frac{1}{10^1} + \frac{1}{10^2} + \frac{1}{10^3} + \cdots + \frac{1}{10^n} \right) \qquad 兩邊同時乘以 \frac{1}{10}$$

$$\frac{1}{10} \cdot \sum_{k=1}^{n} \frac{1}{10^k} = \frac{1}{10} \cdot \frac{1}{10^1} + \frac{1}{10} \cdot \frac{1}{10^2} + \frac{1}{10} \cdot \frac{1}{10^3} + \cdots + \frac{1}{10} \cdot \frac{1}{10^n} \qquad 展開右邊$$

$$\frac{1}{10} \cdot \sum_{k=1}^{n} \frac{1}{10^k} = \frac{1}{10^2} + \frac{1}{10^3} + \frac{1}{10^4} + \cdots + \frac{1}{10^{n+1}} \qquad 整理各項後所得結果$$

「所謂的各項後移，指的就是10的每一個指數會多增加1的意思，對吧！」

「對！沒錯！在這裡，要利用減法運算將『表示一般項的數式』與『各項後移所得結果』相減。這麼一來，兩數式中間相同部分就會相抵。」

$$\sum_{k=1}^{n} \frac{1}{10^k} = \frac{1}{10^1} + \frac{1}{10^2} + \frac{1}{10^3} + \cdots + \frac{1}{10^n} \qquad 表示一般項的式子$$

$$-)\qquad \frac{1}{10} \cdot \sum_{k=1}^{n} \frac{1}{10^k} = \qquad\qquad \frac{1}{10^2} + \frac{1}{10^3} + \cdots + \frac{1}{10^n} + \frac{1}{10^{n+1}} \quad 移項之後所得結果$$

$$\left(1 - \frac{1}{10}\right) \cdot \sum_{k=1}^{n} \frac{1}{10^k} = \frac{1}{10^1} \qquad\qquad\qquad - \frac{1}{10^{n+1}} \quad 相減之後所得結果$$

「啊！就是這樣！除了頭和尾之外，全部相抵掉了。」

「接下來，我們要繼續進行運算。」

$$\left(1 - \frac{1}{10}\right) \cdot \sum_{k=1}^{n} \frac{1}{10^k} = \frac{1}{10^1} - \frac{1}{10^{n+1}} \qquad 相減之後所得結果$$

$$\frac{10-1}{10} \cdot \sum_{k=1}^{n} \frac{1}{10^k} = \frac{1}{10^1} - \frac{1}{10^{n+1}} \qquad 計算左邊$$

$$\frac{9}{10} \cdot \sum_{k=1}^{n} \frac{1}{10^k} = \frac{1}{10^1} - \frac{1}{10^{n+1}} \qquad 接著再次計算左邊$$

$$\sum_{k=1}^{n} \frac{1}{10^k} = \left(\frac{1}{10^1} - \frac{1}{10^{n+1}} \right) \cdot \frac{10}{9} \qquad \text{兩邊同時乘以} \frac{10}{9}$$

$$= \frac{1}{10^1} \cdot \frac{10}{9} - \frac{1}{10^{n+1}} \cdot \frac{10}{9} \qquad \text{展開所得結果}$$

$$= \frac{1}{9} - \frac{1}{9 \cdot 10^n} \qquad \text{計算所得結果}$$

「之後，思考數式的右邊在 $n \to \infty$ 時會變得如何就可以了。」

$$\sum_{k=1}^{n} \frac{1}{10^k} = \frac{1}{9} - \frac{1}{9 \cdot 10^n}$$

「在這個數式中，當 $n \to \infty$ 時……」蒂蒂說道。「$\frac{1}{9 \cdot 10^n}$ 的部分其極限值會變成 0，對嗎?!如果要問為什麼的話，那是因為分母的 $9 \cdot 10^n$ 會趨近於無限大的緣故。」

「說得很對！」我贊同道。「——那麼，我們也可以這麼說——

$$n \to \infty \quad \text{時} \quad \sum_{k=1}^{n} \frac{1}{10^k} \to \frac{1}{9}$$

換句話說，也就是——

$$\lim_{n \to \infty} \sum_{k=1}^{n} \frac{1}{10^k} = \frac{1}{9}$$

的意思。」

解答 4-3（基本的極限）

$$\lim_{n \to \infty} \sum_{k=1}^{n} \frac{1}{10^k} = \frac{1}{9}$$

「完成了嗎？」米爾迦不知從什麼時候開始，就已經站在我們身後了。手裡還拿著一份樂譜。「現在下一個問題是要試著計算 0.999...」

問題 4-4

請試著計算 0.999...。此處 0.999...的定義如下。

$$0.999\cdots = \lim_{n\to\infty} 0.\underbrace{999\cdots9}_{n\text{ 個}}$$

「米爾迦，妳打算依照這樣的流程來出題嗎？」我詢問道。

「你還沒有察覺嗎？」說著說著，米爾迦動手在筆記本上展開數式。

$$0.999\cdots = \lim_{n\to\infty} 0.\underbrace{999\cdots9}_{n}$$

$$= \lim_{n\to\infty} \left(0.9 + 0.09 + 0.009 + \cdots + 0.\underbrace{000\cdots0}_{n-1\text{ 個}}9 \right)$$

$$= \lim_{n\to\infty} \left(\frac{9}{10^1} + \frac{9}{10^2} + \frac{9}{10^3} + \cdots + \frac{9}{10^n} \right)$$

$$= \lim_{n\to\infty} 9 \cdot \left(\frac{1}{10^1} + \frac{1}{10^2} + \frac{1}{10^3} + \cdots + \frac{1}{10^n} \right)$$

$$= \lim_{n\to\infty} 9 \cdot \sum_{k=1}^{n} \frac{1}{10^k}$$

$$= 9 \cdot \lim_{n\to\infty} \sum_{k=1}^{n} \frac{1}{10^k}$$

$$= 9 \cdot \frac{1}{9} \qquad \text{根據解答 4-3}$$

$$= 1$$

「換句話說，也就是 0.999...會等於 1。」米爾迦做出結論。

解答 4-4

$$0.999\cdots = \lim_{n\to\infty} 0.\underbrace{999\cdots9}_{n\text{ 個}} = 1$$

「0.999...，原來是可以計算的啊！」

「那是因為我們把它定義成可以運算的緣故喔！」我說道。

「無限會矇騙感覺。」米爾迦說道。「可以模仿尤拉（Leonhard Euler, 1707～1783 年，瑞士數學家和物理學家）老師的人，在這世界上可以說不存在。在處理無限時，只憑感覺的話，會注定失敗。」

「是這樣嗎……」蒂蒂說道。

「不要只憑感覺——」米爾迦看著我說道。

「——而是要仰仗邏輯。」我回應道。

「不要只是依賴語言——」

「——而是要仰仗數式。」

「所言極是。」米爾迦微笑著說。

「啊！所以說……」蒂蒂說道。「在思考極限時，使用的不是『無止境地接近』這種語言形式，而是要使用像 lim 之類的數式，對嗎?!」

「可是，為避免引起更大的爭議，我們有必要對 lim 本身下定義。」米爾迦開始在我們的身旁一邊緩緩地踱來步去，一邊說道。「當然！我們不使用『無止境地接近』這種語言形式。」

「嗯……那該怎麼做呢？」

「利用數式！」米爾迦簡潔有力地回答。

「利用數式來定義 lim？咦、嗯、這種事情……」

「如果是現代的話，辦得到的。」米爾迦豎起手指。「人類可以像這樣掌握極限也不過是最近的事。柯西（Augustin-Louis Cauchy, 1789～1857 年，法國分析學家）將極限這個概念引進數學當中，是進入十九世紀之後，而魏爾斯特拉斯（Weierstrass, Karl Theodor Wilhelm, 1815～1897 年）用數式定義極限已是十九世紀後半了。」

這個時候，永永回到了音樂教室。

「米爾迦醬，開始練習吧！」

「利用數式來定義 lim……」蒂蒂低喃自語道。

米爾迦啪地一聲輕敲了蒂蒂的頭。

「就是極限分析噢！」

4.4　回家的路上

4.4.1　未來出路

　　米爾迦和永永說了要繼續留下來練習，只有我和蒂蒂兩人朝車站方向走。蒂蒂跟在我身後半步的距離。不知從什麼地方，飄來陣陣梅花的香氣。

　　「今天總覺得聊了好多東西噢。」

　　「是啊～」

　　我回想起今天在音樂教室裡的對話。永永很認真地在思考音樂這件事。從事音樂的工作——永永已經想到這麼遠了！

　　永永說道「音樂是我所要追求的」。

　　「請問，學長的——未來的目標是什麼呢？」

　　「問得好……那蒂蒂呢？」

　　「我嗎——我啊——我希望未來能夠從事英語相關的工作。可是，雖然剛接觸不久，但最近也覺得與電腦有關的工作很有趣呢。如果我可以像永永學姊那樣肯定地說出，為了無止境地接近自己的目標而用功努力的話那就太好啦……」

　　「是啊！」

　　總而言之，如果是蒂蒂的話，應該最適合說「英語是我所要追求的」。這麼說起來，之前蒂蒂也說了自己想成為一位律師。當然，先不管這小女生是不是三分鐘熱度，說不定這行業會意外地適合她呢！

　　「——對不對?!」蒂蒂說道。

　　「是啊！」我心不在焉地回答。

　　米爾迦將來想做什麼呢？應該會成為一位數學家吧?!但話說回來，像她這樣的才女，應該什麼事情都辦得到……。

　　……奇怪?!

　　等我回過神來，才察覺蒂蒂離我有一段距離，一個人站在遠處。

　　「怎麼啦？」我急忙走到蒂蒂身邊。

「……」蒂蒂沒有回答。她的臉朝下，我看不見她的表情。

「吶，怎麼啦？」我彎低了身子，偷偷地望著她的臉。

「我……」蒂蒂用細細的、小小的聲音開口說道。「我這個人，什麼事情都做不好，對吧?!」

「……為什麼這麼說呢？」

「我這個人，總是成事不足敗事有餘噢！」蒂蒂的臉始終沒有抬起來，繼續往下說。「若米爾迦學姊的話，可以談高深的數學；若永永學姊的話，可以創作出精彩的音樂。可是，我這個人──我這個人，卻什麼事情都辦不到。多虧有學長在，我才會覺得數學變有趣了。可是，我卻老是疑問連連，佔用了學長許多寶貴的時間。而我卻沒辦法替學長做什麼……什麼都沒法做。」

「蒂蒂……妳錯了噢。我啊！也多虧妳，才學會有耐性。每當進行條件分析時、每當進行列舉時，我總是會想起蒂蒂。有毅力、不輕言放棄、努力不懈，這些優點，都是我從蒂蒂身上所學到的噢！」

「……」蒂蒂還是頑固地不肯抬起頭來。

「所以啊！以後還是像以前一樣，只要妳有任何疑問都可以隨時來問我，這樣反倒是我多了學習用功的機會呢！」

「學長──」蒂蒂終於抬起頭來，兩頰還紅咚咚的。「非常謝謝你！就像學長說……如果我有哪裡不懂的話，一定會毫不客氣地開口請學長教我。相對地，如果打擾到學長的話，也請學長一定要告訴我。」

蒂蒂眼睛眨也不眨地緊盯著我說道。

「畢竟升學考試攸關未來」。

數列 $1, \frac{1}{2}, \frac{1}{3}, \cdots, \frac{1}{n}, \cdots$ 前往接近的「目的地」，
我們稱為此數列的極限值，並要像這樣記作 $\left[\lim\limits_{n \to \infty} \frac{1}{n}\right]$ 。
另外，我們也說這個數列 $1, \frac{1}{2}, \frac{1}{3}, \cdots, \frac{1}{n}, \cdots$ 會收斂於 0。
但在此要特別強調，我們並沒有說這個數列會抵達目的地。
我們只是單純地指明了數列的方向，並將它稱為數列的極限值。
絕對、絕對（Never! Never!）
沒有「在經歷過了一連串無限的操作之後」而變成了 0 這樣的意思。
——足立恆雄《無限のパラドクス》（無限的悖論）

第 5 章
萊布尼茲之夢

所謂持續這個動作，並不足以成為衡量真假的尺度。
蜻蜓的一天，或天蠶蛾的一夜，在那樣的一生當中，
雖極為短暫以致於無法呈現持續的狀態，
但也不能因為這樣就說它們絕對沒有意義。
——《來自大海的禮物》

5.1　如果是由梨的話，就不會是蒂蒂

5.1.1　「若…則…」的意義？

「人家搞不懂『若…則…』啦！」

星期六。像龍捲風似地掃進我房間的由梨，說了這樣的話。

「怎麼啦！這麼突然。」埋頭苦讀的我抬起了頭。

「你看吶，你看吶，邏輯裡頭不是有——

『若 A 則 B』

這種說法嗎？那個，我沒辦法接受。」

我嘆了一口氣，轉身面向由梨。

「我說由梨啊！好好地把說話的順序重組一下再開口啦！」

「可是，意思不都已經傳達給哥哥了嗎？」

「……是已經傳達到了沒錯……」

「真不虧是哥哥喵～」由梨露出了頑皮的笑容。

面對這樣的狀況我不禁大大地嘆了一口氣，才翻開筆記本新的一頁，由梨一把拉過椅子，往我身邊坐，並且已經戴好了眼鏡。

「設有 A 和 B 兩個命題。利用『若…則…』連結命題 A 和命題 B，

製造一個名為『若 A 則 B』的新命題。寫成邏輯式的話，就像下面這樣。」

$$A \Rightarrow B$$

「嗯嗯！」由梨頻頻點著頭。

「所謂的命題，指的就是能判斷真假的數學主張。因為有 A 和 B 兩個命題，所以真假的變化情況就會有四種。針對不同的情況分別定義命題 $A \Rightarrow B$ 的真假。實際上，實際寫寫**真值表**來看。」

A	B	$A \Rightarrow B$
假	假	真
假	真	真
真	假	假
真	真	真

「沒錯沒錯！這個這個！就是這個我無法接受。」

「由梨知道怎麼看真值表嗎？」

「吶，不要把由梨當笨蛋啦！例如，最上面那一列不就是『如果 A 為假，B 為假的話，$A \Rightarrow B$ 則為真』的意思嘛！」

「嗯、說的很對。那麼，由梨是對哪一列無法接受呢！」

「我無法接受的是第一列和第二列。第三列和第四列我可以接受。」

「那是因為——」

「因為啊！你想想看『若…則…』的意思嘛！」由梨搶了我的話。「在第一列和第二列，A 為假對吧！換句話說，『若 A 則 B』的前題不就崩毀了嗎？明明前提已經崩毀了，卻還說『若 A 則 B』為真。不覺得這樣很奇怪嗎？」

「聽起來好像是這樣。該怎麼說明才好呢……」我說道。

「他也說了『如果思考過它的意思的話，絕對會覺得奇怪』噢，那傢伙。……可是，就只說『那是正確的噢』，卻沒有再多做說明。」

（那傢伙？）

「吶、由梨——

那要什麼樣的真值表，妳才會覺得『若…則…』是正確的呢？
——妳思考過這個問題嗎？」

「咦……沒有、我沒有想過。」

「如果妳覺得第三列和第四列可以接受的話，那我就跳過不做解釋。接下來，我們要針對第一列和第二列，將所有的情況條列之後寫下來噢。一起來研究看看，究竟哪一個才適合『若…則…』吧！」

「唔……嗯。原來如此……哥哥你真強！」

「……那，來寫真值表囉！」

A	B	(1)	(2)	(3)	(4)
假	假	假	假	真	真
假	真	假	真	假	真
真	假	假	假	假	假
真	真	真	真	真	真

「這就是全部嗎？」由梨探前看。

「這樣很熱，不要靠這麼近啦！那麼，在（1）到（4）當中，哪一個才適合『若…則…』呢？」

「總之，明明前提已經崩毀了，卻還說為真就很奇怪——啦！」

「那，如果 A 為假，『若 A 則 B』也為假的話，就沒問題了嗎？那就是（1）囉。」

「嗯！」

「可是啊！由梨，妳好好看看表。在（1）的部分，只有當 A 與 B 兩者都為真時，才會為真。所以（1）說的是『A 且 B』的意思噢！」

「是這樣嗎？說『若…則…』與『且』相同也很奇怪的喵……」

「補充一下，（2）部指的完全是 B 本身。說『若 A 則 B』與 A 無關，不是很奇怪嗎？」

「啊！真的耶……嗯、那（3）呢？」

「（3）是 $A = B$。換句話說，當 A 與 B 的真假相同時即為真。」

「『若…則…』與『等於』應該不一樣吧！唔——！」由梨呻吟著。

「吶，所以除了（4）以外，沒有一個適合『若…則…』的囉！唉呀！這原本就是針對『若…則…』該舉什麼例子來做決定的問題。」

「嗯，雖然還是有些不懂的地方，但我已經知道應該思考真值表中哪一個變化情況才是適合的這種方法⋯⋯哥哥，謝謝你！」

5.1.2　萊布尼茲之夢

「由梨很喜歡條件和邏輯，對吧！我想很少有國中二年級學生會了解到這麼深入的噢！」我說道。

「還好啦！」

由梨離開座位，開始物色起架上的書。⋯⋯奇怪？前一陣子還搆不到的地方，現在居然可以輕鬆搆得到了。看來，由梨長高了不少呢！

「萊布尼茲（Gottfried Wilhelm Leibniz，1646～1716 年，德國最重要的數學家、物理學家和哲學家）是最早領悟到邏輯分析的人。」我說道。

「ㄌㄞˊㄅㄨˋㄋㄧˊㄗ？他是誰？」由梨轉過身來。

「跟牛頓生於同一個時代，是十七世紀的數學家。妳知道牛頓吧！」

「當然知道！他是一位研究蘋果落地的園藝家。」

「不對！不對！⋯⋯真是的！牛頓是發現萬有引力的物理學家。」

「好像就是那樣的喵～」

因為由梨裝傻，我說了一句少裝蒜啦！接著便笑了起來。

「萊布尼茲將『思考』當作是一種『運算』。意思就是把邏輯思考當作是一組給定的抽象符號的關係，甚至可以用機器來執行。」

「意思是說製造出有思考能力的機器嗎？像電腦那樣的機器。」

「對！如果用現代的說法來解釋『萊布尼茲之夢』的話，應該就是這個意思。萊布尼茲曾經說過這樣一段話⋯⋯」

……無論面對任何問題，縱使問題有多困難和複雜，

任誰都應可透過計算，做出是否為真理的解答。

如是者，以後人人都可以避免爭論，

從可掌握的事物當中，一起發掘世間所有真理。*

「喔喔喔、太帥啦！……嗯——可是，光是藉由運算就能做出判斷，消滅一切爭論，這種事情應該不會發生，對吧?!因為這個世界上的爭論仍層出不窮啊。」

「的確是……。嗯，總而言之，就是面對問題時，不用考慮現實意義，只需機械地計算，就能尋求解答——萊布尼茲如此冀求。」

「咦？不考慮意義，根本解決不了問題啊！哥哥不是常耳提面命地要我仔細思考問題的意義嘛！……這到底是怎麼一回事呢？」

「所謂的『不思考問題的意義而解決問題』，就是心境與態度要像在操作數式。只要一思考意義所在，就很容易出錯。妳回想看看，在進入國中後，從算術變成數學時，老師不是會要求我們要『寫出算式』來嗎？」

「啊！對！老師的確有說過。即便是用心算就可以回答的簡單問題，老師也會要我們寫出算式。而且考試的時候，只要沒有寫出算式就會被扣分噢。所以，就算已經知道答案，還是要把算式寫出來。這樣做真像個笨蛋。」

「就是這樣。了解問題後寫出算式，剩下的只是機械運算——不用再考慮意義，只需持續運算——我們就是這樣練習數學。再用具體例子理解問題雖然很重要，但到了某個階段，我們必須把思考對象從『意義的世界』轉移到『算式的世界』。那就是寫出算式。在『算式的世界』，我們的確不用考慮意義，只需不斷變換算式，採用各適其式的方程解法。最後將得出的結果從『算式的世界』回歸到『意義的世界』，問題就此解決。」

「……嗯，一頭霧水，搞不懂。」

---

* Gottfried Wilhelm Leibniz，下村寅太郎等人監修＋澤口召聿譯《ライプニッツ著作集1論理□》（萊布尼茲著作集1邏輯學）。工作舍出版。

「真叫人意外！妳沒聽懂喔！那我們以求蘋果價格為題，可以建立一條像是『假設價格為 x』的方程式，對吧！這就是啟程前往『算式的世界』的動作噢。由方程式解得如 $x = 120$ 般的答案。接著，我們藉由『x 代表了蘋果的價格』的想法，重返『意義的世界』。因此，便得到了 120 元的答案。所以呢！所謂『算式的世界』，就像映照出現實世界的一面鏡。清楚映照地話，進而操作算式，就能解決世上的問題。」

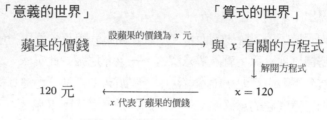

透過「算式的世界」解決問題

「這話會不會說得太好了啊？」由梨不表贊同地雙手交錯抱胸。

「當然，前提是要能夠清楚映照啊！」

「那這是不是說……只要能順利寫出算式，能用算式解決的問題就可以用算式尋求解答？如果是這樣的話，那是理所當然的呀！」

5.1.3 理性的極限

由梨邊「喵嗚啊啊啊」，邊將手往上用力伸展。「哈呼……啊！對了！哥哥，你知道**哥德爾不完備定理**（Gödel's Incompleteness Theorems）嗎？」

「嗯，聽過。可是不清楚它詳細的內容。」

「前一陣子不是有個和我聊著就會一言不合的傢伙嘛！我們剛剛聊過的『若…則…』的話題，我和那傢伙也聊到了。那傢伙是個數學痴……我想他應該是我們那個學年書看得最多的人吧……」

「那傢伙說了，有個棘手的數學定理叫做哥德爾不完備定理，而這個定理證明了數學是不完備的。所以說啊！數學這門由人類頭腦製造發展出來的既高深且嚴密的學問，居然是不完備的呢！這指的是不是就是

理性的界限呢——而這個部分也已經被證明之類的……。那個傢伙很熱血地拚命講，講到放學都還講個不停呢。」

「放學後？」

「聽得由梨一知半解、滿頭霧水的。那傢伙也說了自己不清楚定理詳細的內容是什麼，所以我就想回來問問哥哥……」

「放學後還一直？」

「嗯？……嗯。打掃工作結束後，那傢伙邊在黑板上畫著奇怪的圖邊向我解說噢。雖然他的講解沒有哥哥來得高明，但還滿有趣的。」

「妳晚回家的話，阿姨不會很擔心嗎？」

「蛤?!哥哥你在說什麼啦……今天怪怪的喔！」說完這句話，由梨的注意力又回到書架上，繼續物色喜愛的書。我一面望著由梨那束像小馬尾巴甩個不停的馬尾……沒來由地心情惡劣了起來。

5.2 如果是蒂蒂的話，就不會是由梨

5.2.1 升學考試

「早安！學長！」

「……妳總是這麼朝氣十足呢！蒂蒂！」

早晨。在上學的途中，蒂蒂出聲跟我打招呼。

「學長。那個……可以請教你一下嗎？」

「怎麼了？正經八百的。」我放慢速度，傾聽蒂蒂想請教的內容。

「那個、我們可以邊走邊說……想請問學長有關『升學考試』的問題。我馬上就要升上二年級了——開始關心起大學考試……」

「原來如此。」

現在是二月。三年級生正陷入大考地獄，每個人戰戰兢兢地。四周充斥著想要熬過這個人生關卡的季節，快快迎向人生「春天」的心情。就連我們這些一、二年級生都受到了影響，緊張到不行。

「對於該怎麼準備大學考試這件事情，我一點頭緒都沒有……。大

學考試可以說是正式的大型實力測驗，對吧!?不僅跟學校舉辦的定期考試有很大的差異，就連考試的內容也沒有一定的範圍。──之前，在參加高中入學考試的時候，我緊張到都快心臟病了。我在筆記上一遍又一遍地寫著相同的內容，花了好多的時間……。因為每個同學理解得都比我快，背得也都比我快，所以我想我這個人是天生就不得要領。」

我默默地點點頭。蒂蒂吸了好大一口氣之後，繼續往下說。

「在入學之後，我立刻向學長請教數學，我想那真的是相當明智的作法。這麼做的結果，讓我的數學成績大幅進步。多虧學長的指點，我好像才稍微抓到了一點訣竅。」

「訣竅？」

「是的！要『嚴密的思考』、『重視定義』、『重視語言』。」

「啊啊！原來是這些東西啊！」

「我的數學成績因此有了起色。因為原本就喜歡英文，所以我想只要好好唸就不會有什麼問題。可是，我常常會這麼想，為了升學考試，我是不是應該特別加強呢──。雖然，同學都說只要英文和數學夠強，就沒有什麼好怕的了……」

當我們要過大馬路時，燈號變成了紅燈。在我們兩個人等待號誌轉換的期間，我察覺到了一件事。

「吶，雖然是我剛剛才想到的，蒂蒂，是不是有什麼事情讓妳感到很棘手呢？」

「咦？」蒂蒂突然抬起臉來，一雙大眼骨碌碌地轉個不停。

「在聊升學考試這重要大事之前，稍微再更具體一點的事情。」

蒂蒂眨了兩三次眼後，啃起了指甲，並陷入了思考。「好像有這麼一回事耶！這麼說起來……我對臨場考試很沒輒。」蒂蒂話一說完便陷入了沉默。

「對臨場考試很沒輒……是什麼樣的感覺？」我柔和地問道。

「我想……應該就是焦躁不安吧！我不僅不擅長控制、分配時間，容易放棄思考到一半的題目，更沒有辦法順利進行下一道題目……。所以，每次考試我都會緊張到腦細胞死光光。滿腦子想的都是萬一遇到了困難的題目該怎麼辦之類的。我對這種狀況真的很沒輒啦！」

「原來如此！不然這樣好了。我們就來進行一個在既定的時間之內解決問題的『限時試煉』特訓好嗎？」

「哈哈哈……。這種特訓，我還真是沒做過呢！」

「雖然充分仔細地思考很重要，但是速度也同樣很重要喔！」

「學長說得是……」

號誌轉綠，我和蒂蒂再次邁開步伐。

5.2.2　課程

穿過蜿蜒的住宅區，往學校的方向走。

「我們學校說畢竟是升學高中，在平常的課程當中，早就已經加入了升學對策的項目，對吧！所以，我想只要平常好好上課，基礎應該都可以打得不錯才是。可是，想當然爾，並不是出席上課就保證書唸得來、唸得好。還必須掌握課程內容重點，並且完整吸收才行。」

「掌握課程內容重點──並且完整吸收嗎？」蒂蒂突然做了個狠狠抓住的手勢。依蒂蒂的手勢看來，這個課程內容還真相當浩大啊！

「上課最重要的莫過於集中精神專心聽講。我想這一點，蒂蒂應該已經充分做到了才對……。接受老師所教的東西，並且融會貫通。做筆記雖然很重要，但不要忘了更應該仔細聽講。仔細聽講的話，就會發現自己的疑問。可是，絕對不要對老師的話充耳不聞，只顧著想自己的疑問噢。只要一發現有哪裡不懂或需要注意的地方，就要立刻記下來。之後，再慢慢且仔細地搞懂。如果一發現疑問，就在課當中陷入思考而不顧內容進行的話，就會漏聽了內容的重點。學習的基礎始於專心聽講喔！」

「啊！我也深信這個道理。」

「暫且不管這個，我也……到底該怎麼準備升學考試呢？老實說我也不是很明白。總之，就是專心聽課、好好複習、讀參考書……不斷地重複這幾個動作。用自己的大腦仔細地思考──並做好心理準備。」

「學長總是再三強調『用自己的大腦仔細地思考』這件事情呢。」

「嗯。用自己的大腦仔細去思考是相當重要的一件事情。在課程結

束後，也要好好地花上時間去思考。這麼一來，就可以真的融會貫通了。當然！並不是每一次都能理解並融會貫通，有的時候也會留下疑問。可是，像這種時候，千萬不可以『不懂裝懂』。要特別注意『這裡，我還不是很懂』。要一直思考到自己完全理解並接受之後才能罷手。只要認真用功，唸書這件事情就會變得愈來愈有趣。」

「……」蒂蒂一言不發地點著頭。

「例如，儘管世界上的人都說『我懂了！這個很簡單！』但如果自己不懂的話，要有開口說出『不，我不懂』的勇氣。這是相當重要的一件事。不管別人再怎麼懂，如果自己不懂的話，根本一點意義都沒有。好好地花時間去思考，一直思考到理解並融會貫通為止。這樣一來，妳所得到的東西，一輩子都會是屬於妳的，沒有誰可以把它搶走。只要認真用功，做好累積的功夫，就會產生自信。要有那種儘管考試不斷也不會焦慮不安的自信。」

「……」蒂蒂點了好幾次頭。

「啊！對不起。都是我一個人在說！」

「不會——我身邊連一個會跟我講這種話的人都沒有。老師……不會說，爸爸媽媽……不會說，我——我，對蒂蒂我來說，學長果然是非常重要的……呢！」

「聽妳這麼說我很開心！」

我們抵達了學校。

穿過校門往樓梯口的方向，在學年教室的入口處分開。

「那，放學後見！」我說道。

……雖然我說了放學後見，但蒂蒂卻侷促不安地一動也不動。

「怎麼了？」

「學長！」

「是！」

突然間，蒂蒂大聲了起來，不知不覺中我的聲音也跟著大了起來。蒂蒂睜大了眼睛，直直地視著我。

「學長！那個、那個。那個啊！那個……學長。那個啊！」

「妳想說什麼？蒂蒂！」

「那個！」

上課的預備鈴聲響起。

「那個……那個那個……放學後見，到時候再說吧……」

5.3 如果是米爾迦的話，就是米爾迦

5.3.1 教室

放學後，在我的教室裡。

課已經上完了，就連課後輔導結束了之後，米爾迦都還在看書。

「……妳在看什麼書？」

米爾迦一言不發地舉高手上的書，好讓我看清楚封面。

Gödel's Incompleteness Theorems

「外文書嗎……」

「哥德爾不完備定理。」米爾迦說道。

「什麼?!──這麼剛好！前幾天由梨才跟我提起這個定理呢！我想想看，應該是證明了『理性的界限』的定理之類的。」

「由梨提到這個定理嗎？」米爾迦抬起了頭，一臉嚴肅的表情。

「……嗯。」

「理性的界限……這樣的理解不太妙！」米爾迦說。「那你說什麼？」

「我嗎？」

「有對由梨做正確說明了嗎？」米爾迦目不轉睛地盯著我看。

「……沒有。」我在米爾迦緊迫盯人的壓力下說了和由梨的對話內容。

「萊布尼茲之夢啊……嗯！」

米爾迦靜靜地放下手裡的書，輕輕地閉上了眼，陷入一陣沉默。每

當米爾迦閉上眼陷入沉默時，不知道為什麼我也會跟著沉默起來。或許我的沉默是為了等待某個重要的東西自米爾迦的體內誕生；又或者是，每每像這樣沉默不語、毫無防備輕閉雙眼的米爾迦，相當地……。

「學長！米爾迦學姊！好久不──見！」

元氣陽光美少女蒂蒂走進教室。我的視線從米爾迦身上移開。

「啊！米爾迦學姊，正在思考……對不起！」蒂蒂慌張地用雙手摀住了嘴。對於進入學長姊教室這種事，以前似乎顧忌較多、顯得怯生生的蒂蒂，最近也變得可以輕鬆地來去自如了。

「說什麼好久不見！今天早晨不是才碰過面嗎？」我說道。

就算蒂蒂粗手粗腳地登場，米爾迦還是維持不動如山的姿勢。

輕閉著眼睛，繼續思考著。

蒂蒂用手指輕輕地戳了我一下，然後再用手指了米爾迦那本直接反過來蓋在課桌上的書。在那本書的封底上有不同於學校圖書室的印戳。

是什麼呢？這個記號是藏書印嗎？

「双倉圖書館。」米爾迦睜開雙眼緩緩說道。「蒂蒂也到啦！正好。我們一起來玩命題邏輯的形式系統遊戲吧！」

5.3.2 形式系統

「接下來，我們要製造並戲耍命題邏輯的形式系統。」

米爾迦拿著白色粉筆，站在黑板前。

我和蒂蒂則乖乖地坐在第一排的位置上。

「在邏輯學的研究中，有**語義學**的方法（Semantics）及**語法學**的方法（也稱句法或語形學，Syntax）兩門分枝學科。」

米爾迦一面說著「語義學的方法」，一面在黑板上寫下Semantics；一面說著「語法學的方法」，一面又繼續在黑板上寫下 Syntax。

「語義學主要使用的是真假值的方法。根據命題的真假，來研究命題的關係。──可是，在接下來的談話中，我們所要使用的是語法學的方法。不使用真假值，而將焦點集中在邏輯式的形式上來進行研究。總而言之，就是不要思考意義只要思考形式。」

邏輯學的研究方法
  語義學的方法（Semantics） 使用真假值
  語法學的方法（Syntax） 不使用真假值

「用語法學方法研究形式系統。接下來，要將所製造出的一個形式系統，以──

  『形式系統 H』

作為假稱。」

「對……對不起！」蒂蒂舉起了手。「儘管學姊說叫形式系統……但實在太抽象了，該怎麼去思考比較好──我並不是很清楚……」

「蒂德拉，在這個階段不懂沒關係。我馬上會舉出實際的例子來幫助妳了解了。」米爾迦優雅地回答，並繼續在黑板上寫。

「接下來，我們一一地定義這些概念。順序如下。」

- 邏輯式
- 公理與推論規則
- 證明與定理

「公理、證明、定理……這些都是我們耳熟能詳的數學概念。我們要在形式系統上定義這些概念。然後，再將已完成的形式系統 H 視為數學的微縮模型來進行體驗。」

「數學的──微縮模型？」蒂蒂不可思議地說道。

米爾迦揮了揮手中的粉筆。

「製作形式系統是『用數學做數學』的第一步噢！」

「用數學──做數學？」從剛剛開始蒂蒂就像隻鸚鵡一樣，老是重

複著米爾迦說過的話。但是……對於米爾迦的開講到底打算進行到什麼地步，說實在，我還真是一點頭緒也沒有。

「暫且把修辭學放一邊。」米爾迦說道。「要注意的是邏輯式。」

5.3.3　邏輯式

「我們要像下面這樣來定義形式系統 H 的**邏輯式**。」

邏輯式（形式系統 H 的定義 1）

▷ **邏輯式 F1**　若 x 為變數，則 x 為邏輯式。

▷ **邏輯式 F2**　若 x 為邏輯式，則 $\neg(x)$ 亦為邏輯式。

▷ **邏輯式 F3**　若 x 與 y 為邏輯式，則 $(x) \vee (y)$ 亦為邏輯式。

▷ **邏輯式 F4**　只有由 F1～F3 訂立的，才是邏輯式。

「在這個 F1 當中所提到的**變數**，我們也可以把它寫做像 $A, B, C \ldots$ 這樣的大寫英文字母。只是，因為英文字母全部就只有 26 個，所以，如果只能從 A 使用到 Z 的話，就要寫成像 $A_1, A_2, A_3, \ldots$ 這樣，才能製造出更多的變數。」米爾迦說完了這些話，手指一揮指向了蒂蒂。

「那麼，我們要利用問題來確認蒂德拉是否已經理解了。」

> 「A 是不是邏輯式」？

「耶……是，我認為應該是。」蒂蒂回答道。

「為什麼呢？」

「A 之所以為邏輯式是——我想想看，該怎麼說好呢……」

「只要說出理由就可以了。A 為變數，因為在 F1 中定義了『若為 x 變數，則 x 為邏輯式』，因此，A 為邏輯式。」米爾迦說道。

「啊……好的。對耶！只要把定義當作理由來解釋就可以了。」

「接著，下一個問題！」米爾迦連珠砲似地發問。

> 「$\neg(A)$ 是邏輯式嗎」？

「是的！是邏輯式！」

「為什麼？」

「嗯，因為 A 為邏輯式，而在 F2 當中也提到『若 x 為邏輯式，則 $\neg(x)$ 亦為邏輯式』的緣故。如果將 A 代入 x 的話，就會得到 $\neg(A)$。」

「答案正確……那麼，下一個問題。」

　　「$(A) \wedge (B)$ 是邏輯式嗎」？

「是的！是邏輯式。」

「不對！」米爾迦立刻回答道。「在邏輯式的定義當中，$\wedge$ 這個符號並沒有出現。出現在 F3 的符號是 $\vee$，並不是 $\wedge$。$(A) \wedge (B)$ 並不是形式系統 H 的邏輯式。」

「我……居然沒看清楚。」蒂蒂懊惱地敲著自己的頭。

「下一個問題。」

　　「$A \vee B$ 是邏輯式嗎」？

「我看看……這一次是 $\vee$ 吧！是的！是邏輯式。」

「很遺憾，錯！」米爾迦說道。「要注意有沒有括弧。」

$$A \vee B \qquad 此非形式系統 H 的邏輯式$$

$$(A) \vee (B) \qquad 此乃形式系統 H 的邏輯式$$

蒂蒂仔細地來回看著米爾迦寫的板書。

「啊……的確在 F3 當中寫的是『若 x 與 y 為邏輯式，則 $(x) \vee (y)$ 亦為邏輯式』……把括弧省略掉的話，會很不妙嗎？」

「也有省略的作法。但是，在文字列當中——也就是因為語法論的方法相當重視並強調文字排列的方式，所以，現階段我們要將括弧起來的文字明確地表現出來。」

「好的！我了解了！」

蒂蒂在翻開的筆記上，快速地註記。

「下一個問題！」

「(¬(A)) ∨ (A) 是邏輯式嗎？」

「總覺得好複雜喔……是的！(¬(A)) ∨ (A) 是邏輯式。」
「為什麼？」
「嗯，¬(A) 與 A 是邏輯式。因為在 F3 當中提到了『若 x 與 y 為邏輯式，則 (x) ∨ (y) 亦為邏輯式』，如果我們將 ¬(A) 代入 x、A 代入 y 的話，就會知道 (¬(A)) ∨ (A) 也是邏輯式了。」
「好。那麼，下一個問題。」

「¬(¬(¬(¬(A)))) 是邏輯式嗎？」

「咦？我想想喔……1、2、3、4……是的！是邏輯式。」蒂蒂仔細算著括弧的個數後回答道。
「沒錯！那理由呢？」
「我認為那是因為，在 F2 當中所提到的『若 x 為邏輯式，則 ¬(x) 亦為邏輯式』再三重複後的結果。」

A	1. 這是邏輯式（根據 F1 得知）
¬(A)	2. 這是邏輯式（根據 1 及 F2 得知）
¬(¬(A))	3. 這是邏輯式（根據 2 及 F2 得知）
¬(¬(¬(A)))	4. 這是邏輯式（根據 3 及 F2 得知）
¬(¬(¬(¬(A))))	5. 這是邏輯式（根據 4 及 F2 得知）

「這樣看起來，這些跟皮亞諾算術的後繼數好像喔……」我說道。
「啊！的確是如此耶！好像！真的好像！」蒂蒂贊同地點著頭。
「在邏輯式的定義中，也使用了邏輯式本身。」米爾迦說道。「這就是所謂的**遞迴定義**。」

5.3.4 「若…則…」的形式

「那麼，在這裡，為了讓形式系統 H 的邏輯式比較容易看得懂，我們必須要定義→這個符號。」米爾迦說道。

符號→（形式系統 H 的定義 2）

▷ 符號 IMPLY　定義 $(x) \to (y)$ 為 $(\neg(x)) \lor (y)$。

「記作 $(x) \to (y)$ 的話，我們可以把它當作是 $(\neg(x)) \lor (y)$ 省略形的意思。例如，我們要寫成像下面這樣。」

$$(A) \to (B)$$

「我們可以將它視為下面這個邏輯式。」

$$(\neg(A)) \lor (B)$$

「是的，我了解了！」蒂蒂點頭表示懂了。

「那麼，我們可以不使用→來寫出下面這個邏輯式嗎？」

$$(A) \to (A)$$

「我看看……可以！」蒂蒂走向前，在黑板上寫下了答案。

$$(\neg(A)) \lor (A)$$

「正確答案。」

「$(A) \to (A)$ 為恆真。」蒂蒂說道。

「所謂的恆真是？」米爾迦雙眼發亮。

「咦？『若 A 則 A』恆為真……不是嗎？」蒂蒂說道。

「現在所討論的是形式系統，沒有提到『真』或『假』噢。蒂德拉！」

「啊，米爾迦學姊，這個……是『假裝不知道的遊戲』對吧！」

「假裝不知道的遊戲？」米爾迦反問道。

「那個……搞不好，或許等一下我們就要把 $(A) \to (A)$ 定義成『若 A 則 A』的意思了。可是，在這之前，不能擅自使用這個定義。就算早就知道了，也要假裝成不知道的樣子繼續論證，就是這樣的遊戲。」

「這樣啊……嗯，也可以這麼說。」米爾迦略表贊同。「當我們在

聊形式系統時，要降低體溫，讓情緒變成機械式的。絕對不可以被意義牽著鼻子走。例如，在$(\neg(A)) \vee (A)$這個邏輯式中，始終只排列了——

$$(\neg (A)) \vee (A)$$

這些文字。既沒有真，也沒有假。只要專注在形式上。」

「請問……不要思考意義這件事，是有什麼意義嗎？」

「人類一旦在思考意義後再行論證的話，就容易流於論證根據不明確。相反地，不去思考意義，只專注在形式上的話，根據就會變得明確。無論如何，只能使用被明確定義過的事物。」米爾迦回答道。

啊啊……所以，這就是米爾迦每每必追問「為什麼」，以確認根據的原因嗎？

蒂蒂陷入了思考。總覺得今天的蒂蒂相當靠得住呢！和平日那個總是慌慌張張的蒂蒂不太一樣，變得深思熟慮的全新印象。

「說雖然這麼說……」蒂蒂開口說道。「我們現在談論的是$(A) \to (A)$為$(\neg(A)) \vee (A)$的省略形噢——這句話前面也早就說過了……我想一下，總覺得這樣就稱為論證——好像也太單純了一點。」

「目前我們只定義了『邏輯式』噢。蒂德拉。接下來要挑戰『公理』。」

在美少女二人組的數學開講中，我深受感動。

沒錯——現在，我們正著手創造著數學的微縮模型呢！在談及皮亞諾算術時，我們定義了自然數所形成的集合 N 和自然數的加法運算。而形式系統 H 則位處於更根源的部分。總之，連真假都沒有提到。

唔……剛剛，米爾迦說了什麼來著？

我看著寫在黑板上的那些用語。是說了「公理」、「推論規則」、「證明」、「定理」……嗎？真的！這些都是支撐數學最重要的概念——一路直到定理——為止，那個微縮模型不就建構完成了嗎?!

「用數學做數學」。

我細細咀嚼米爾迦說過的話。

5.3.5 公理

「我們定義了邏輯式。接下來，要定義公理。所謂形式系統 H 中的公理，為 P1～P4 中的任一形式的邏輯式。」

公理（形式系統 H 的定義 3）

▷ 公理 P1 $((x) \vee (x)) \rightarrow (x)$

▷ 公理 P2 $(x) \rightarrow ((x) \vee (y))$

▷ 公理 P3 $((x) \vee (y)) \rightarrow ((y) \vee (x))$

▷ 公理 P4 $((x) \rightarrow (y)) \rightarrow (((z) \vee (x)) \rightarrow ((z) \vee (y)))$

x, y, z 代表任意邏輯式。

「P1～P4 為**公理模式**。把邏輯式代入公理模式 x, y, z 中的話，什麼都可以成為公理。那麼，這次輪到問你了。」

米爾迦推了推臉上的眼鏡，看著我。

「$((A) \vee (A)) \rightarrow (A)$ 是公理嗎？」

「嗯，會變成公理噢！」我回答道。「在 P1 中寫著『$((x) \vee (x)) \rightarrow (x)$』。只要將 x 代入 A 這個邏輯式的話，就會變成 $((A) \vee (A)) \rightarrow (A)$ 呀！」

「正確答案！」米爾迦點點頭。「那麼——這個呢？」

「$(A) \rightarrow (A)$ 是公理嗎？」

「我認為是成立的——」我說道。「不對！這是因為我考慮到真假的緣故。如果光看這個形式的話——我認為它不是公理。」

「為什麼？」米爾迦問道。

「只要看公理的定義就知道為什麼了。」我回答道。「如果公理的定義有 P1～P4 四個的話，不管我們將任何一種邏輯式套進出現在這些公理當中的 x, y, z 裡，都不會出現 $(A) \rightarrow (A)$。」

「嗯……問題點應該就是在這個地方吧！」

「米爾迦學姊……」蒂蒂發出了哽咽的哭音。「你們到底在聊什麼，我一個字都聽不懂──」

「是嗎？」米爾迦一臉蠻不在乎的表情。「是哪個地方不懂呢？」

「全部……啊！不是──正在聊的公理部分我懂。以某種形式存在的邏輯式稱為公理，我也懂。不懂的部分是……我想一下喔！就是為什麼這會被視為是公理呢？」

「那麼，我們稍微超前一點好了！」

5.3.6 證明論

「為了在形式上研究數學，我們定義了作為文字列的邏輯式。而接下來，還要將公理、證明、定理等做形式上的定義。以希爾伯特（Hilbert，德國數學家）為首的數學家們，發現了形式系統的公理。──也就是思考出能夠建構形式系統的邏輯式集合」

「那麼，數學家曾經假設 *a priori*（先驗的）公理為真吧！」

「那個是錯誤的！真假並沒有出現。」米爾迦糾正道。

「即使真假沒有出現，公理仍存在……是這樣嗎？」

「語法學的方法是利用與『證明』之間的關係來思考公理的。所謂的公理，就是在製造證明時可以無條件使用的邏輯式。我們也可以稱它為儘管沒有證明，也可以視為定理來使用的邏輯式。」

蒂蒂臉上帶著像是對米爾迦說的話有什麼感觸似的表情。一臉認真地啃著指甲。

「那個、那個、請問一下……

　　　『為真』與『被視為可證明』是兩種不同的概念

……嗎？」

「真虧妳能注意到呢！蒂德拉。正如同妳所說的一樣噢。──我們稍微偏離一下談話內容。只要看公理的例子，就能了解到人類是如何無法地持續忍受複雜化這件事。$((A) \vee (A)) \to (A)$ 這還算小意思，但到

了 $((A) \to (B)) \to (((\neg(A)) \lor (A)) \to ((\neg(A)) \lor (B)))$，就算我們把它稱為公理還是會感到困惑。掌握這樣的構造，對人類來說是相當困難的。可是⋯⋯在這裡我們只要把成為公理的模式，想作是單純的文字列。所以，就像有電腦一樣的機器，只要把既有的邏輯式丟進去，就可以檢驗出會不會成為公理了。不思考意義，只要機械式的檢驗文字列的模式就可以了。打造一部『公理判定機』不是不可能的喔。」

「對不起！我又有問題要問了。」蒂蒂舉起了手。「我還是覺得『公理』這個名詞哪裡不對勁。的確⋯⋯嗯，如果思考 P1～P4 的形式的話，就無法製出 $(A) \to (A)$。這一點我懂。可是⋯⋯我想不通的是為什麼在P1～P4當中行得通的邏輯式，能夠被當作公理來使用呢⋯⋯」

「嗯⋯⋯」米爾迦的手指輕觸著嘴唇，並進入了思考模式。「目前，我們正站在意義與形式的夾縫當中，所欲進行的是對數學做形式上的研究。因此，為了達到這個目的，我們必須定義邏輯式，在形式上表現數學上的主張。除此之外，也想在形式上定義公理、證明、定理這些東西。數學中的公理為證明的起點。存在於我們形式系統中的公理——就把它稱為『形式公理』好了——這個『形式公理』也就成為了『形式證明』起點的『邏輯式』。從『形式公理』出發，根據『形式證明』而製造出『形式定理』。」

數學	←----→	形式系統
命題	←----→	邏輯式
公理	←----→	形式公理
證明	←----→	形式證明
定理	←----→	形式定理

「數學這一門學問，最終還是得藉由形式系統才能表現嗎？」

「這還真是相當深奧的問題啊！」

緊接著，米爾迦彷彿歌唱般地說道。

「薔薇的顏色、薔薇的形態、薔薇的香氣——擁有全部條件的花，毫無疑問地就叫做薔薇。究竟形式系統是不是擁有數學的顏色、形態和香氣呢？⋯⋯等到未來的某一天我們再來思考這個問題吧！」

5.3.7　推論規則

「我們已經定義過了邏輯式與公理。而公理則被賦予了名為公理模式的規律。只要將 P1～P4 的 x, y, z 套進邏輯式中的話，就可以製造出無數個公理。可是──」

米爾迦不斷地在黑板前面來回踱步，繼續「開講」。

「──可是，模式有其限制。光憑公理模式並不能製造出符合規律的新邏輯式。因此，還必須定義**推論規則**。推論規則，就是在形式上表現我們的邏輯推論。」

推論規則（形式系統 H 的定義 4）

▷ **推論規則** MP　從 x 及 $(x) \rightarrow (y)$ 可以推論到 y。

但是，x, y 代表任意邏輯式。

「這個推論規則，有個特別的名字叫做**肯定前件論式**（Modus Ponens）。而 MP 為 Modus 及 Ponens 第一個英文字母的縮寫。

這裡所寫的──

　　『從 x 及 $(x) \rightarrow (y)$ 可以推論到 y』。

可能會因為不習慣而覺得難以理解。但我們可以改寫成像下面這樣──

　　若有邏輯式 A
　　與邏輯式 $(A) \rightarrow (B)$ 的話
　　利用推論規則 MP，我們可以推論到 B

──利用文字來做敘述。再舉個稍微複雜一點的例子做說明的話──

　　若有邏輯式 $(A) \rightarrow (B)$
　　與邏輯式 $((A) \rightarrow (B)) \rightarrow ((\neg(C)) \vee (D))$ 的話
　　利用推論規則 MP，我們可以推論到 $(\neg(C)) \vee (D)$

——就只看形式噢。」

「……」蒂蒂默默地舉起了手。

「蒂德拉！」米爾迦像老師似地點名。

「嗯，這個所謂的 modus ponens，就是『x 為真』且『若 x 則 y 為真』的話，則『y 為真』的意思嗎？」

「蒂德拉怎麼想呢？」

「我想……是錯誤的。因為現在我們正使用語法學的方法來製造形式系統，而在這個階段真假的概念還不會出現……的緣故。果然這個推論規則也一樣，必須看的是形式。而不是思考意義……」

「就是啊！蒂德拉！」

「可不是嘛……『假裝不知道的遊戲』在這裡簡直可以說是發揮到極致——我有這種感覺。從來沒想過要專心聽而不被意義給牽著走，竟是如此困難的一件事情呢！」

「這只是習慣不習慣的問題噢。只要能降低自己的體溫，就沒問題了！」米爾迦露出了優雅的笑容，繞轉著手指說道。「當然人類不能不思考意義的所在。況且，像這樣的形式系統也不是憑空捏造出來的。建構出一個深奧有趣的形式系統，背後的確隱藏了一個意圖。人類並不只是在進行思考，而是希望可以形式的、機械式的方式來進行思考——最重要的是這件事情噢！」

「萊布尼茲之夢……」我喃喃自語道。

「不思考意義，能夠進行思考嗎？」米爾迦繼續說道。「就連不使用意義的機械都可以進行的思考是什麼？機械式的思考、形式的數學……這種形式的數學該如何進行研究才好呢？」

「形式數學？那個又是……」我話才說到一半。

「當然！研究形式數學本身所使用的還是數學。」

「吶，那個，該不會就是……」

「對！會與『用數學做數學』相連接。」

米爾迦在說了這些話之後，凝視著我和蒂蒂。

5.3.8　證明與定理

「那麼，我們究竟走到了哪裡？」米爾迦說道。

- 定義過了邏輯式。
- 定義過了公理。
- 定義過了推論規則。

「已經走到這個地方的話，我們就可以用形式來表現『證明』了。我們以公理為基礎，來進行推論，以構成證明。這些都是數學重要的活動。在這裡，我們所欲進行的是，用形式來表現證明。所謂形式系統 H 中的證明，可以像下面這樣定義。」

證明與定理（形式系統 H 的定義 5）

邏輯式的有限數列

$$a_1, \quad a_2, \quad a_3, \quad \ldots, \quad a_k, \quad \ldots, \quad a_n$$

稱為邏輯式 a_n 的證明。

唯以上所有的 a_k（$1 \leq k \leq n$）必須符合以下條件（1）或（2）。

（1）a_k 為公理。

（2）存在比 k 小的自然數 s 和 t，
　　　令 a_s 及 a_t 可以推論到 a_k。

存在此證明的邏輯式 a_n，我們稱之為**定理**。

「在這裡，我們將要在形式系統 H 中定義『證明』與『定理』。證明就是邏輯式的行。可是，為了要讓邏輯式的行變成證明，排列的方式會有一定的規則。依照規則排列的邏輯式，必須（1）自己本身正是公理，或（2）在自己之前，必須有可以推論到自己的邏輯式存在。你們懂我在說什麼嗎？」

「規則的意義是……我完全聽不懂學姊在說什麼！」蒂蒂坦承道。

米爾迦放慢說話的速度。

「現在，我們要試著將好幾個邏輯式排成一行，並藉以製造證明。規則（1）是指公理不管什麼時候都可以排在行中。規則（2）是指，從已經並列的邏輯式中，所有能推論出來的邏輯式，均可排在用做推論的邏輯式後面。遵守這兩個規則並排成列的邏輯式就稱為證明。當然！這裡所提到的『公理』，指的是形式系統 H 中的公理；而『推論』，指的是使用了形式系統 H 中推論規則的推論噢。明白嗎？」

「也就是說只要把『公理』或『從公理推論出來的邏輯式』排列出來——就可以了嗎？」蒂蒂一臉糾葛的表情問道。

「有點不太一樣！」米爾迦回答道。「不只是要排列『從公理推論出來的邏輯式』，也要將『從『從公理推論出來的邏輯式』推論出來的邏輯式』排列出來。也就是說，要將『公理』或『從公理推論出來的邏輯式』或『從『從公理推論出來的邏輯式』推論出來的邏輯式』……以此類推的邏輯式排列出來。就是要將從『公理』經有限次推論連鎖出來的邏輯式排列起來噢！」

「啊！就是這個！這就是我想要說的。」蒂蒂說道。

「遵守這兩個規則製造邏輯式的行。」米爾迦繼續說道。「而該邏輯式的行，就是『證明』。如此一來，在『證明』最後所出現的邏輯式 a_n，毫無疑問地就是『定理』了。因為它是從『公理』開始，經由反覆『推論』出現的邏輯式。——進行到這裡，我們已經定義了邏輯式‧公理‧推論規則‧證明及定理。到目前為止在我們的談話當中，都還沒有出現過實數。直線也沒有出現。二次函數、方程式、矩陣，通通都沒有出現過。我們只是形式化地將數學最基礎的部分組織起來。」

教室裡的擴音器裡傳來德弗札克（Antonín Leopold Dvořák, 1841～1904 年，捷克民族樂派作曲家）的《念故鄉》。

「已經到這個時間了啊!?學校門限時間還真嚴格！」米爾迦望著窗外。天色已經完全暗了下來。

「那麼，給你一份功課。」米爾迦看著我露出了微笑。

「$(A) \rightarrow (A)$ 是定理嗎？」

5.4　既非我，也是我

5.4.1　我家

這裡是我家。現在是深夜。我一個人坐在書桌前。

學校馬上就要舉行實力測驗了，是學年總測驗。我應該好好複習才對，但卻沒有那個心情。我自己唸教科書、自己解題，進度已經超前許多，現在上數學課對我來說就像是複習。高中範圍的數學我已經全部都唸完了。課堂中的抽考我也總是拿下滿分一百分。不管是教科書、或做測驗卷，都難不倒我。

比起學校上課的內容，書上寫的問題或村木老師出的問題，還有與米爾迦之間的數學辯論，反而更能讓我樂在其中。

我翻開筆記本。在這本為了「自己的數學」而做的筆記裡，許多由米爾迦和蒂蒂寫的東西也在上頭。

我翻開新的一頁，在上面寫下所整理的「形式系統 H」重點。

形式系統 H 的總整理

▷ **邏輯式 F1**　若 x 為變數，則 x 為邏輯式。

▷ **邏輯式 F2**　若 x 為邏輯式，則 $\neg(x)$ 亦為邏輯式。

▷ **邏輯式 F3**　若 x 與 y 為邏輯式，則 $(x) \vee (y)$ 亦為邏輯式。

▷ **邏輯式 F4**　只有由 F1～F3 訂立的，才是邏輯式。

▷ **符號 IMPLY**　定義 $(x) \to (y)$ 為 $(\neg(x)) \vee (y)$。

▷ **公理 P1**　$((x) \vee (x)) \to (x)$

▷ **公理 P2**　$(x) \to ((x) \vee (y))$

▷ **公理 P3**　$((x) \vee (y)) \to ((y) \vee (x))$

▷ **公理 P4**　$((x) \to (y)) \to (((z) \vee (x)) \to ((z) \vee (y)))$

▷ **推論規則 MP**　從 x 及 $(x) \to (y)$ 可以推論到 y。

5.4.2 形式的形式

我思索著米爾迦給我的家庭作業。

問題 5-1（形式系統中的定理）

$(A) \to (A)$是形式系統 H 中的定理嗎？

我認為$(A) \to (A)$是形式系統 H 中的定理。為了加以說明，我們必須用形式系統 H 來證明$(A) \to (A)$。

證明──說是這麼說，但進行的方式卻不像其他一般的數學證明。我們不使用反證法或數學歸納法。這是為什麼呢？因為從現在開始所要進行的證明，不管怎麼樣都必須利用形式系統 H 中已經被定義過的證明形式。因此，只會使用到下面兩個步驟。

- 以形式系統 H 的「公理」為起點，
- 利用形式系統 H 的「推論規則」做推論。

公理與推論規則……使用這兩個來製造邏輯式的行，必須經過一番折騰才會抵達目的地$(A) \to (A)$。

這個……該怎麼稱呼它呢？說它像謎題嘛，卻又和單純的謎題不同。雖被限定得相當嚴格，但和解數學問題的時候很相似。的確，就像是數學的微縮模型一樣。

那麼，到底該從哪裡著手呢……。

就像「舉例說明為理解的試金石」這句經典名言一樣，總之，我們似乎應該先試著舉出好幾個公理的例子來才對。因為所欲證明的邏輯式為$(A) \to (A)$，所以會出現的變數就是 A。要將這個 A 代入出現在 P1～P4 公理中的 x, y, z。

從公理 P1： $((A) \lor (A)) \to (A)$

從公理 P2： $(A) \to ((A) \lor (A))$

從公理 P3：$((A) \lor (A)) \to ((A) \lor (A))$

從公理 P4：$((A) \to (A)) \to (((A) \lor (A)) \to ((A) \lor (A)))$

　　我目不轉睛地盯著這些公理……嗯？這不是很簡單嘛?!

　　將 A 代入 P2，$(A) \to ((A) \lor (A))$ 便成為了公理。換句話說，也就是「若 A 則 $(A) \lor (A)$」的意思。另一方面，將 A 代入 P1，$((A) \lor (A)) \to (A)$ 也成了公理。也就是「若 $(A) \lor (A)$ 則 A」的意思。

　　將「若 A 則 $(A) \lor (A)$」與「若 $(A) \lor (A)$ 則 A」兩者合在一起的話，「若 A 則 A」不就出現了嗎……。

　　唉呀！不對！不對！大錯特錯！現在必須要用語法學的方式進行思考才行。我不能將「→」這個記號擅自解釋並推論為「若…則…」。在形式系統 H 中用來做推論的，就只有推論規則 MP。

　　所謂的推論規則 MP，就是——

　　　　從 x 及 $(x) \to (y)$ 可以推論到 y

的意思。該如何使用這個推論規則 MP，就是重點所在了。這是為什麼呢？因為只有這個方法才能製造出新的定理。

　　我思考著。

　　我——聚精會神地思考著。我在心裡，將變數與符號擴大，催生邏輯式。在無數的邏輯式當中，公理混雜在裡頭。在公理與公理中使用推論規則的話，就會得到定理。在定理與定理中使用推論規則的話，就會得到更多的定理。在定理與定理中使用推論規則的話，就會得到更多更多的定理……。

　　……這樣啊！

　　$(A) \to (A)$ 並不是公理。而且，製造出新的邏輯式的方法就只有推論規則。也就是說，最終出現在推論規則——肯定前件論式中的就只能是 y 為 $(A) \to (A)$。不然的話，就無法得到 $(A) \to (A)$。也就是說，我們要將 $(A) \to (A)$ 代入 y 中……

從 x 與 $(x) \rightarrow ((A) \rightarrow (A))$ 可以推論到 $(A) \rightarrow (A)$。

最後才能進行像上面這樣的推論。……那麼，我們應該在 x 中代入何種邏輯式才可以呢？

5.4.3 意義的意義

我凝視著寫在筆記本上的文字。

從 x 與 $(x) \rightarrow ((A) \rightarrow (A))$ 可以推論到 $(A) \rightarrow (A)$。

為了要實現這個推論，我們有必要求得邏輯式 x。例如——我們要試著在這裡代入公理。我們要試著將剛剛製造出來的公理 $((A) \vee (A)) \rightarrow (A)$ 代入 x 中。

從 $((A) \vee (A)) \rightarrow (A)$ 與 $(((A) \vee (A)) \rightarrow (A)) \rightarrow ((A) \rightarrow (A))$，可以推論到 $(A) \rightarrow (A)$

嗯，如果變成這種形式的話，根據肯定前件論式就可以得到 $(A) \rightarrow (A)$……唉呀！不行！這一次變成有必要製造出 $(((A) \vee (A)) \rightarrow (A)) \rightarrow ((A) \rightarrow (A))$ 了。這個——這麼複雜的邏輯式會是公理嗎？但如果是公理的話就可以製造出證明。

我一一比較著公理的規律。嗯～嗯、在 P1～P4 之中，最接近的應該是P1 吧……。公理P1 為 $((x) \vee (x)) \rightarrow (x)$。只要將這個 $(A) \rightarrow (A)$ 代入 x 的話，$(((A) \rightarrow (A)) \vee ((A) \rightarrow (A))) \rightarrow ((A) \rightarrow (A))$ 就會出現了……。

我的筆記本，漸漸地被我寫滿了 A 與 $\rightarrow$ 與 $\vee$。儘管如此……總覺得不去思考意義，只思考形式這個要求，好像讓計算變得更複雜了。就在愈寫愈多的情況下，我好像愈來愈不了解自己在做什麼了……。

5.4.4 如果是「若…則…」的話？

咦？奇怪！這麼說起來，公理有 P1～P4 四個。剛剛，我只針對 P1 和 P2 進行了思考，不知道這個 P4 派不派得上用場呢！

公理 P4：$((x) \to (y)) \to (((z) \lor (x)) \to ((z) \lor (y)))$

不行！不行！不行！P4 沒辦法使用。根據肯定前件論式我們會得到像→右側的結果。從 $\heartsuit$ 與 $(\heartsuit) \to (\spadesuit)$ 可以推論 $\spadesuit$。可是在公理 P4 中，→卻是下面這種形式。

$$((x) \to (y)) \to (((z) \lor (x)) \to \underwave{((z) \lor (y))})$$

也就是說，在公理 P4 中最後會得到的，一定是 $(z) \lor (y)$ 吧！可是，這麼一來的話就無法得到目標 $(A) \to (A)$。使用 P4 的地方在哪裡呢？

我回想起米爾迦「開講」的內容。一開始定義了邏輯式，接著是公理與推論規則，最後是證明與定理。

語法學的方法──是個雖然很有趣，卻有點複雜麻煩的話題。萊布尼茲之夢。機械式的思考。機械？的確，如果是電腦的話，或許就可以進行計算。

語義學的方法──使用真假值。對了！我在向由梨解說「若…則…」時，雖使用了真值表，但不知道那樣可不可以稱為語義學的方法啊？由梨也被問題卡住了，所以對「若…則…」有許多的誤解。只要一旦習慣了的話，就可以將「若 A 則 B」機械式地代換為「非 A 或 B」，「若…則…」的形式。

「若…則…」的形式？

這句話，撞擊了我的心。

「若…則…」的形式！

形式系統 H 中也曾定義過相當於「若…則…」的「→」符號。當時米爾迦是怎麼說的來著?!

為了讓形式系統 H 的邏輯式比較容易看得懂，
我們必須要定義→這個符號……

符號 IMPLY：定義 $(x) \rightarrow (y)$ 為 $(\neg(x)) \vee (y)$。

對啦！

根據肯定前件論式，我們也可以將 $\underline{(A) \rightarrow (A)}$ 的推論，以
$\underline{(\neg(A)) \vee (A)}$ 的推論來取代！

這麼一來……或許就可以使用 P4 了。

公理 P4：$((x) \rightarrow (y)) \rightarrow (((z) \vee (x)) \rightarrow (\underline{(z) \vee (y)}))$

在公理 P4 中，我們試著將 $\neg(A)$ 代入 z，A 代入 y。

$$((x) \rightarrow (A)) \rightarrow (((\neg(A)) \vee (x)) \rightarrow (\underline{(\neg(A)) \vee (A)}))$$

嗯，感覺很不錯！最後，只剩下要用什麼來代入 x 了。

$$((x) \rightarrow (A)) \rightarrow ((\underline{(\neg(A)) \vee (x)}) \rightarrow ((\neg(A)) \vee (A)))$$

我盯著畫線的部分陷入了思考——。

這一次，我立刻就懂了。只要將 $(A) \vee (A)$ 代入 x 就可以了。只要
這麼做的話，$(x) \rightarrow (A)$ 就會變成像下面這樣。

$$((A) \vee (A)) \rightarrow (A)$$

這是公理 P1 的形式。接著，把 $(\neg(A)) \vee (x)$ 變成 $(\neg(A)) \vee (\underline{(A) \vee (A)})$。
接著，再使用→將 $(\neg(A)) \vee ((A) \vee (A))$ 寫成下面這樣。

$$(A) \rightarrow ((A) \vee (A))$$

而這是公理 P2 的形式。

好！這麼一來，全部都串連起來！

我反覆地端詳著四散在筆記頁上的邏輯式，並將證明做綜合整理。

L1. 在公理 P1 中，將 A 代入 x。

$((A) \lor (A)) \to (A)$

L2. 在公理 P4 中，將 $(A) \lor (A)$ 代入 x；A 代入 y；$\neg (A)$ 代入 z。

$(((A) \lor (A)) \to (A)) \to (((\neg(A)) \lor ((A) \lor (A))) \to ((\neg(A)) \lor (A)))$

L3. 在公理 P2 中，將 A 同時代入 x 與 y。

$(A) \to ((A) \lor (A))$

L4. 在邏輯式 L1 與 L2 中，使用推論規則 MP。

$((\neg(A)) \lor ((A) \lor (A))) \to ((\neg(A)) \lor (A))$

也可以記作像下面這樣。

$((A) \to ((A) \lor (A))) \to ((A) \to (A))$

L5. 在邏輯式 L3 與 L4 中，使用推論規則 MP。

$(A) \to (A)$

這麼一來，就完成了。

形式系統 H 中 $(A) \to (A)$ 的證明完成了。

$(A) \to (A)$ 為形式系統中的「定理」了！

解答 5-1（形式系統中的定理）

$(A) \to (A)$ 乃形式系統 H 中的「定理」。

在形式系統 H 中的證明步驟如下：

L1. $((A) \lor (A)) \to (A)$
L2. $((A) \lor (A)) \to (A)) \to (((\neg(A)) \lor ((A) \lor (A))) \to ((\neg(A)) \lor (A)))$
L3. $(A) \to ((A) \lor (A))$
L4. $((\neg(A)) \lor ((A) \lor (A))) \to ((\neg(A)) \lor (A))$
　　　也可以記作像下面這樣。
　　　$((A) \to ((A) \lor (A))) \to ((A) \to (A))$
L5. $(A) \to (A)$

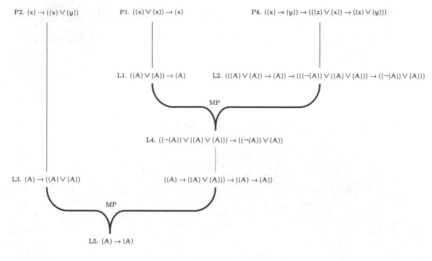

$(A) \rightarrow (A)$ 的證明過程

5.4.5 邀約

早晨，當我正在準備上學的時候，家裡的電話響了。

「早安！」想不到居然是米爾迦。

「有什麼事嗎？米爾迦！」

「請伯母聽電話。」

「蛤?!」

不是找我？而是要找媽媽?!

「……媽媽，電話！」

「是誰打來的？」媽媽邊用圍裙擦著手，邊走了過來。

「……米爾迦！」

「媽媽可以接這通電話嗎？──早安！米爾迦……」

我也不好意思做得這麼明顯，讓媽媽感覺到我在旁邊豎起耳朵想聽清楚她們的對話，所以我稍微站遠了幾步。媽媽看起來聊得很開心。對看不見電話那一頭的米爾迦做著拍肩的動作，並拿著話筒向米爾迦鞠躬。

「是，很謝謝妳打電話給我。」媽媽將話筒掛好。

「咦！就這樣掛斷了嗎？……米爾迦，找媽媽有什麼事嗎？」

「約會。說是假日一起去遊樂園玩。」開心到合不攏嘴的媽媽。

「邀請媽媽？」

「你這孩子說什麼傻話啊！米爾迦邀請的是你！」

「蛤?!」

我已經完全搞不懂這到底是怎麼一回事了！

只要你們記得怎麼游泳的話，就應該下水去游！
同樣地，如果你們一心想成為解決問題的人，
那麼，不管有多少個問題也都應該試著去解決！
——波里亞（George Polya，十九世紀偉大的匈牙利數學家）*

---

* George Polya，柴垣和三雄＋金山靖夫譯，《□□の問題のk 見的解き方》（數學問題發現性的解題，み
すず書房出版）

第 6 章
極限分析論證法

只要說出和那一群像似盜賊的人相同的咒語，

同樣的事情應該就會再度發生吧？

於是，阿里巴巴大喊「芝麻開門！」

這個時候，巨石便應聲地往兩旁開啟。

——《阿里巴巴與四十大盜》

6.1　數列的極限

6.1.1　從圖書室開始

「唉呀呀！」

「唉唷！」

放學後，才一踏入圖書室，蒂蒂便迎面飛奔而來。

「對、對不起……啊！學長——請問米爾迦學姊呢？」

「奇怪……不在嗎？剛剛她只說了聲『先走囉』，便離開了教室。」

「是嗎——本想請教學姊該怎麼『使用數式來定義極限』的呢……？」

蒂蒂睜大雙眼凝視著我。

「可以解釋給妳聽……到階梯教室去嗎？那裡有黑板可以使用。」

「好！」

6.1.2　前往階梯教室

階梯教室是進行實驗所使用的特別教室。教室內所有的階梯朝著講台，呈級級下降的構造。教室裡頭空無一人。空盪盪的教室，空氣中飄

散著淡淡的化學藥物氣味。我和蒂蒂並肩站在講台前，雙雙面向黑板。

「所謂數列的極限……」我拿起粉筆，開始向蒂蒂解釋。

◎　◎　◎

數列的極限，可以使用下面這個數式來表示噢。

$$\lim_{n \to \infty} a_n = A$$

以文字做表現的話，敘述如下。

當 $n \to \infty$ 時，數列 $\langle a_n \rangle$ 收斂，且極限值為 A。

而在高中，則會使用下列的文字敘述來表現。

當變數 n 趨近於無限大的時候，

數列的一般項 a_n，其值就會趨近於常數 A。

出現在這裡的「趨近於」的表現方式，可以說是很曖昧，對吧?!如果無法脫離這種表現的話，要針對極限進行縝密的思考很困難噢。

談到定義，所謂數列 $\langle a_n \rangle$ 的極限值為 A，就是指當 N 與 n 皆為自然數時，下列數式成立。

$$\forall \epsilon > 0 \; \exists N \; \forall n \left[N < n \Rightarrow |A - a_n| < \epsilon \right]$$

我們的目標就是要理解這個數式。如果能夠理解的話，相對地也就能夠理解數列的極限了。……到目前為止都還聽得懂嗎？蒂蒂。

◎　◎　◎

「到目前為止都還聽得懂嗎？蒂蒂！」我說道。

「我有問題！」蒂蒂舉起了右手。「米爾迦學姊之前曾經提到過『極限分析』（Epsilon-Delta），對吧?!那個是……」

「啊啊，這個所謂的極限分析，就像剛剛我們所提到的那樣，是利用數式來定義極限的方法。Epsilon 與 Delta 這兩個字都是希臘字母噢。」

α	Alpha
β	Beta
γ	Gamma
δ	**Delta**
ϵ	**Epsilon**
$\vdots$	$\vdots$

「嗯──那兩個希臘字母就是極限的定義嗎？⋯⋯」

「不！不是！錯了！錯了！希臘字母並非等同於定義。在用來定義極限的數式當中，之所以會出現 $\overset{\text{Epsilon}}{\epsilon}$ 與 $\overset{\text{Delta}}{\delta}$ 這兩個希臘字母，是為了發揮其重要效用。因此，才會特地把定義極限的方法另外取了一個名字，叫做Epsilon-Delta。通常多被稱為**極限分析論證法**（Epsilon-Delta）。」

「是的，懂了。奇怪、可是⋯⋯在這個數式裡我只看到 ϵ 耶。」

$$\forall \textcircled{\epsilon} > 0 \ \exists N \ \forall n \left[N < n \Rightarrow |A - a_n| < \textcircled{\epsilon} \right]$$

「嗯。在數列的極限時，就變成 $\overset{\text{Epsilon-N}}{\epsilon\text{-N}}$ 囉！而這個 $\overset{\text{Epsilon-Delta}}{\epsilon\text{-}\delta}$ 指的就是函數的極限。這個部分，我們稍後再來說明。」

「並不是非得一定要使用到希臘字母──對嗎?!」

「嗯。用英文字母來取代希臘字母，在數學上並不會有什麼問題。」

數列的極限（根據 ϵ-N 的表現）

$$\lim_{n \to \infty} a_n = A$$

$$\Updownarrow$$

$$\forall \epsilon > 0 \ \exists N \ \forall n \left[N < n \Rightarrow |A - a_n| < \epsilon \right]$$

「話說回來，『趨近於』這樣的表現，到底是哪裡不 OK 呢?!我個人認為比起數式來說，直觀性的表現方式反而比較顯淺易懂⋯⋯」

「只需經過縝密思考後，就會發現意義會漸趨模糊而弱化了噢。」

「會這樣嗎？」

「舉個例子來說好了。嗯，像是這個例子。當數列 a_n『無限趨近於』A 的時候，或許腦海中就會浮現下面這種數列。」

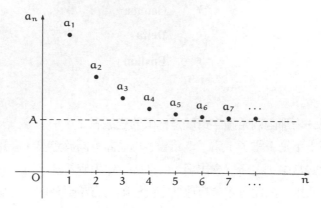

「啊！確實有無限趨近於的感覺呢！」

「那麼，當 a_n 與 A 相等時，是不是還可以說是『無限趨近於』呢？」

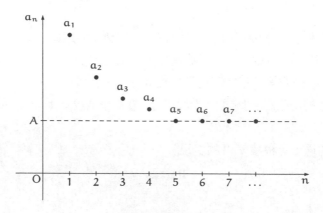

「啊──不只是趨近，而是變成完全相等，這樣可以嗎⋯⋯？」蒂蒂的雙手在眼前慢慢地合起來，眼睛變得有點斜視。

「沒錯！沒錯！『無限趨近於』這種說法並沒有明確點明，等於的情況是不是也可以歸類為『無限趨近於』。其它還有像是──例如數列 a_n 是不是可以在趨近於 A 之後，再偏離 A 呢？或者是也可以越過 A 的

情況算不算是趨近於呢⋯⋯之類的問題。」

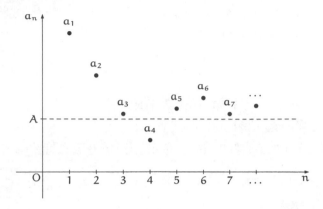

「原、原來如此⋯⋯」蒂蒂不由地睜大了眼睛。

「『無限趨近於』這種說法，不管再怎麼看也都無法回答上面那些疑問，對吧!?更何況，解釋或許還會因人而異。而這些瑕疵都是源於『無限趨近於』的這種說法實在過於曖昧不清的緣故。因此，試圖利用數式來明確定義『無限趨近於』的說法⋯⋯這正是我們所欲做的事情。也是 ϵ-N 或 ϵ-δ 的目的。」

「是！我已經完全理解透徹了。」蒂蒂和我兩個人相視而笑。

6.1.3 理解複雜數式的方法

「那麼，試解讀下面這個數式。」我指著黑板說道。

$$\forall \epsilon > 0 \ \exists N \ \forall n \left[N < n \Rightarrow |A - a_n| < \epsilon \right]$$

「⋯⋯」蒂蒂沉默不語。可是，我卻可以看透蒂蒂心裡在想什麼。

「蒂蒂正想著『這個數式還真是複雜呢』對吧！」我說道。

「是的！學長真是一針見血⋯⋯我現在正為這個數式忐忑不安呢！」

雙手摀著胸口的蒂蒂。蒂蒂對變數較多的數式很不擅長。

「那這樣好了。讓我傳授妳一個解讀複雜數式的妙招吧！當解讀複

雜數式時，絕對不可以有一次就想理解全部的想法。再怎麼複雜的數式，一部分、一部分來看就會是簡單的。所以說，我們必須要將一整個數式分開來思考。分開思考是邁向理解的第一步。」

分開思考，是邁向理解的第一步。

「原來如此……」蒂蒂重重地點著頭。

「讓我們一起來解構這個數式吧！」

我將寫在黑板上的數式擦掉，重新寫上，並在數式間留下一點空間。

$$\forall \epsilon > 0 \quad \exists N \quad \forall n \left[\quad N < n \ \Rightarrow \ |A - a_n| < \epsilon \quad \right]$$

「在這裡出現了 $\overset{\text{for all}}{\forall}$ 與 $\overset{\text{exists}}{\exists}$ 這兩個陌生的符號。接著，就像是為了要確保有效範圍似的，我們要用中括弧將數式括弧起來。」

$$\forall \epsilon > 0 \left[\ \exists N \left[\ \forall n \left[\ N < n \ \Rightarrow \ |A - a_n| < \epsilon \ \right] \ \right] \ \right]$$

「然後，按照順序來讀的話……」

對任意正數 ϵ ——

$$\underline{\underline{\forall \epsilon > 0}} \left[\right]$$

存在某自然數 N ——

$$\forall \epsilon > 0 \left[\ \underline{\underline{\exists N}} \left[\right] \right]$$

對任意自然數 n ……都會成立

$$\forall \epsilon > 0 \left[\ \exists N \left[\ \underline{\underline{\forall n}} \left[\right] \right] \right]$$

「解構之後，數學式的構造就變成了這樣噢！」

「哈哈啊……括弧變成了三層呢！」

「嗯。那麼，我們試著由外至內唸唸看括弧裡頭的內容吧！」

$$\forall \epsilon > 0 \left[\quad \exists N \left[\quad \forall n \left[\quad N < n \ \Rightarrow \ |A - a_n| < \epsilon \quad \right] \quad \right] \quad \right]$$

「用文字敘述的話，就像下面這樣。」

對任意正數 ϵ，
存在某自然數 N，
對任何自然數 n，
$N < n \Rightarrow |A - a_n| < \epsilon$ 會成立。

「為了讓整個文意更容易懂，我們再多補上一點文字吧！」

我一邊指著黑板上的數學式，一邊唸出聲。

對任意正數 ϵ，
就 ϵ 的值，可選擇某對應的自然數 N，
使得對任何自然數 n，
$N < n \Rightarrow |A - a_n| < \epsilon$ 這個命題都能成立。

「那個……跟剛剛比起來，現在我的心臟跳得不那麼猛烈了。」

「嗯。就是啊！現在是我在寫數式，如果是蒂蒂自己親自寫的話，那種忐忑不安的心情，很快就會趨於平緩了噢！」

「學長。你剛剛在 $\exists N$ 這個地方，雖然把它唸作『某自然數 N』，但指的是不是就是 $\exists N \in \mathbb{N}$ 呢？」

「嗯。沒錯！因為如果把所有的細節都寫上去的話，就會顯得很複雜，所以我直接省掉 $\in \mathbb{N}$ 的部分。$\forall n$ 的地方也是一樣。因此，想當然爾，如果寫成像下面這樣意思也不會變。」

$$\forall \epsilon > 0 \left[\quad \exists N \in \mathbb{N} \left[\quad \forall n \in \mathbb{N} \left[\quad N < n \ \Rightarrow \ |A - a_n| < \epsilon \quad \right] \quad \right] \quad \right]$$

……嗯、總而言之，當我們在解讀複雜數式時，要像剛剛那樣先分解成一部分、一部分，然後再慢慢地個別解開噢！」

6.1.4　解讀「絕對值」

「我懂了……但說歸說，裡頭的變數還真是多呢！」

「那麼，請蒂蒂試著數數看這個數式裡頭有幾個變數？」

$$\forall \epsilon > 0 \left[\exists N \left[\forall n \left[N < n \Rightarrow |A - a_n| < \epsilon \right] \right] \right]$$

「好的。一共有 ϵ, N, n, A, a_n 五個。——奇怪！居然這麼少？」

「因為相同的變數出現了好幾次的緣故！那麼，我想在這樣解釋後，想必蒂蒂已經了解了 A 與 a_n 的意思了。這兩個變數代表什麼呢？」

「我想，A 應該就是極限值……對吧!?而 a_n 則會無限趨近於某數。因此，這個 a_n 就是我們目前所關注的數列。」

「嗯。說得很對！再說得更正確一點的話，a_n 是數列 $\langle a_n \rangle$ 的第 n 項。就像 a_1 是第 1 項，而 a_{123} 是第 123 項。」

「是的。我了解了！」

A　　　數列 $\langle a_n \rangle$ 的極限值

a_n　　　數列 $\langle a_n \rangle$ 的第 n 項

「那麼，下一個問題。$|A - a_n| < \epsilon$ 這個數式代表什麼呢？」

「意思是指『$A - a_n$ 的絕對值會小於 ϵ』……對嗎？」

「這個『$A - a_n$ 的絕對值』代表什麼？蒂蒂知道嗎？」

「經學長這麼重新一問……我恐怕回答不出來——」

「『$A - a_n$ 的絕對值』所代表的是數直線上點 A 與點 a_n 間的距離。」

「距離……」

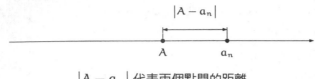

$|A - a_n|$ 代表兩個點間的距離

「因為是絕對值，所以不需要管點 a_n 會在點 A 左邊或右邊。」
「哈哈啊！只要注意到它們之間相距多少就可以了。」

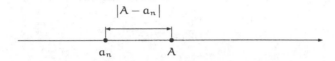

即使點 a_n 在點 A 的左邊，而 $|A - a_n|$ 所代表的仍是兩點間的距離

「那麼，這個距離會比 ϵ 來得小就代表了……」
「啊！我懂了。點 a_n 與點 A 之間相距不遠，對吧?!」
「不遠？——說得再準確一點。」
「咦……啊！是點 a_n 與點 A 之間相距不會在 ϵ 以上！」
「說得對！就是這個意思。點 a_n 只會在粗線的這個範圍內移動。」

點 a_n 與點 A 之間相距不會在 ϵ 以上

「是的，的確會變成這樣。當 a_n 往右端移動時，就會變成 $A + \epsilon$；而當 a_n 往左端移動時，則會變成 $A - \epsilon$。」
「嗯。相當不錯噢！但是，並不會進入圖中白色圈圈的範圍內喔。換句話說，也就是連左右兩端也走不到噢。——像這樣『與點 A 相距小於 ϵ 的範圍』，我們稱之為——

A 的　ϵ　鄰域
（Epsilon Neighborhood）

噢！」

「Epsilon ㄌㄧㄣˊㄩˋ——嗎？鄰域……」

「就是鄰近的區域呀。」

「英語怎麼拚呢？」

「是哪個字？……應該是 Neighborhood 吧！」

「原來如此！是 Neighborhood」啊！」

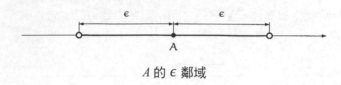

A 的 ϵ 鄰域

「換句話說，點 a_n 落在點 A 的 ϵ 鄰域內。」

「奇怪了……可是，距離是到 ϵ 為止的話，那離開點 A 也無所謂嗎？」

「嗯，對！只要不超過 ϵ 的話，離開點 A 也無妨噢！」

「可是，這麼一來，不就無法符合『無限趨近於』的意思了嗎？」

「蒂蒂，妳還真是敏銳呢！發現最重要的地方了耶！關於這個疑問，我們稍微提前先進行討論好了。目前——

　　　『點 a_n 與點 A 相距小於 ϵ』

換句話說，也就是必須事先確認——

　　　『點 a_n 落在點 A 的 ϵ 鄰域內』

這個事實會存在。」

「啊！好的。我懂了！」蒂蒂話一說完，便立刻陷入短暫的沉思。「……學長。在一開始的時候，我把數式解讀為『$A - a_n$ 的絕對值會小於 ϵ』對吧?!這種說法雖然稱不上錯誤，但在我開口說出這些話的同時，也一邊思考著『那個究竟代表了什麼意思』。可是，當學長在黑板上畫了圖，再進一步解釋『點 a_n 只會在粗線的這個範圍內移動』後，我便完全了解了。整個數式的意思，瞬地豁然開朗地攤開在眼前——除此之外，還有 ϵ 鄰域的說法，也能立刻融會貫通。只不過是稍微改變表現

的方式，居然可以變得如此淺顯易懂……」

「正如蒂蒂所說，表現的方法相當重要。」

「我──想起了以前在學絕對值時所發生過的趣事。」蒂蒂噗嗤地笑出聲來。「想起來了嗎？去年春天，我向學長請教關於絕對值的定義問題……那個時候，也剛好是在這間教室。那時候的我，常會出奇不意地摔倒呢！……我這個人啊！還真的很常在數學上摔倒耶！但和那時相比，我認為現在的自己簡直可以稱得上是健步如飛了……」

「說的也是！我想那是因蒂蒂很努力的關係噢！」我也表示贊同。

「這些……多虧了學長的幫忙。」

6.1.5 解讀「若…則…」

「那麼說來，蒂蒂妳應該已經可以解讀下面的數式了，對吧!?」

$$N < n \Rightarrow |A - a_n| < \epsilon$$

「是……不！不是！那個，我還不曉得這個 N 是什麼東西。」

「對耶！可是，現在的理解已經夠了，就試著解讀看看嘛！」

「好的。我想想看……應該是 $\overset{\text{小寫 } n}{n}$ 比 $\overset{\text{大寫 } N}{N}$ ──」

「若 n 大於 N 的話，則 A 與 a_n 間的距離就會小於 ϵ。」

「對！對！就是這個意思。可以試著使用 ϵ 鄰域的說法嗎？」

「等等……可以。

『若 n 大於 N 的話，則 a_n 就會落在 A 的 ϵ 鄰域內』

應該是這樣沒錯吧！這種結果──

『當 n 愈來愈大時，則 a_n 就會愈來愈接近 A』

也可以說成這樣，對吧!?」

「嗯。可是，讓我們再做稍微定量一點地解讀吧！」

　　　　『所謂的當 n 愈來愈大時，是指 n 要大到什麼程度的時候呢？』

如果我們這麼發問的話，

　　　　『指的就是當 n 比 N 大時。』

那我們這樣回答就可以了。接著是，

　　　　『所謂的 a_n 就會愈來愈接近 A，到底會有多接近呢？』

如果我們這麼發問的話，

　　　　『 a_n 會落在 A 的 ϵ 鄰域內。』

我們只要這樣回答就可以了。換句話說，

$$N < n \Rightarrow |A - a_n| < \epsilon$$

上面這個數式所陳述的是，『 n 的大小』與『 A 與 a_n 的距離』間的關係唷。這就是解讀複雜數式時的感覺，妳懂了嗎？蒂蒂。」

　　「原來如此！……請、請讓我稍微整理消化一下。」

- 複雜的數式要分開來思考。
- 即使出現了希臘字母也不要自亂陣腳。
- 思考變數的意義。
- 思考絕對值的意義。
- 試著用圖來表現。
- 思考不等號的意義。

　　「嗯，這樣就沒問題了。上面列出的每一點都是理所當然的呢！」

　　「是的──我啊！就是老想著要一次看懂，所以才會自己嚇自己。分開來思考還真的是很重要呢……」

　　蒂蒂做了一個用菜刀剖開蔬菜的動作。我完全不明白蒂蒂的用意。

6.1.6　解讀「全部」與「某些」

「那麼，終於到了全面迎戰整個數式的時刻囉。」我說道。

「是！」雙手緊握略顯緊張的蒂蒂。

$$\forall \epsilon > 0 \left[\exists N \left[\forall n \left[N < n \Rightarrow |A - a_n| < \epsilon \right] \right] \right]$$

「我們要像下面這樣來解讀數式唷！」

> 對任意正數 ϵ，
> 就 ϵ 的值，可選擇某對應的自然數 N，
> 則對任何自然數 n，
> 『若 n 大於 N 的話，則 a_n 會落在 A 的 ϵ 鄰域內』
> 這個命題都能成立。

「這個意思懂嗎？要仔細地思考。剛剛太過急躁了，這樣不行噢！」

話說到這裡我便打住了，我觀察蒂蒂的樣子。

蒂蒂用手搗著嘴，整個人陷入了思考狀態。

「……學長，除了 N 以外，其它的部分我大致都懂了。

- 如果 ϵ 比 0 大的話，那麼無論 ϵ 是多小的數都無所謂。
- 若 n 大於 N 的話，則 a_n 會落在 A 的 ϵ 鄰域內。

上面的兩個重點我都了解了。因此，如果讓 ϵ 變得無敵小的話，那麼 a_n 就會落在無敵狹窄的 ϵ 鄰域內了……我對這個複雜數式的解讀就只能到這裡而已。」

「嗯、解釋的還算精闢噢！」

「可是，N……這個 N 究竟代表的是什麼呢？」

「嗯、這個問題問得相當好。這個變數 N——

> 『要讓 n 大到什麼程度，a_n 才會落在 A 的 ϵ 鄰域內呢』？

就是用來表示上面意含的數噢。而至於 N 以下的 n，a_n 是任何數都無所謂。只要滿足了 n 大於 N 這個條件的話，那麼 a_n 就會完全落在 A 的 ϵ 鄰域內了……」

「嗯、嗯……」

「那麼不如換個角度想好了。有個無名氏使用了微小的 ϵ，試圖針對『那麼，在如此狹窄的 ϵ 鄰域範圍內，不知道可不可以將 a_n 全部放進去呢？』來進行**挑戰**。而相對地，就會出現有『嗯，只要將數列一開始的 N 項捨去的話，數列中剩下的所有項數就會落在 ϵ 鄰域範圍內』這種**應對挑戰**的方法。只要試著去想 ϵ 與 N 的排列順序，就會發現——

$$\forall \epsilon > 0 \left[\underline{\exists N} \left[\forall n \left[N < n \Rightarrow |A - a_n| < \epsilon \right] \right] \right]$$

——也就是說只要先決定好 ϵ，再隨著 ϵ 的不同來選擇每一個對應的 N 就可以了。來挑戰的 ϵ 是小的話，就以大的 N 來應戰。來挑戰的 ϵ 是極小的話，就以無敵大的 N 來應戰。這就是無往不利的教戰守則。不管面對的是哪一種 ϵ 的挑戰，只要先丟掉一開始的 N 個項，剩下來的無限個項全部都可以落在 ϵ 鄰域內……這個 N 的存在，便是 ϵ-N 的主張，也表示了數列會收斂的意思噢！」

「原來如此……我已經了解了。無論再怎麼狹窄的 ϵ 鄰域，只要對應 ϵ 的大小，先丟掉開首 N 個項，剩下的項就可以全部落在 ϵ 鄰域內……是這個意思吧！」

「嗯、沒錯！就是這樣。ϵ 本身是有限大的，對吧!?並沒有無限微小這回事。可是，『無論對再怎麼微小的 ϵ……』這句話——意思應該是說，就算要挑戰的 ϵ 是多麼地微小也無妨——也就是說，不需要言及無限，也可以將『極限』表現出來喔！」

「原來如此……。這麼說來，學長，為什麼一開始要將這個 N 拿出來呢?!明明我們想要說的是『如果讓 n 變得更大，那 a_n 就有可能會落在 A 的 ϵ 鄰域內』，但為什麼端出的是新變數 N 呢……」

「那個啊……$\exists N$ 這種寫法其實就是為了那個目的而存在的噢！」

「什麼……」

「換句話說呢！是為了要使用數式表現『○○是有可能的』的說法，特地使用∃來取代『滿足○○的數是存在的』這種說法喔。」

「為了取代『可能』的說法，而用上『存在』的表現……」

「嗯，就是這麼一回事。——那麼差不多該親身體驗 ϵ-N 威力了！」

「什麼？」

「設 $n \to \infty$ 時，$a_n \to A$。這時，可否有滿足 $a_k = A$ 的數 a_k 存在？」

「啊啊，是『完全吻合』的問題。……是的，我認為是可以的。因為，重要的只是 a_k 會不會落在 A 的 ϵ 鄰域內，所以就算 $a_k = A$ 也無所謂啊！對不對?!」

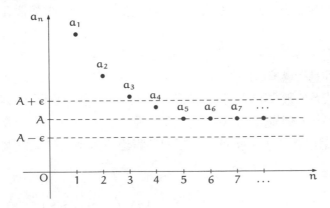

「嗯，很正確！那麼，這個 a_n 是否可以既靠近 A 又偏離 A 呢?!」

「是的！我認為只要會落在 A 的 ϵ 鄰域內就可以了。可是，如果偏離一定距離的情況一再重複發生，那就不符合 ϵ-N 的定義了。以長遠的眼光來看，拉開的距離應該是愈來愈小才對。舉例來說，如果與 A 拉開一定距離這個情況無休止地反覆發生的話，不管我們丟掉幾個數項，總會剩下一些項落在 ϵ 鄰域以外……啊啊！要我在我的腦袋瓜子裡描繪出很簡單，但如果要我用語言來描述實在是很困難。……總之，在那樣的情況下是不符合定義的！」

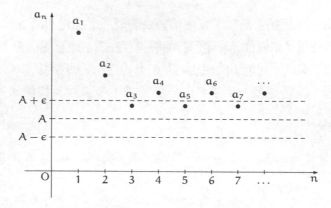

「那個……學長。要用語言將微妙的條件確實表現出來實在很難。的確，或許使用 N 之類的變數會傳達得更清楚也說不定。」

「的確如此……我覺得能夠切身感受到這一點的蒂蒂真是厲害呢！」

「會、會嗎……」被我這麼一讚美，蒂蒂羞紅了臉。

「在進行過稍具難度的格鬥訓練後，不知道蒂蒂有沒有比較適應這種看似複雜的數式了呢？只要習慣，就什麼都不怕！慢慢地，讓心去接受並熟悉每一個變數的意義就可以了。進行到這裡，也差不多該去掉三層括弧還原數式了。摸看看，妳的心臟是不是不再噗通跳個不停了呢?!」

$$\forall \epsilon > 0 \ \exists N \ \forall n \left[N < n \Rightarrow |A - a_n| < \epsilon \right]$$

「沒有耶！我的心還是怦怦跳個不停……不過，我想我已經可以抓到個大概了。」

6.2 函數的極限

6.2.1 ϵ-δ

數列極限的討論在這裡要告一段落！接著換個話題，來談談函數的

極限。前面我們都在談論 ϵ-N，接下來，要進入 ϵ-δ 的世界。要像思考數列的極限時一樣。首先，函數的極限可用下面的數式做表現。

$$\lim_{x \to a} f(x) = A$$

如果使用文字來表達的話，就要像下面這樣陳述。

當 x 趨近於 a（即 $x \to a$）時，函數 $f(x)$ 會收斂，且**極限值**為 A。

而在高中，我們會使用下列這樣的文字敘述來表現。

當變數 x 趨近於 a 時，
函數 $f(x)$ 的值就會趨近於常數 A。

談到定義，所謂當變數 x 趨近於 a（即 $x \to a$）時，函數 $f(x)$ 的極限為 A，就是指當 x 為實數，下面數式成立。

$$\forall \epsilon > 0 \; \exists \delta > 0 \; \forall x \left[0 < |a - x| < \delta \Rightarrow |A - f(x)| < \epsilon \right]$$

函數的極限（根據 ϵ-δ 的表現）

$$\lim_{x \to a} f(x) = A$$

$$\Updownarrow$$

$$\forall \epsilon > 0 \; \exists \delta > 0 \; \forall x \left[0 < |a - x| < \delta \Rightarrow |A - f(x)| < \epsilon \right]$$

「這一次，換蒂蒂來在這個數式加三層括弧吧！」

「好的……」蒂蒂依樣畫葫蘆地，用我剛剛的方法在數式加上括弧。

$$\forall \epsilon > 0 \left[\; \exists \delta > 0 \left[\; \forall x \left[\; 0 < |a - x| < \delta \; \Rightarrow \; |A - f(x)| < \epsilon \; \right] \; \right] \; \right]$$

「由外往內唸一下這個數式的話……」

對任意正數 ϵ——

$$\forall\underset{\sim}{\epsilon > 0}\ \Bigg[\qquad\qquad\qquad\qquad\qquad\qquad\qquad\qquad\qquad\qquad \Bigg]$$

存在有某正數 δ——

$$\forall \epsilon > 0\ \Bigg[\quad \exists\underset{\sim}{\delta > 0}\ \Bigg[\qquad\qquad\qquad\qquad\qquad\qquad\qquad \Bigg] \Bigg]$$

對任意 x……都會成立

$$\forall \epsilon > 0\ \Bigg[\quad \exists \delta > 0\ \Bigg[\quad \forall\underset{\sim}{x}\ \Bigg[\qquad\qquad\qquad\qquad\qquad \Bigg] \Bigg] \Bigg]$$

「就是這樣，對嗎?!」

「解構得很完整。由外側往最內側寫，就成了下面這個數式。」

$$\forall \epsilon > 0\ \Bigg[\quad \exists \delta > 0\ \Bigg[\quad \forall x\ \Big[\quad 0 < |a-x| < \delta \ \Rightarrow \ |A-f(x)| < \epsilon \ \Big] \Bigg] \Bigg]$$

「這個數式……我解讀得出來！」

　　對任意正數 ϵ，

　　就 ϵ 的值，可選擇某個對應正數 δ，

　　則對任何實數 x，

$0 < |a-x| < \delta \Rightarrow |A-f(x)| < \epsilon$ 這個命題都能成立。

「嗯，那麼蒂蒂，妳了解下面數式的意思嗎？」

$$0 < |a-x| < \delta$$

「了、了解。……我想想看喔！對了！是絕對值的老問題！

　　『$a-x$ 的絕對值會大於 0，但比 δ 小』

這是一般的說法，但如果用距離的想法來表現的話，

> 『a 與 x 沒有重疊，且兩點間的距離並不在 δ 以上』

就會變成這樣，對嗎？」

「對。那麼如果使用上鄰域的說法的話，會變成什麼樣呢？」

「情況應該會和數列的時候一樣，Epsilon……咦？奇怪?!」

「這一次我們要討論的並不是 ϵ 鄰域喔！」

「沒錯……這一次要討論的是 $\overset{\text{Delta}}{\delta}$ 鄰域！

$$0 < |a - x| < \delta$$

這個數式會變成——

> 『x 會落在 a 的 δ 鄰域內（但兩個點並不會重疊）』

上面這樣嗎？」

「嗯，沒錯。蒂蒂所謂的『兩個點並不會重疊』，指的應該是 $0 < |a - x|$ 這個部分對吧！很正確。因此——

$$0 < |a - x| < \delta \Rightarrow |A - f(x)| < \epsilon$$

的部分，應該解讀成下面這樣的意思。

> 『若 $x \neq a$，且 x 落在 a 的 δ 鄰域內的話，則 f(x) 會落在 A 的 ϵ 鄰域內』

就會是這個意思。」

「這一次出現了兩個鄰域呢！」

「嗯。在函數的極限的情況下——無論接受再怎麼小的 ϵ 的挑戰，就會存在有像『只要將 x 放置在 a 的δ鄰域內的話，f(x) 就會落在 A 的 ϵ 鄰域內』這樣的 δ。亦即，利用 δ 來應對 ϵ 的挑戰。」

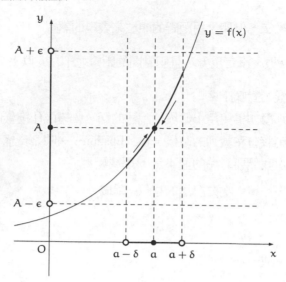

6.2.2　ϵ-δ 的意義

「天色已經暗了下來，差不多也該回家了呢！最後，我們要針對 ϵ-δ 的意義做總結。為什麼一開始我們要思考 ϵ－δ 的意義？蒂蒂記得嗎？」

「是為什麼來著咧?!我想想看喔……啊！我想起來了。是為了要避免『無限趨近於』的說法，並想要明確極限的意義。」

「是呀！當我們要定義極限時，要使用什麼來取代『無限趨近於』的說法呢？」

「使用什麼嗎……我想想喔。對了！就是使用『對再怎麼小的正數 ϵ……』的說法，對吧?!也就是說，無論選擇什麼樣的 ϵ，都一定可以找到適切對應的 δ 噢！」

「沒錯！如果利用 ϵ-δ 的方法來思考所謂的『極限是存在』的話，『無論選擇什麼樣的 ϵ，都一定可以找到適切對應的 δ』的**保證**就成為了重點所在。在『無限趨近於』的說法中，我們看不到這樣的保證。」

「是保證嗎？……」

6.3 實力測驗

6.3.1 校排

我和蒂蒂步出階梯教室，繞過中庭往樓梯口方向走。我們兩個人準備要一起走回家。

「學長，你看……」蒂蒂用手指著前方。

就在往樓梯口方向的走道、教職員室的前面，這裡是校內的主要通道。在這個通道上擠滿了學生，一臉熱切地盯著牆上張貼的公告。

「……是不是實力測驗的校內排名出爐了？」

「應該是吧！」

我們學校，通常會公布在校內實力測驗成績排名前 10% 的學生名單。依成績順序排列的學生名單會被印在大大的紙張上公告出來——也就是所謂的「排行榜」。我們把它稱為「校排」。

公告欄上貼出的是，這一次一、二年級實力測驗（國文、英文、數學）的成績排名。因為還沒有考試的關係，這次沒有三年級的部分。

我的目光自然而緊張地搜尋著二年級數學成績排名。過去我從沒在意過校排這件事情。——儘管如此，我還是……奇怪？

「……」

上面並沒有出現我的名字。

米爾迦呢？——當然，有！

都宮？——也在上面。

在表上，排列著全校數學最傑出學生的名字。不管名次或名字幾乎不曾變動過。出現在其中的學生，可以說都是數學常勝軍。

「學長的名字……沒有出現在上面耶。」蒂蒂說道。

「啊……嗯。確實沒有在上面！」我結束名單搜尋後回答道。

「狀態不佳嗎？」擔心的語氣。

「嗯……沒什麼……偶爾也會發生這種事的！」

這怎麼可能——我在心中吶喊著。

「學長！我第一次在數學科上榜了耶！你看！你看！」

蒂蒂興奮而語帶天真地大喊著，還用手指著一年級的排行榜。

「哇⋯⋯這麼說起來，那不是就有兩個科目上榜？」

「對⋯⋯好害羞喔！」蒂蒂雖羞紅了臉，卻顯得高興。

本來蒂蒂就是一年級英文排名第一人，所以，只要數學成績優秀的話，就有兩個科目上榜。

可是——我卻無法打從心底為她感到高興。我整個人仍耽溺在自己沒入校排的震驚中。這樣的我，居然還大言不慚地以學長之姿對蒂蒂說「有任何疑問都可以隨時來問我」⋯⋯啊啊！整個人臉丟大了。

6.3.2　寂靜之音、沉默之聲

在回家的路上。

我和蒂蒂肩並著肩走著。

我還處在實力測驗成績不佳的震撼中。的確⋯⋯在測驗結束之後，我感覺到自己解題不如過去般得心應手。特別是在演算微積分的時候。雖都是些單純使用公式運算的簡單題，但那些問題比重太大。老實說，我並不認為其他人能夠解得過我。難堪的情緒，丟臉到家的自己。

「今天，學長為我講解了極限的定義，對吧!?」

蒂蒂用和平常一樣的語氣和我聊著數學。

「嗯！」

「定義極限所使用的並不是『無限趨近於』的說法，而是使用與 ϵ-δ 有關的數式來定義——我終於搞懂了。可是⋯⋯有件事我感到在意。」

「什麼事？」心浮氣躁的我，開始對蒂蒂沒完沒了的追問感到厭煩。

「就是說啊⋯⋯利用數式定義極限——會變成什麼呢?!也就是說能夠使用在什麼上呢？」

「啊啊⋯⋯」先回答蒂蒂會變成什麼的問題。「用極限也可以定義微分和積分。此外，知道**連續**嗎？連續也是使用極限——也就是利用 ϵ-δ——來定義的噢！」

「定義連續？⋯⋯所謂的『連續』，指的是『連接』的意思嗎？」

「那個我們平常使用詞彙上的意思——也就是字典上的解釋對

吧！」

　　「引用字典上的解釋行不通嗎？」

　　「就數學來說無濟於事！畢竟，無法藉此解讀數學獨一無二的嚴密意義。」

　　「是這樣嗎……總覺得——」蒂蒂自言自語地說著。「邏輯推理，在解方程式上也好，在演算上也好，各有所不同。以前，在解整數問題時，可以清楚地感覺到理解所發出『吱吱咯咯』的聲響。可是，邏輯問題所發出的聲音相當地不尋常——好像是更為寂靜的聲音。可以形容成『寂靜之音』或者是『沉默之聲』……。說是無聲，但又不是靜音。只能聽得到一些些細微模糊的動靜。逐步追循邏輯的感覺和仔細豎耳傾聽的感覺很相似。最貼切的形容就是永永學姊之前所說的『聆聽聲音』那一番話。儘管全部統稱為數學，但隨著領域的不同，氣氛也會有所差異呢——所謂的數學，究竟是什麼東西啊?!」

　　「……」對我而言，數學究竟代表什麼呢？

　　「學長？」

　　「什麼啦！」我自己也知道，我的語氣顯得相當地不耐煩。

　　「……啊！沒有……什麼事也沒有。」蒂蒂難堪地低下了頭。

　　我們一言不發地走著。一路就這樣保持沉默，最後到了車站。

　　「那個——我……要到書店逛一逛。」蒂蒂的手指嗶嗶嗶嗶地快速揮舞著。是斐波那契暗號（Fibonacci Sign）。那是由蒂蒂發想出來的，代表了數學同好的暗號。也是我們之間的暗號。

$$1 \quad 1 \quad 2 \quad 3$$

　　可是，我完全不想回應，只說了聲「拜！」便掉頭走了。

6.4　連續的定義

6.4.1　圖書室

　　第二天。……不管我的心情如何，第二天還是一樣會來到。

一整天直到放學，都懷著忐忑不安的情緒上課。但也太慘了點，只不過是實力測驗成績考糟一次，居然耿耿於懷想不開，太沒出息了。

「我先過去圖書室！」米爾迦一如往常，沒有任何的改變。

「我先過去」啊⋯⋯總覺得這句話別有含意呢！

情緒低落的我有如宇宙幽魂似地，飄往圖書室的方向。

蒂蒂和米爾迦已經展開討論。

「我們具體地利用數式來定義『連續』！」米爾迦說道。

「話雖是這麼說，可是難道不需要背下來嗎？」

「只要一思考意義的話，馬上就想得起來——這就是連續的定義！」

連續的定義（利用 lim 來表現連續）

若函數 $f(x)$ 滿足下列數式，則稱 $f(x)$ 在 $x = a$ 處連續。

$$\lim_{x \to a} f(x) = f(a)$$

「咦？就只有這樣嗎?!」

「就只有這樣。——啊！你來啦！」米爾迦朝我的方向看。

蒂蒂望著我——連忙點頭致意。

「那麼，為了看看蒂蒂是否真的理解了 $\epsilon\text{-}\delta$，現在要來考試。」

問題 6-1（利用 $\epsilon\text{-}\delta$ 來表現連續）

使用 $\epsilon\text{-}\delta$ 來寫出函數 $f(x)$ 在 $x = a$ 處連續的定義。

「好！我想一下。⋯⋯剛剛從米爾迦學姊那裡知道了『函數 $f(x)$ 在 $x = a$ 處連續』的定義。我們可以以下面的數式來表現——

$$\lim_{x \to a} f(x) = f(a)$$

我們也可以寫定義成下面這樣，對吧！

$$當 \ x \to a \ 時 \ f(x) \to f(a)$$

也就是說，當 x 無限趨近於 a 的時候，f(x) 就會無限趨近於 f(a)……」

蒂蒂的目光在米爾迦臉上游移。米爾迦輕輕地點了點頭。

「因此，我們也可以把使用 lim 的數式改用 ϵ-δ 來寫，對吧!?雖然是——極為複雜的數式，但如果可分開思考的話，就一定不會有問題。」

接著，蒂蒂便動手在筆記本上寫了又寫，寫下了好幾個數式。

「……是的。只要將 ϵ-δ 極限值的地方代入 f(a) 就可以了。」

$$\forall \epsilon > 0 \ \exists \delta > 0 \ \forall x \ \left[0 < |a - x| < \delta \Rightarrow |f(a) - f(x)| < \epsilon \right]$$

「也就是說，

> 對任意正數 ϵ，
> 就 ϵ 的值，可選擇某個對應的正數 δ，
> 則對任意實數 x，
> $0 < |a - x| < \delta \Rightarrow |f(a) - f(x)| < \epsilon$
> 這個命題都能成立。

……這樣解讀沒錯吧!?」

「這樣解讀很正確。」米爾迦確認道。

「對任意 ϵ，如果 x 落在 a 的 δ 鄰域內的話，那麼為了要讓 f(x) 落在 f(a) 的 ϵ 鄰域內，我們就要選擇 δ——對吧!?」

「蒂德拉，就像妳所說的。」米爾迦用既佩服又讚許的口吻道。

「昨天晚上我努力地做了很多練習噢！」蒂蒂意有所指地望著我說。

解答 6-1（利用 ϵ-δ 來表現連續）
當函數 f(x) 滿足下列數式時，f(x) 在 $x = a$ 處連續。

$$\forall \epsilon > 0 \ \exists \delta > 0 \ \forall x \ \left[0 < |a - x| < \delta \Rightarrow |f(a) - f(x)| < \epsilon \right]$$

「在不連續函數的圖像中，因為線會很突兀地斷掉，所以直觀上很容易就能理解。因為線與線之間中斷，沒有連接的緣故。例如，像是在

x = a 的地方，突然只有一個點跳出的這一類函數。」

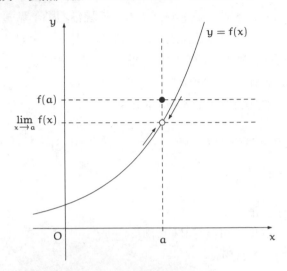

在 x = a 處不連續的例子

「那麼，要不要試著思考一下在直觀上難理解的病態函數呢！」
米爾迦用帶點像是惡作劇的語氣說道。

6.4.2　在所有的點處都不連續

問題 6-2（在所有的點都不連續）
在任意實數處都不連續的函數是否存在呢？

「換句話說，也就是所有的點都是不會連續的函數。」
「在、在所有的點都中斷的圖像……總覺得根本畫不出來耶！」
「如果光想要依賴圖像的話，不如趁早放棄算了。」米爾迦說。
「可是，所有的點都『沒有連接』，到底該怎麼思考呢……」
「如果光想要依賴『沒有連接』這幾個字的話，不如趁早放棄算了。」

「這樣說來……到底該依賴什麼才好呢！」百思不得其解的蒂蒂。

「邏輯。」米爾迦立即答道。

「邏輯？」

「蒂德拉啊，蒂德拉！難道妳已把連續的定義拋到九霄雲外去了嗎?!」

「啊！是 ϵ-δ 嗎？」

「對！只要在 ϵ-δ 數式前面多加上 ¬ 這個否定的符號，就可以用來表示『$x = a$ 處不會連續』的數式了。」

$$\neg \left(\forall \epsilon > 0 \; \exists \delta > 0 \; \forall x \; \Big[0 < |a - x| < \delta \Rightarrow |f(a) - f(x)| < \epsilon \Big] \right)$$

「在謂語邏輯當中，只要將 ∃ 與 ∀ 兩者交換的話，就可以將 ¬ 這個否定的符號直接保送進入數式裡。」這麼一來，

$$\neg \Big(\forall x \; \big[\cdots \big] \Big) \iff \exists x \; \big[\neg (\cdots) \big]$$

$$\neg \Big(\exists x \; \big[\cdots \big] \Big) \iff \forall x \; \big[\neg (\cdots) \big]$$

就會成立。因此，我們可以說前面的數式與下面這個數式是等價的。」

$$\exists \epsilon > 0 \; \forall \delta > 0 \; \exists x \; \Big[\neg \Big(0 < |a - x| < \delta \Rightarrow |f(a) - f(x)| < \epsilon \Big) \Big]$$

「也就是說──

　　可以找到某個正數 ϵ ，
　　不管正數 δ 再怎麼小，
　　就 δ 的值，總可找到對某個正數 x，使得
　　$0 < |a - x| < \delta \Rightarrow |f(a) - f(x)| < \epsilon$
　　不會成立。

──而這就是『$f(x)$ 在 $x = a$ 處不會連續』的定義。我們只要找出在任何實數 a 的情況下，都會讓這個定義成立的函數 $f(x)$ 就可以了。」

「嗚·嗚·嗚·嗚……」蒂蒂抱著頭不斷地發出呻吟。

「你的意見呢？」米爾迦將話鋒轉向了我。

米爾迦的一句話，讓我像吃了定心丸似的，整顆心又拉回到數學上，慌張不安的心情也立即消失了。

「舉例來說，最有名的就是下面這個函數，對吧?!」我接著說道。

$$f(x) = \begin{cases} 1 & \text{（當 } x \text{ 為無理數）} \\ 0 & \text{（當 } x \text{ 為有理數）} \end{cases}$$

「的確！」米爾迦點頭贊同道。

「咦咦咦咦?!這種東西也是函數嗎？」

「因為──」我回答道。「只要決定好一個實數 x 的話，一個 $f(x)$ 的值也會跟著確定。所以說是函數噢。──換句話說，這個是『**無理數判定機**』喔！」

解答 6-2（在所有的點處都不連續）
在任意實數處都不連續的函數確實存在。

6.4.3　只在一點處連續的函數？

「你似乎知道剛剛那個問題呢！」米爾迦說道。

「嗯，在某本書上唸到過。」

「那麼，請你試著思考一下這個問題。」

問題 6-3（只在一點處連續的函數）
只在點 $x = 0$ 處連續的函數是否存在？

「只在一點處連續的函數──有這個可能嗎?!」我疑問道。

「請問……」蒂蒂侷促不安地舉手發問。

「蒂德拉、有什麼問題嗎？」米爾迦詢問道。

「那個……我知道。答案。」

「咦……」我不由得叫出聲。這速度是怎麼一回事?!

「這樣啊——答案是?」米爾迦欽點蒂蒂要她回答。

「等一下啦!我還在思考中耶!」我抗議道。

「啊!好的。我等學長想出答案後再公布。」蒂蒂說道。

「蒂德拉!」米爾迦示意要蒂蒂過去講悄悄話。

「什麼?……喔!好的!」

蒂蒂一臉膽戰心驚,戒慎恐懼地在米爾迦的耳朵旁邊說出了答案。

「正確答案!」

「太棒了!」喜不自勝的蒂蒂。

我的腦部開始充血。蒂蒂已經完全解出正確答案了嗎?這種函數可以製造得出來嗎?不對!不對!或許蒂蒂只是馬上領悟了只在一點處連續的函數並不存在的理由。只是,我還沒有理解到罷了……。

「還剩五分鐘。」米爾迦倒數道。

> 「只在一點處連續的函數是否存在」?

6.4.4　從無限的迷宮逃脫

在我陷入思考當中,米爾迦和蒂蒂不斷地小聲說著話。

「剛剛說的練習是怎麼一回事?」米爾迦詢問道。

「啊!就是在筆記本上不斷地反覆寫著 ϵ-N 與 ϵ-δ 的數式,並試著練習思考它們的意義。我啊,不多寫幾次是無法融會貫通的……。除此之外,也試著練習畫了圖,並在圖上標記出 ϵ 鄰域及 δ 鄰域。」

「唔!」

「大致上,我已經熟悉了 ϵ-δ。儘管還有些地方不太懂……」

「蒂德拉,妳搞不懂的那些地方,說不定就是從實數本身所衍生出來的。或許讓這種『搞不太懂』的感覺就這樣維持下去會比較正確,也不需要勉強自己完全搞懂。」米爾迦說道。

「請問、米爾迦學姊……。雖然我從學長那裡知道,在極限的領域

中 δ 存在的保證有多麼地重要，可是，不管我再怎麼去解讀 ϵ-δ，都沒有『無限趨近於』的感覺耶。反倒發現要經歷『無限次重覆』，才有『無限趨近於』這回事⋯⋯」

「只要一思及有『無限次重覆』的必要，我們就會深陷迷宮找不到出口。不管我們再怎麼重覆，總覺得前方還有什麼而感到疑惑。那就不要為『無限次重複』而傷神，重要的是要聚焦於『對任意 ϵ，都存在有 δ 的保證』之上。但話說回來，只要習慣了，或許就能樂在這迷宮之中⋯⋯。只要有 ϵ-δ 傍身，我們就可從這個名為『無限次重複』的迷宮中脫出。」

「是！」

「只要在這個地球上是學習數學的人，每個人都從德國數學家魏爾斯特拉斯（Karl Theodor Wilhelm Weirestrass）的手上拿到了一支名為——

$$\epsilon\text{-}\delta$$

的『鑰匙』。就這樣——」米爾迦以慢動作，緩緩地張開了雙臂。

「藉由 ϵ-δ，打開極限之『門』，從無限的迷宮逃脫。」

6.4.5　只在一點處連續的函數！

「⋯⋯話說回來，你的時間到囉！」

「我認輸！」我說道。「我認為只在一點處連續的函數並不存在。」

米爾迦使了個眼色，蒂蒂立刻開口解釋。

「那個⋯⋯我實際動手製造過了。所以，那樣的函數真的存在。」

「咦！就連那種函數妳都製造出來了嗎？」

「是⋯⋯話雖這麼說，但我也只是稍微將學長寫過的例子改了一下！」

$$g(x) = \begin{cases} x & (\text{當 } x \text{ 為無理數}) \\ 0 & (\text{當 } x \text{ 為有理數}) \end{cases}$$

「啊……」我驚訝到說不出話來。

「說明。」米爾迦命令道。

「是！」蒂蒂遵令道。「剛剛學長已經製造出了『在所有點處都不會連續的函數 f(x)』，也就是所謂的『無理數判定機』。當然，雖然無法畫出『無理數判定機』的圖像，但如果畫得出來的話，我想應該就是下面這個圖像。在這裡，可以看到圖像中有兩條線，當 x 是有理數時，$y = 0$；而當 x 為無理數時，$y = 1$。這麼一來，我們就會發現當有理數 $x = 1$ 時，$y = 0$；而無理數 $x = \sqrt{2}$ 時，$y = 1$。」

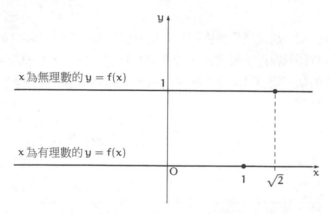

「而這一次米爾迦學姊的問題是要我們思考『只在點 $x = 0$ 處連續的函數』。因此……我便想到學長所製造出來的『無理數判定機』可能派得上用場。再思考連續的定義——在這裡指的是 ϵ-δ ——如果想在 $x = 0$ 處製造出連續函數 g(x) 的話，我想不管要挑戰的 ϵ 是多麼微小，那麼只要保證令『x 落在 0 的 δ 鄰域的話，則 g(x) 便落在 g(0) 的 ϵ 鄰域內』的這種 δ 存在就可以了。當 x 是有理數時，g(x) = 0，g(x) 自然落在 g(0) 的 ϵ 鄰域內。但問題在於無理數。我在想當 x 為無理數時，是不是能立刻將 g(x) 放在 g(0) = 0 附近呢?!這麼一來——只要將 y = f(x) 的圖像傾斜一側，就能製造出一條斜線，使得相關的 g(x) 接近 g(0)，製造出符合要求的 g(x) 了。」

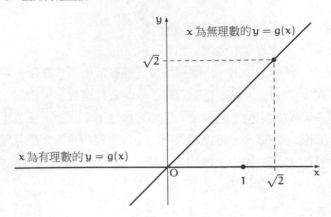

「就這樣，無論我們要挑戰的 ϵ 是多麼的微小，都可以把 δ 給找出來。因為我們只要把 δ 設定為比 ϵ 小就可以了。例如，我們設 $\delta = \frac{\epsilon}{2}$。這麼一來的話，相對於落在 δ 鄰域內的 x，$g(x)$ 的值就一定會落在 $g(0)$ 的 ϵ 鄰域內了。」

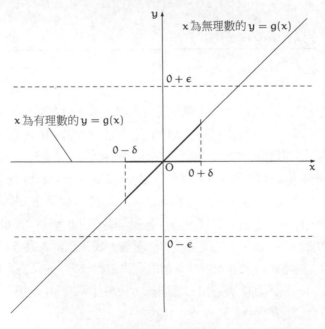

「在有理數的情況下，因為 $g(0)$ 會等於 0，所以無所謂。而在無理數的情況下，$|0 - g(x)| = |g(x)|$ 則會變得比 ϵ 小。至於是為什麼呢?!只

要像下面這樣思考就可以了，對吧?!

$$
\begin{aligned}
|g(x)| &= |x| && \text{因為當 } x \text{ 為無理數時，} g(x) = x \\
&< \delta && \text{因為 } x \text{ 會落在 } \delta \text{ 的鄰域範圍內} \\
&= \frac{\epsilon}{2} && \text{因為已定義 } \delta = \frac{\epsilon}{2} \\
&< \epsilon && \text{因為 } \epsilon > 0 \text{，所以 } \frac{\epsilon}{2} < \epsilon
\end{aligned}
$$

最後──

$$|g(x)| < \epsilon$$

就會得到這樣的結果，而 $g(x)$ 就會落在 0 的 ϵ 鄰域內。而這正是我們所欲得到的結果。無論是再怎麼微小的 ϵ，只要 x 落在 δ 鄰域內的話，相對地，$g(x)$ 一定會落在 ϵ 鄰域內。藉由 ϵ-δ 的思考方式，便能夠在 $x = 0$ 處製造出一點連續的函數。

「STOP！」米爾迦開口喊停。「那 $x \neq 0$ 時的不連續呢？」

「啊！那個、那個嘛……我倒是沒有想到。」

「那也無妨。反正很快就會了解了！」米爾迦說道。

「我……剛剛思考過了──的確！這個函數 $g(x)$ 是否為連續函數，並不能單靠『無限趨近於』這幾個字來斷定。而這一次的函數 $g(x)$，也無法確實的畫出圖像來……。可是──我在自己的心中畫出了想像的圖像，並藉此想通了 ϵ-δ 的作法。也因此，我認為就算沒有辦法在紙上畫出圖像，但像這樣在心中把想像的圖像畫出來，所花的功夫也不會白費。……最後，這一次的函數 $g(x)$，我使用了──

- 無理數判定機 $f(x)$ 與
- ϵ-δ 與
- 在心中畫出想像的圖像。

上面三個重點來協助思考。」

蒂蒂精神抖擻地回答──接著，燦然地一笑。

「回答得相當完美。」米爾迦大力稱讚，更伸手摸了摸蒂蒂的頭。

> **解答 6-3（只在一個點處連續的函數）**
> 只在點 $x = 0$ 處連續的函數確實存在。

我……應該開口說些什麼才對！

可是，我卻連一句話都說不出來。

「不好意思——我先回去了。」我只說了這些，便走出了圖書室。

6.4.6　當說的話語

我——獨自一個人。回到了教室，拿了書包。

走出電梯口——繞過校舍外圍走向中庭，在長椅上坐下來，我抱著頭。

我……究竟是怎麼了？

不過是實力測驗成績沒有上校榜，就讓我震驚到如此的程度?!

數學成績輸給了蒂蒂，有這麼難以接受嗎？

我對因為這些打擊竟如此招架不住的自己，感到無地自容。

因為這些不足掛齒的小事，我居然就動搖了?!

——在我自暴自棄的時候，我的背後響起了腳步聲。

「學長？」

是蒂蒂嗎？

那位「可愛的小跟蹤狂」，今天也依然健在。

「……」我沒有應聲，也沒有抬起頭來。

「你身體不舒服嗎？」

「……我只不過是對自己感到厭惡罷了。」我頭也不抬地回答。

沉默。

「請原諒我。」

蒂蒂把手輕輕地放在我那低了半天也不肯抬起的頭上。

一陣陣淡淡地幽香從天而降。

咦?!什麼……有什麼不尋常的儀式要開始了嗎?!

「上帝啊！」

蒂蒂的嘴唇靠近我的左耳，開始低聲祈禱。

——上帝啊！
無論如何，請□守護學長。
請□在他有痛苦的時候，請□在他有困難的時候，
都與他同在。
請□安慰他的心，並無時無刻地支持他。

——上帝啊！
我從學長那裡學習到數學的喜悅。
也希望不僅僅是我，希望我身邊許多的人也都能透過學長，
而了解到數學的喜悅。
希望更多的人都能了解到學習的喜悅。

奉主耶穌基督之聖名禱告——阿門。

這是……祈禱嗎？
蒂蒂竟然為了——我這個一無是處又無地自容的傢伙禱告?!
儘管我不是太清楚上帝……。
但我卻懂蒂蒂之所以為我禱告的用意。

蒂蒂祈禱文中的一句話，硬生生地直闖進我的心裡。

「喜悅」！

數學所帶來的喜悅無窮盡。解開問題的喜悅。看穿構造的喜悅。發現跨越複數世界橋樑的喜悅。接收到好幾百年前數學家們所遺留下來的訊息的喜悅……。雖然途中承受的苦痛不輕，但是總體得到的喜悅更大。沒錯！就是這樣！我體悟了「數學的喜悅」。我領略了「學習的喜

悅」，除此之外，還感受到了「傳遞喜悅的喜悅」。

或許。

或許，我可以成為——一位「教師」。

一位傳遞「數學的喜悅」與「學習的喜悅」的教師。

由梨曾經這麼說過。

　　　「哥哥如果將來可以成為學校的老師也很不錯啊」。

蒂蒂曾經這麼說過。

　　　「學長真的很擅長教人耶」。

而米爾迦則曾經這麼說過。

　　　「你沒有資格當老師」——那不就是在譴責我體內的教師魂嗎?!

蒂蒂不斷地輕撫著我的頭，並說道。

「一直以來，謝謝你，學長！」

儘管讓學妹看見自己流淚真的很丟臉、很沒出息⋯⋯。

但是，現在並不是計較這些小事的時候。

我急忙擦掉眼淚，把眼鏡重新戴好。

「真的很抱歉⋯⋯謝謝妳！蒂蒂！」

蒂蒂燦爛地笑了，用她甜美的聲音說道。

"It's my pleasure."

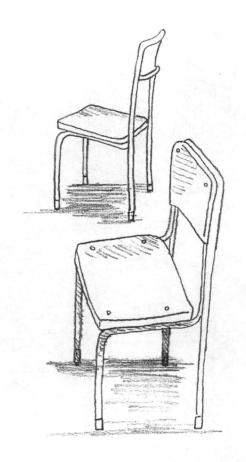

讓這個極限的定義被嚴密化，並讓解析學證明的正確性，
在真正的意義下得以自律判斷的是，
柏林大學的魏爾斯特拉斯，一切的一切都是從他在解析學的課堂上，
引進了現在被稱為 ϵ-δ 的論證方法時所開始的。
——《哥德爾不完備定理》（ゲーデル 不完全性定理，岩波出版）

第 7 章
對角線論證法

把「把變數 x 自行引用來取代稱為對角化」
的變數自行引用來取代稱為對角化。
把「把 x 對角化後的語句無法證明」
對角化後的語句無法證明。
——《以『以此為名的書並不存在』為名的書並不存在》

7.1 數列的數列

7.1.1 可數集合

「可終於找到你啦！學長——給你送『快遞』來囉！」

「嗯？」我按下手中計時碼錶的暫停鍵。

「對、對不起！學長正在計算時間是嗎?!」

「沒關係——」呼……我緩緩吐著氣，讓自己的頭腦慢慢回到並適應現實世界。每每在解數學問題時，我便會遁入另外一個世界。至於，現實生活中的自己究竟是在哪個年代、哪個星球上、哪個國家——當下都會失去意義。

現在已經放學了。這裡是圖書室。

我正在進行限時試煉。出聲叫我的人是蒂蒂。

季節雖然仍是冬季……卻漸漸有春天的氣息。進入二月尾聲了。嗯，下個月就要舉行畢業典禮和結業式，還有放春假。進入四月之後，我和米爾迦就要升上三年級了。蒂蒂是二年級。不知道為什麼這讓我有光陰如白駒過隙的感嘆！

「——不要緊！我已經按了暫停鍵。妳剛剛說什麼快遞?!」

「黑貓蒂德拉宅急便，村木老師的問題卡。」

「……辛苦妳了。什麼問題呢？」

問題 7-1
試證明代表所有實數的集合 $\mathbb{R}$，並非可數集合。

「啊！我知道這個問題噢。這是在數學書上的經典問題！」

「咦?!這個問題這麼有名嗎？」

「這問題會使用到康托的對角線論證法——要我說明嗎？」

「嗯……需要。如果不會打擾的話，請學長務必解說。」

蒂蒂話一說完，就在我左邊的位置上坐了下來。

「說明本身很快可以結束。但在說明之前，妳了解這個問題的意義嗎？」

「……我想除了可數集合這個專有名詞之外，其它的應該都懂……」

「所謂的**可數集合**，指的就是——

　　　『所有的元素皆可用自然數來加以編號排序的集合』

的意思噢！」

可數集合
所謂可數集合，是所有元素皆可用自然數來加以編號排序的集合。

「用自然數加以編號排序……」

「例如，像是有限集合可以說都是可數集合*。這是因為如果元素為有限個的話，那麼所有的元素便可以編號排序的緣故。」

「是！」

「無限集合要舉例的話，就來思考所有整數的集合 $\mathbb{Z}$ 好了！」

$$\mathbb{Z} = \{\ldots,\ -3,\ -2,\ -1,\ 0,\ +1,\ +2,\ +3,\ \ldots\}$$

---

* 也有定義不是有限集合作可數集合。

集合 $\mathbb{Z}$ 為可數集合。也就是說，整數可以利用自然數來編號排序噢。我們實際動手做做看！要將整數的 0 對應到自然數的 1 做編號。＋1 對應的是 2、－1 對應的是 3、＋2 對應的是 4……依此類推來編號排序。」

1	2	3	4	5	6	$\cdots$	2k－1	2k	$\cdots$	所有自然數
↓	↓	↓	↓	↓	↓		↓	↓		
0	＋1	－1	＋2	－2	＋3	$\cdots$	1－k	＋k	$\cdots$	所有整數

「是……」

「寫成下面這樣，不知道會不會比較容易了解呢？」

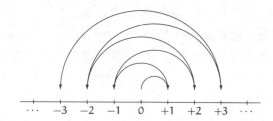

「以正數和負數以梅花間竹式（兩者各自獨立）的編號排序，對吧?!」

「嗯。使用什麼方法都無所謂，重要的是要將所有的整數都編上『個別編號』。因為所有的整數都可以使用自然數來編號排列，所以說所有整數的集合 $\mathbb{Z}$ 為可數集合。可數集合的英文為 Countable Set 噢！」

「原來如此。Countable——也就是可以 Count 的集合對嗎？」

「沒錯！其它還有，像是所有有理數的集合 $\mathbb{Q}$ 也是可數集合噢。

因此，如果我們像這樣來表現的話——

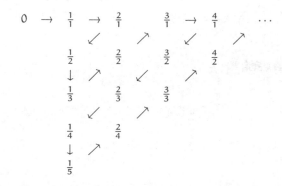

——這麼一來，所有大於 0 的有理數都顧到囉。而其它就和整數的時候一樣，只要梅花間竹地為正數和負數來編號排序就可以了。

$$0 \to +\frac{1}{1} \to -\frac{1}{1} \to +\frac{2}{1} \to -\frac{2}{1} \to +\frac{1}{2} \to -\frac{1}{2} \to +\frac{1}{3} \to -\frac{1}{3} \to +\frac{2}{2} \to -\frac{2}{2} \to \cdots$$

嗯，說得再仔細一點，如果有像 $\frac{1}{1}$ 與 $\frac{2}{2}$ 一類的數，在約分之後會出現相等情況的話，那麼我們就得直接跳過後面所出現的數唷！」

「所有的有理數也是 Countable 集合吧！」蒂蒂邊點著頭，邊發出了疑問。「可是——可以使用自然數來編號排序，原本不就是理所當然的嗎?!因為，自然數 $1, 2, 3 \ldots$ 會有無限多個啊……」

「蒂蒂妳是不是想說『因為自然數有無限多個，所以無限集合的元素當然能夠編號排序』呢？可是呢！就像問題卡上所寫的問題一樣，所有實數的集合 $\mathbb{R}$ 並不是可數集合。也就是說即使驅使無限多個自然數，想要將所有的實數編號排序也是不可能的事噢！」

「所有實數的集合 $\mathbb{R}$ 不是可數集合……嗎？學長，可是，如果真的有尚未編號排序的實數的話，只要挑出來再予以編號排序……不斷地重複這個動作不就可以了嗎？」蒂蒂兩手揚起。

「不行！不行！這樣不可能行得通噢！」

「為什麼呢？」

「因為那個方法並不保證所有的實數都可以編號排序的緣故啊！」

「可、可是……就算我的方法不可行好了，或許會有某個人可以發想出更好、更可行的方法出來，對不對?!明明有理數就可以編號排序，但實數卻絕對不可能編號排序——到底，為什麼會這樣說呢?!」

「有證明可以解決妳的疑惑噢，蒂蒂。那就是這次的問題。」

7.1.2　對角線論證法

問題 7-1

試證明所有實數的集合 $\mathbb{R}$ 並非可數集合。

為了要能夠使用對角線論證法，我們要將上面的問題稍做變化。

「將所有實數編號排序」

我們要將上面的文字敘述，改為——

「將 $0 < x < 1$ 的實數編號排序」

這樣的文字敘述。如果問為什麼要進行這種變動的話，那是因能將 $0 < x < 1$ 的實數編號排序，與能將所有實數編號排序，兩個文字的敘述是等價的。

我們來看看下面這個圖像。

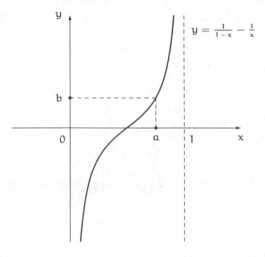

$$y = \frac{1}{1-x} - \frac{1}{x}$$

正如同我們從圖像上所得知的一樣，只要在 x 軸上 $0 < x < 1$ 的範圍中選取實數 a 的話，那麼，在 y 軸上就一定會有一個對應的實數 b；相反地，在 y 軸上選取一個 b 點的話，就一定會有一個介於 $0 < x < 1$ 的實數 a。這個對應在 $0 < x < 1$ 與所有實數間，可說是既無遺漏也無重疊。

所以說，要將介於 $0 < x < 1$ 的實數一一編號排序的話，就等同於是要將所有的實數全部編號排序一樣。

問題 7-1a（將問題 7-1 換句話說）
試證明介於 $0 < x < 1$ 的所有實數的集合並非可數集合。

那麼，接下來要介紹的是康托的對角線論證法。

在這裡我們要使用到反證法。

所謂的反證法，就是將所欲證明命題的否定假設導致矛盾的證明方法。因為現在我們想要證明的命題是「介於 $0 < x < 1$ 的所有實數的集合並非可數集合」，所以命題的否定假設如下。

反證法的假設：介於 $0 < x < 1$ 的所有實數的集合乃可數集合，以這個假設為出發點……換句話說，也就是要將「介於 $0 < x < 1$ 的所有實數可以用自然數做編號排序」的假設導致矛盾視為目標。

如果要將介於 $0 < x < 1$ 的所有實數編號排序的話，我們可以把在這個範圍裡的實數記作 A_n。n 為實數被編上的號碼。

可寫得再更清楚具體一點。例如，我們可以把 A_n 寫成像下面這樣。

$$\begin{cases} A_1 & = 0.01010\cdots \\ A_2 & = 0.33333\cdots \\ A_3 & = 0.14142\cdots \\ A_4 & = 0.10000\cdots \\ A_5 & = 0.31415\cdots \\ \vdots & \qquad \vdots \end{cases}$$

這裡，我們要試著將「以 0. 為開端的數字列」用一般方式寫出來。

$$A_n = 0.\, a_{n,1}\ a_{n,2}\ a_{n,3}\ a_{n,4}\ a_{n,5}\ \ldots$$

多了兩個下標字好像有點難懂，蒂蒂看得懂嗎？$a_{n,1}$ 是用來表示實數 A_n 的小數第一位的數字。$a_{n,2}$ 為小數第二位；$a_{n,3}$ 為小數第三位……以此類推。一般而言，$a_{n,k}$ 是用來表示實數 A_n 的小數第 k 位的數字。

例如，以 $A_5 = 0.31415\ldots$為例來解釋的話，就是下面這樣。

$$a_{5,1} = 3,\quad a_{5,2} = 1,\quad a_{5,3} = 4,\quad a_{5,4} = 1,\quad a_{5,5} = 5,\quad \ldots$$

整理成下面這樣會更容易看得懂吧！

$$A_5 \;=\; 0\,.\quad 3 \quad 1 \quad 4 \quad 1 \quad 5 \quad \cdots$$

$$a_{5,1} \quad a_{5,2} \quad a_{5,3} \quad a_{5,4} \quad a_{5,5} \quad \cdots$$

此外，在 $\mathbb{R}$ 中會有像 $0.1999\ldots = 0.2000\ldots$ 這兩種表現方式的數存在。因此，為了讓表現的方式一致，我們不打算採用讓 9 成為無盡小數的寫法。啊！除此之外，因為數字是介於 $0 < x < 1$ 範圍內的緣故，所以我們也要將 $0.000\ldots$ 去掉。

在這裡，我們要將 $a_{n,k}$ 做成像下面一樣的一覽表。各列代表了 A_n 各自的數字。

$$
\begin{array}{cccccccc}
 & & 1 & 2 & 3 & 4 & 5 & \cdots \\
A_1 = & 0. & a_{1,1} & a_{1,2} & a_{1,3} & a_{1,4} & a_{1,5} & \cdots \\
A_2 = & 0. & a_{2,1} & a_{2,2} & a_{2,3} & a_{2,4} & a_{2,5} & \cdots \\
A_3 = & 0. & a_{3,1} & a_{3,2} & a_{3,3} & a_{3,4} & a_{3,5} & \cdots \\
A_4 = & 0. & a_{4,1} & a_{4,2} & a_{4,3} & a_{4,4} & a_{4,5} & \cdots \\
A_5 = & 0. & a_{5,1} & a_{5,2} & a_{5,3} & a_{5,4} & a_{5,5} & \cdots \\
\vdots & & \vdots & \vdots & \vdots & \vdots & \vdots & \ddots
\end{array}
$$

用 A_n 來代表所有介於 $0 < x < 1$ 的實數——換句話說，這個一覽表，

也就是寫下了所有介於 $0 < x < 1$ 實數的一覽表

應該是這樣沒錯吧！——在這裡，我們要將注意力集中在一覽表對角線上。

$$
\begin{array}{cccccccc}
 & & 1 & 2 & 3 & 4 & 5 & \cdots \\
A_1 = & 0. & \underline{a_{1,1}} & a_{1,2} & a_{1,3} & a_{1,4} & a_{1,5} & \cdots \\
A_2 = & 0. & a_{2,1} & \underline{a_{2,2}} & a_{2,3} & a_{2,4} & a_{2,5} & \cdots \\
A_3 = & 0. & a_{3,1} & a_{3,2} & \underline{a_{3,3}} & a_{3,4} & a_{3,5} & \cdots \\
A_4 = & 0. & a_{4,1} & a_{4,2} & a_{4,3} & \underline{a_{4,4}} & a_{4,5} & \cdots \\
A_5 = & 0. & a_{5,1} & a_{5,2} & a_{5,3} & a_{5,4} & \underline{a_{5,5}} & \cdots \\
\vdots & & \vdots & \vdots & \vdots & \vdots & \vdots & \ddots
\end{array}
$$

沿著對角線拾級而下來選出某一數列的話，就會變成像下面這樣。

$$a_{1,1}, \quad a_{2,2}, \quad a_{3,3}, \quad a_{4,4}, \quad a_{5,5}, \quad \ldots$$

我們要從這個數列 $\langle a_{n,n} \rangle$ 製造出像下面一樣的數列 $\langle b_n \rangle$。

$$b_n = \begin{cases} 1 & \text{當 } a_{n,n} = 0,2,4,6,8 \text{ 其中任一數} \\ 2 & \text{當 } a_{n,n} = 1,3,5,7,9 \text{ 其中任一數} \end{cases}$$

也就是說，當 $a_{n,n}$ 為偶數的話，b_n 就會等於 1；相反地，當 $a_{n,n}$ 為奇數的話，b_n 就會等於 2。這麼一來，對於所有自然數 n ——

$$b_n \neq a_{n,n}$$

就會成立。接下來，我們要像下面這樣來定義實數 B。

$$B = 0 . b_1 \, b_2 \, b_3 \, b_4 \cdots$$

舉實際的例子來說明可能會比較容易懂。

首先，要沿著一覽表中的對角線拾級而下並選出數字。

```
            1  2  3  4  5  ...
A₁ =  0.  0  1  0  1  0  ...
A₂ =  0.  3  3  3  3  3  ...
A₃ =  0.  1  4  1  4  2  ...
A₄ =  0.  1  0  0  0  0  ...
A₅ =  0.  3  1  4  1  5  ...
  ⋮         ⋮  ⋮  ⋮  ⋮  ⋮  ⋱
```

數列 $\langle a_{n,n} \rangle$ 就會變成像下面這樣。

$$0, \quad 3, \quad 1, \quad 0, \quad 5, \quad ...$$

數列 $\langle b_n \rangle$ 則會變成像下面這樣。$a_{n,n}$ 為偶數的話為 1，奇數的話等於 2。

$$1, \quad 2, \quad 2, \quad 1, \quad 2, \quad ...$$

因此，我們可以得到實數 B。

$$B = 0.12212\cdots$$

那麼，$0 < B < 1$ 就會成立，對吧?!而這同時也代表了在剛剛
寫下了所有介於 $0 < x < 1$ 實數的一覽表

當中，應該也包含這個實數 B 在裡面！這可是相當重要的部分噢。假設
實數 B 位於一覽表中的第 m 列。這麼一來，下面的等式就會成立。

$$A_m = B$$

我們試著將第 m 列與第 m 行相交。

$$
\begin{array}{ccccccccc}
 & & & 1 & 2 & 3 & \cdots & m & \cdots \\
A_1 = & 0. & & \underline{a_{1,1}} & a_{1,2} & a_{1,3} & \cdots & a_{1,m} & \cdots \\
A_2 = & 0. & & a_{2,1} & \underline{a_{2,2}} & a_{2,3} & \cdots & a_{2,m} & \cdots \\
A_3 = & 0. & & a_{3,1} & a_{3,2} & \underline{a_{3,3}} & \cdots & a_{3,m} & \cdots \\
 & & & \vdots & \vdots & \vdots & \ddots & \vdots & \cdots \\
B = A_m = & 0. & & a_{m,1} & a_{m,2} & a_{m,3} & \cdots & \underline{a_{m,m}} & \cdots \\
 & & & \| & \| & \| & \cdots & \| & \cdots \\
 & & & b_1 & b_2 & b_3 & \cdots & b_m & \\
 & & & \vdots & \vdots & \vdots & \vdots & \vdots & \ddots
\end{array}
$$

一旦注意到一覽表中第 m 列與第 m 行相交部分，便可以發現——

$$a_{m,m} = b_m$$

是成立的，對吧?!我們正在比較的是 A_m，也就是 B 的小數第 m 位噢。

可是，在這裡，我們只要一想到 B 的製造方式，就會了解到，對於
所有自然數 n，$a_{n,n} \neq b_n$。因為，我們刻意把 b_n 製造成這種結果的。所
謂對於所有自然數 n，$a_{n,n} \neq b_n$ 這個結果，代表對特定自然數 m……

$$a_{m,m} \neq b_m$$

也會成立。妳看看，出現矛盾囉。

$a_{m,m} = b_m$ 與 $a_{m,m} \neq b_m$，是互相矛盾的。

根據反證法，我們得知所有介於 $0 < x < 1$ 的實數並非可數集合。

證明結束。

解答 7-1a

使用反證法。

1. 假設實數的集合 $S = \{x \mid 0 < x < 1\}$ 乃可數集合。

2. 集合 S 中的任意元素，可以像下面這樣來表現。

$$A_n = 0.\, a_{n,1}\, a_{n,2}\, a_{n,3}\, a_{n,4}\, \cdots\, a_{n,k}\, \cdots$$

3. 要像下面這樣來定義實數 B。

$$B = 0.\, b_1\, b_2\, b_3\, b_4\, \cdots\, b_n\, \cdots$$

且要像下面這樣定義 b_n。

$$b_n = \begin{cases} 1 & \text{當 } a_{n,n} \text{ 為偶數} \\ 2 & \text{當 } a_{n,n} \text{ 為奇數} \end{cases}$$

4. 根據 b_n 的定義，對任意自然數 n，$a_{n,n} \neq b_n$。

5. 因為實數 B 為集合 S 的元素，故會有滿足 $A_m = B$ 的 m 存在。

6. 這個時候，一旦注意到實數 B 的小數第 m 位，就可以發現 $a_{m,m} = b_m$ 會成立。

7. 根據上面的 4.，我們可以得到 $a_{m,m} \neq b_m$。

8. 在這裡，我們發現 6. 與 7. 互相矛盾。

9. 根據反證法，我們得知集合 S 並非可數集合。

到這裡，蒂蒂專程送來的「快遞」也就解答完成了。

介於 $0 < x < 1$ 的所有實數的集合與所有實數的集合 $\mathbb{R}$ 一一對應。

因為介於 $0 < x < 1$ 的所有實數的集合並非可數集合，因此，所有實數的集合 $\mathbb{R}$ 也不是可數集合。

解答 7-1

「介於 $0 < x < 1$ 的所有實數的集合」與「所有實數的集合 $\mathbb{R}$」一一對應。因此，根據解答 7-1a，我們可以得知所有實數的集合 $\mathbb{R}$ 不是可數集合。

解說到這裡都聽得懂嗎？

◎　◎　◎

「解說到這裡都聽得懂嗎？」我問道。

元氣美少女一語不發地陷入了沉思——沒多久，蒂蒂舉起了右手。

「學長，所謂對角線論證法，是指要注意一覽表中的對角線部分吧！」

「沒錯。但因為是無限大，所以會無法看到右下方的對角……」

「學長剛剛所解說的部分我多少懂了……可是，我有疑問。」

「什麼疑問？」

「如果實數 B 不在一覽表中的話，那是不是可以追加呢？」

「不行！因為在原本該有所有實數的一覽表中，發現沒有實數 B 的當下，就已出現矛盾噢。即使事後追加好了……也會變成是事後追加的版本。如果我們使用這個事後追加的一覽表來進行討論的話，就必定能再製造出沒有出現在事後追加版本中的實數 C 了。」

「啊！……是這樣啊！」

「嗯！」

「學長……為什麼學長你可以立刻回答我的疑問呢？」

「那是因為我很了解對角線論證法啊……」

「是這樣的嗎？」從我的背後飛來了犀利的質疑聲。

「嗚啊！」蒂蒂驚訝地叫出聲來。

我一回頭便看到米爾迦站在我身後。

7.1.3　挑戰：實數的編號排序

「每次米爾迦靠近時都無聲無息的，讓人沒法察覺呢！」我說道。

「那種小事情怎麼樣都無所謂啦！你剛剛是不是說了那是因為我『很了解』對角線論證法這句話呢?!」

看著雙手插腰一副蓄勢待發的米爾迦，我的神經不禁緊繃了起來。

「是說了……」我顯得有點焦急。

「村木老師還真的是千里眼呢！」米爾迦說道。

「這話怎麼說？」

「村木老師說——『在教過蒂德拉對角線論證法後，如果他說出——我很了解對角線論證法——的時候，請把這張問題卡給他看』，就是這麼一回事。」

米爾迦將手中的問題卡放在桌上後，在我右邊坐了下來。

問題 7-2（挑戰：替實數編號排序）

下面對（替實數編號排序）的論證是否正確呢？

試著替「以 0.為開端的數字列」編號排序。一位小數中，小數第一位的數字全部只有 10 種（0～9）。所以，一位小數自然可以全無遺漏地編號排序。相對於小數第一位的數字全部有 10 種，小數第二位的數字也只會有 10 種。因此，兩位小數自然也可以緊接地全無遺漏地編號排序。如此反覆持續進行下來，不管小數位增加到多少，小數依然可以全無遺漏地編號排序下去。因此，所有以 0.為開端的小數所構成的集合乃可數集合。

「我不懂……這話的意思。」蒂蒂盯著問題卡上的文字敘述。

「如果某集合內所有的元素都可以利用自然數來編號排序的話，那麼這個集合就是可數集合。」米爾迦仔細地解說道。「根據村木老師『替實數編號排序』的說法，介於 $0 < x < 1$ 的所有實數的集合都會變成是可數集合。可是，剛剛你們才證明過這個集合並非可數集合啊！」

「啊……說得也是呢！——問題卡上的說法是錯誤的！」

「問題在於哪裡才是錯誤的。」米爾迦說道。

「對啊……」我說道。「小數以下的各個位數可能會出現的數字，為 0～9 當中 10 個裡頭的任意數。這也就代表了只要不是毫無章法地亂編號排序，依照順序從位數較少的實數開始編號的話，就可以順利地編號排序了嗎?!不對！不對！應該不是這樣……」

我思考著。每當小數位一增加……。

- 0.0, 0.1, 0.2, ..., 0.9,（10 個）
- 0.00, 0.01, 0.02, ..., 0.99,（100 個）
- 0.000, 0.001, 0.002, ..., 0.999,（1000 個）
- 0.0000, 0.0001, 0.0002, ..., 0.9999,（10000 個）
- 以此類推……

「嗯嗯，像這樣——排序下來時，就不會有所遺漏了吧……在各個位數所出現的數字，絕對是 0～9 當中 10 個裡頭的任意數才對。不管數字列增加到了幾位元，情況都一樣……咦?!奇怪！」

「你的對角線論證法該不會失靈了吧！因為各小數位所出現的數字有限，因此如果能有系統地建立編號排序的話，我們就得說介於 $0 < x < 1$ 的所有實數的集合是可數集合了噢！」

米爾迦一本正經地說完了這些話。可是，卻藏不了眼中的盈盈笑意。原來，米爾迦是在開玩笑的！

蒂蒂舉起了手。

「請問——米爾迦學姊……那個，不知道我可以問問題嗎？」

「這個問句是後設問題。」

「啊……說的也是。是針對問題衍生出的問題呢！」蒂蒂露出了微笑。「如果採用這種方法的話，就連 0 也會編號排序進去。可是，這麼一來，就不會介於 $0 < x < 1$ 的範圍之內了！除此之外，像 0.01 與 0.010 與 0.0100 這些數字明明彼此相等，卻仍然重複出現。這些地方難道不是擺明了在說謊嗎？」

「雖然一針見血，卻不是問題所在。如果很在乎這點的話，只要將範圍外的實數，或者是已經編號完成的實數都跳過就可以了——有理數時也會發生，一樣跳過相等的數。」米爾迦回答道。

「啊！說得……也是！」蒂蒂同意道。

我陷入了空前的混亂。

這個問題絕對是要能立刻回答得出正確答案的問題。

對角線論證法是數學書籍中的經典，我有把握——自己絕對有透徹的了解。可是，我卻連這個「替實數編號排序」的錯在哪裡都沒能發現。

蒂蒂也陷入了認真的思考當中。這一次我絕對不能再輸。

可是，不管小數位增加到多少個應該都不要緊才對……。

嗯？

……重點，莫非就在這裡?!

不管小數位增加到多少個，都可以編號排序——這個意思不正是說這個小數的位數並不是有限的嗎？例如，現在有一個叫做 0.333...的數字。這個數字是無盡小數。亦即，這個小數在小數點後面會有無限多個小數位。在村木老師所提到的方法當中，位元有限的小數可以編號排序。可是，無盡小數卻不能編號排序！

「我懂了——這個方法當中，能被編號排序的只有有限小數。」

「正是如此～」

「啊啊啊！學長怎麼可以把正確答案說出啦！」蒂蒂抱怨地叫道。

「實數當中——即使是有理數——也會有無限個小數位的小數。」我說。「當然，在介於 $0 < x < 1$ 的範圍內也有。例如像 $\frac{1}{3}$ 這個數。

$$\frac{1}{3} = 0.333\cdots$$

或者像圓周率 π 除以 10 的數字也是。

$$\frac{\pi}{10} = 0.314159265\cdots$$

在村木老師的「替實數編號排序」問題中，小數不管有多少個小數位都還是可以編號排序。可是，那僅限於在小數位有限的前提下。一旦小數位變成無限多個時，這個方法就行不通了。因為這會導致編號排序時所使用的自然數，也會隨著小數位無限增大。無限大的數並不屬於自然數，所以 0.333...這個數字並不能使用自然數來做編號排序。」

聽了我的說明，米爾迦輕輕點了點頭表示贊同。

解答 7-2（挑戰：替實數編號排序）
這個論證並不正確。

因為戰勝了老師的「挑戰」，我的嘴角不自覺地露出了一絲微笑。

「村木老師還說了──」這位有著烏溜秀髮的才女酷酷地繼續轉述道。「『如果他因為馬上看穿了這個論證的不完備處，而顯得得意洋洋的話，就請妳再把問題卡背面的敘述給他看』這些話喔！」

「問題卡的背面？」

我將放在桌上的問題卡翻了過來。

還有一個問題被寫在問題卡的背面。

7.1.4 挑戰：有理數與對角線論證法

問題 7-3（挑戰：有理數與對角線論證法）
利用證明了「所有實數的集合並非可數集合」的對角線論證法，將「實數」轉換為「有理數」，來進行關於有理數的證明。這麼一來，我們也可以證明「所有有理數的集合並非可數集合」。這個證明哪裡出了錯呢?!

「唔……」我陷入了思考。

「這是什麼……問題呢？」蒂蒂疑問道。

「使用了對角線論證法證明的──」米爾迦開口說道。「就是將問題中有關『實數』的部分全部都轉換成『有理數』。也就是說，A_n 代表有理數，且排列在一覽表當中的各個 A_n，都被視為是介於 $0 < x < 1$ 範圍內的有理數。而沿著對角線拾級而下選出的數字，就會構成不存在於一覽表當中的有理數 B。……這也就是說，『所有有理數的集合並非可數集合』獲得了證明。可是，所有有理數的集合應該是可數集合才對。那麼，問題就在於──到底是哪裡出了差錯呢?!」

米爾迦就像個愛惡作劇的孩子般，帶著一臉準備看好戲的表情說著。

不對！不對！現在哪還有什麼閒情逸致欣賞女孩子臉上的表情。……的確！如果照表操課下去的話，就能證明所有有理數的集合並非可數集合。這下子──要頭大了。

「蒂德拉回答得出來嗎？」米爾迦說道。

「不行……我回答不出來。」蒂蒂連連搖著頭。「雖然我知道——學長的對角線論證法，有某個地方會讓『實數』的部分成立，但卻也會讓『有理數』的部分無法成立……」

「條理分明地點出了問題所在。」米爾迦點頭讚許道。

「是嗎……該不會是與實數和有理數在本質上的差異有關吧！」

實數與有理數的差異為何呢？實數的一部分為有理數。而每個有理數都能表現分數的形式。可是，現在卻用了小數的方式來表現。一旦使用小數來表現的話——啊！

「我懂啦！」

「是嗎？」

「嗯。在對角線論證法最後，我們順著對角線拾級而下，挑出數字 $a_{n,n}$，對吧!?可是，並無法保證利用這個方式製造出來的 B，就會『變成有理數』。一旦有理數用小數的形式來表現，就會進入數字的模式迴圈，也就是變成了循環小數。例如，像是 $\frac{1}{3} = 0.333...$，小數中的 3 會不斷循環；$\frac{1}{7} = 0.142857142857142857...$，數字會按 142857 的規律不斷循環。數 B 應該會出現在一覽表當中——雖然我們很想這麼說，但是我們卻無法保證從一覽表當中被製造出的數 B 為循環小數。換句話說，也就是數 B 不一定會成為有理數。因此，就像村木老師在問題卡上所寫的一樣，將實數代換成有理數的話，就不可能得到正確的證明了。」

「非常正確！」米爾迦點頭表示認同。

解答 7-3（挑戰：有理數與對角線論證法）
因為無法保證所構成的數 B 為有理數，所以不能使用對角線論證法來進行證明。

「原來是這樣啊……」我像是在自言自語似地低喃道。「儘管像對角線論證法這種有名的論證法，詳實地確認自己是否能夠完全了解並融會貫通，也是相當重要的一件事情呢！在『聽過這個論證法之名』或

『曾在書上看過』的程度，與『確實了解』的程度間，看起來似乎有很大的差距呢！」

「就算學長也會這樣吧!?」蒂蒂問道。「……請問，雖然有點脫離話題，在剛剛的證明當中出現過反證法，對吧?!」

「嗯、出現過喔！」我回答道。

「雖說使用反證法來推導至『矛盾』——」蒂蒂繼續說道。「但只要一提到矛盾，我就會有一團混亂的印象——可是，現在想來矛盾或許是讓思考更為平穩的一個步驟。甚至不過就是一個數學用語罷了……」

「否定也一樣。」米爾迦補充道。

「啊！對耶！平常我們慣用的 negative（否定的）這個字，雖然可以感覺得到 negative（否定）的意味存在；可是，被使用在數學上時卻完全不是那麼一回事呢！對吧!?有種能若無其事地否定的感覺。」

「『否定』這個字在字典的字義上常容易遭到誤解吧！」我說。

「……儘管如此——數學家還真是了不起！」蒂蒂說道。「皮亞諾公理、戴德金的無限定義也好，魏爾斯特拉斯的 $\epsilon\text{-}\delta$ 論證法、康托的對角線論證法也罷……這些數學家都給後世的我們留下了極為不可思議，且美不勝收又愉快至極的線索呢——簡直就像是遺落了玻璃鞋的白雪公主一樣。」

「真的呢……留下玻璃鞋的不是白雪公主，而是灰姑娘！」我更正道。

「唉呀！是灰姑娘啊！」蒂蒂羞紅了臉。

7.2 形式系統的形式系統

7.2.1 相容性與完備性

當卡片上的問題告一段落之後，我們稍事休息。

米爾迦用雙手在胸前圍出一個小小鳥籠，不知道正在思考些什麼。

雖然米爾迦也有一雙適合彈鋼琴的手，但她的手和永永的手給人的

感覺卻極為不同。那雙手纖細而修長，手指的形狀很美。

　　「接下來我們來聊聊算術的形式系統吧！」米爾迦說道。

　　「啊！就是不久前才進行過的『假裝不知道的遊戲』嘛！」蒂蒂。

　　「稍微有點不太一樣。」米爾迦回答道。「前一陣子我們討論的是『命題邏輯的形式系統』，接下來要討論的是『算術的形式系統』。」

　　「形式系統，還有這麼多的種類嗎？」

　　「有無限多種。全憑定義而定。」

　　「嘿！咦？……」

　　「會問這些問題的話，就表示蒂蒂已經忘掉形式系統了吧！」

　　「是、是嗎……是、對不起！」蒂蒂說道。

　　「沒關係……那麼，現在我們來稍微複習一下形式系統。」米爾迦說道。「形式系統定義何謂『邏輯式』。邏輯式只是單純的有限符號列，至於其所代表的意義，暫不做任何思考。接著，從邏輯式中選出一組，逐條定義為『公理』。此外，為了從邏輯式中催生其它邏輯式還準備有『推論規則』。」

　　米爾迦從我的手中拿過筆記本和自動鉛筆，寫下了──

　　　　「邏輯式」

　　　　「公理與推論規則」

這兩個重點。

　　「……從公理開始啟動，將使用了推論規則而催生出來的邏輯式依序排列的話，便可以製造出邏輯式的有限列。像這種邏輯式的有限列，稱之為『證明』。在證明最後所出現的邏輯式稱為『定理』。」

　　米爾迦在我的筆記本上，寫下──

　　　　「證明與定理」

五個字。

　　「那麼，已經喚起了蒂德拉的記憶了嗎？」

　　「是的……我想起來了。所謂的形式系統的證明，指的並不是一般

統稱的數學證明，而是利用邏輯式的有限列來定義的『形式證明』。之前，在學長進行的(A) → (A)邏輯式的形式證明時，還特地排列出了五個邏輯式呢……一時忘記了，真對不起！」

「決定哪些符號列為邏輯式？選定哪些邏輯式為公理？準備什麼樣的推論規則──」米爾迦將雙臂大大張開。「根據符號列、邏輯式、推論規則的不同，便可以製造出各式各樣的形式系統。前不久，我們所談論到的命題邏輯的形式系統極為單純。當做遊戲的話，很有趣，但表現力卻嫌低。」

「表現力？」我問道。

「像是，可以利用命題邏輯的形式系統寫出下面這個邏輯式。」

$$(A) \to (A)$$

「可是，卻無法寫出下面這個邏輯式。」

$$\forall m \, \forall n \left[(m < 17 \land n < 17) \to m \times n \neq 17 \right]$$

我和蒂蒂盯著米爾迦寫的邏輯式看了一會兒。

「米爾迦學姊，這個邏輯式的意思是……？」蒂蒂問道。

「我知道了。」我說道。「這個邏輯式是『17為質數』的意思噢。蒂蒂妳看看，因為這個邏輯式主張的是，不管 m 與 n 這兩個數為何，兩數的乘積都不會等於 17。」

「$m < 17$ 及 $n < 17$ 的部分是……？」蒂蒂問道。

「因為一旦少了這個部分，便能寫出乘式 1×17 了。」我答道。

「啊……說的也是。我把質數的定義給忘記了！」

「我說你們還真是喜歡思考意義這個東西啊！」米爾迦淡淡地說道。

「啊！」對了！不該做意義上的思考。

「可是……」蒂蒂說道。「米爾迦學姊在『17為質數』的意圖下才寫出這個邏輯式的，對吧!?確實，在形式系統中或許並不做意義上的思考，但若是進行正確解釋的話，這個邏輯式不就為真了嗎……？」

　　「就是這一點。」米爾迦說道。「我們有必要注意蒂蒂所謂的『正確解釋』。針對解釋進行思考是邏輯學模型理論的領域。的確！如果定義解釋的話，就會賦予形式系統意義。可是，這裡指的並非只是一個正確的解釋而已。對一個形式系統而言，會有好幾種的解釋被思考，隨著解釋的不同，所被賦予的意義也會有所差異。而且，還會有經常被使用的標準解釋存在。」

　　「……」

　　「就像在剛剛的討論之中，你們就默認 m 與 n 為自然數。默認 m 或 n 為自然數、默認×為自然數的乘積、解釋 $\neq$ 為表示不相等的符號。的確，經由這樣的解釋，就可用那個邏輯式來表現『17 為質數』的命題。可是，如果 m 與 n 為實數的話，情況又會如何呢？在那個解釋當中，並不是指這個邏輯式就代表了『17 為質數』。也因此，當我們要賦予形式系統意義時，有必要好好地定義解釋才可以。」

　　「原來如此……」蒂蒂和我一起點頭附和。

　　「原本，實際的情況就如同蒂蒂所說的一樣，這個邏輯式是在『17 為質數』的意圖下寫出來的……」米爾迦向蒂蒂拋了個媚眼後說道。「言歸正傳。在命題邏輯的形式系統中，沒有辦法寫出下面這個邏輯式──

$$\forall m \, \forall n \left[(m < 17 \wedge n < 17) \rightarrow m \times n \neq 17 \right]$$

為什麼呢？那是因為命題邏輯的形式系統還缺少某些東西的關係。

- 沒有像 $\forall$ 這種符號。
- 沒有像×這種可以用來計算自然數的符號。
- 沒有像<或 $\neq$ 這種可以用來表示自然數關係的符號。
- 沒有像 m 或 n 這種可以用來表示自然數的變數。
- 沒有像 17 這種可以用來表示自然數的常數。

要將在自然數上執行加法運算和乘法運算等簡單的數學──即所謂的算術──做形式上的呈現，就有必要補足上面所缺少的部分。」

「所謂的有必要補足所缺少的部分……指的是什麼呢？」

「就是導入缺少的符號、變數、常數等，定義公理及推論規則。」

「咦……」蒂蒂一臉快哭的表情。「可是——如果這些事情可以自由地辦得到的話，感覺結果會變得很難收拾耶……隨隨便便一個人就可以製造出數學的話，豈不是到處充滿著這些莫名奇妙的數學了……」

「並非如此！」米爾迦反駁道。「儘管誰都可以製造出形式系統，但卻不可能演變為一發不可收拾的狀態。這就跟誰都可以創作音樂，但優美的音樂卻不多的道理是一樣。總會有形式系統必須滿足的重要性質。」

「形式系統的——性質？」蒂蒂一雙大眼不停地眨呀眨。

「就像是，**相容性***。也就是希望形式系統是無矛盾的。」

「所謂的……相容性，跟矛盾有關係嗎？」

「當然！」米爾迦說道。「所謂的形式系統『產生矛盾』，指的就是對某邏輯式 A，A 與 $\overset{not}{\neg}A$ 兩者同時可獲得證明。也就是說，如果有讓 A 與 $\overset{not}{\neg}A$ 兩者的形式證明同時存在的邏輯式 A 的話，那麼這個形式系統就是矛盾的。」

矛盾的形式系統

當在形式系統中，存在某邏輯式 A，

A 與 $\neg A$ 兩者同時可用形式系統來證明的時候，

我們稱那樣的形式系統為**矛盾**的形式系統。

「吶，米爾迦！」我插嘴說道。「這是不是指從公理開始啟動，根據推論規則好不容易才到達 A 與 $\neg A$ 兩者的意思嗎？」

「這個理解是正確的。」米爾迦說道。「在形式系統所擁有的諸多邏輯式當中，如果出現有同時可以證明 A 與 $\neg A$ 的邏輯式 A 的話，我們稱這個形式系統『產生一個矛盾』。相反地，如果沒有任何一個這樣的邏輯式 A 存在的話，則稱這個形式系統『相容』。」

---

* 審訂注：邏輯上，相容性一般稱為「一致性」，相容稱為「一致」。

> **相容的形式系統**
> 對形式系統的任意邏輯式 A，
> 當 A 與 ¬A 兩者在該形式系統中不能同時被證明時，
> 我們稱這個形式系統為**相容**的形式系統。

　　原來如此，我暗自思索。在形式系統當中，矛盾這個概念也不使用真假來進行定義的嗎？利用可不可以證明來定義矛盾——原來如此。

　　陷入片刻沉思的蒂蒂，突然揚起了聲。

　　「如果是相容的話，那麼 A 與 $¬A$ 兩者之中至少有一方是可以證明的，對吧?!」

　　「那妳就大錯特錯了！」米爾迦一語駁回。

　　「咦、咦咦咦咦？」

　　「這個『A 與 ¬A 兩者不會同時被證明』的性質，就是相容性。蒂德拉，請妳仔細思考下面兩者的差異。」

- A 與 ¬A 兩者不會同時被證明
- A 與 ¬A 兩者之中，只有一方絕對可以證明

　　「有不、不同嗎……？」蒂蒂兩手放在頭頂並思考。

　　「也不要忘了還有『兩者皆無法證明』的狀況。」米爾迦補充道。

　　「啊！……咦？A 與 ¬A 兩者皆？」

　　「對！所謂的相容性，並不僅限於 A 與 ¬A 兩者之中，絕對有一方可以證明。但也有具相容性，且 A 與 ¬A 兩者皆無法證明的情況。……只是，在含有**自由變數**的邏輯式當中，無法證明的東西有太多太多。目前我們所要關注的並非是一般的邏輯式，而是不含自由變數的邏輯式——即**語句**——的證明可能性。」

　　「所謂的自由變數……是什麼呢？」蒂蒂詢問道。

　　「所謂的自由變數，指的就是不被 ∀ 或 ∃ 所限定的變數。像在下面的邏輯式 1 中，出現在三個地方的 x 就是自由變數。邏輯式 1 中因含有自由變數，所以並不是語句。」

$$\forall m \, \forall n \left[(m < x \land n < x) \to m \times n \neq x \right] \quad (\text{邏輯式 1：此非語句})$$

「另一方面，下面的邏輯式 2 因不含自由變數，所以是語句。」

$$\forall m \, \forall n \left[(m < 17 \land n < 17) \to m \times n \neq 17 \right] \quad (\text{邏輯式 2：此乃語句})$$

「蛤、什麼……」

「吶、米爾迦！」我打斷米爾迦中途插話。「如果是算術的形式系統的話，這個邏輯式 1 是否可以使用『x 為質數』這個謂語來表現？而邏輯式 2 是否又可以使用『17 為質數』這個命題來表現呢！」

「無妨。要這麼思考也可以！」米爾迦表示贊同。「總而言之，所謂的語句，就是不包含自由變數的邏輯式。……那麼，我們言歸正傳。設對形式系統的語句 A，A 與 $\neg A$ 兩者皆無法證明。這個時候，我們稱 A 為**不能判定的語句**。此外，含有不能判定的語句的形式系統，則稱為**不完備的形式系統**。而非不完備的形式系統，則稱為**完備的形式系統**。」

我望著米爾迦不自覺地提高了噪音。

「不完備?!該不會是哥德爾的——」

「沒錯！不完備定理中的『不完備』，就是這個。」米爾迦說道。

不完備的形式系統

當在形式系統中，存在的某語句 A，

A 與 $\neg A$ 兩者皆無法使用形式系統來證明時，

我們稱那樣的形式系統為**不完備**。

完備的形式系統

對於形式系統中的任意語句 A，

當 A 與 $\neg A$ 兩者之中，至少有一方可使用形式系統來證明時，

我們稱那樣的形式系統為**完備**。

　　「設 A 為任意語句。剛剛蒂德拉說過的『A 與 $\neg A$ 兩者之中，必有一方可以證明』這個性質，也就是形式系統『既相容且完備』的性質。這個性質可以說是相當優美。既相容且完備──數學家希爾伯特所冀求的形式系統性質就是這個。原本──」

　　話說到一半米爾迦突然屏住了呼吸，接著才說道。

　　「哥德爾不完備定理的出現，卻完全粉碎了希爾伯特的冀求。」

既相容又完備的形式系統　　　　雖相容但不完備的形式系統

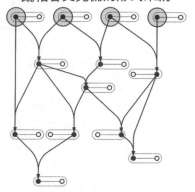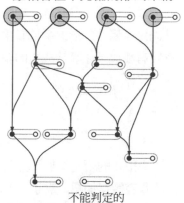

不能判定的

○　　　　公理

∨　　　　推論規則

●　　　　定理

○　　　　定理以外的語句

○———○　A 與 ¬A 的配對

7.2.2　哥德爾不完備定理

「所謂的哥德爾不完備定理是什麼？」蒂蒂問道。

「就是與形式系統有關的定理。」米爾迦回答道。「被稱為哥德爾不完備定理的有兩個，一個是**第一不完備定理**，另一個則是**第二不完備定理**。而第一不完備定理就是下面這個定理。」

哥德爾第一不完備定理
滿足某條件的形式系統為不完備的。

「使用『不完備』的定義，我們也可以像這樣換句話說。」

> **哥德爾第一不完備定理（換言之）**
> 在滿足某條件的形式系統當中，
> 存在有使以下兩者皆成立的語句 A。
>
> - A 是無法證明的。
> - ¬A 是無法證明的。

「 A 和 A 的否定均無法證明⋯⋯」蒂蒂神色不安地說道。

「現在說得簡單一點是『無法證明』，但那個所指的當然就是『形式證明並不存在』的意思。當我們要理解不完備定理的時候，一定要仔細注意到所謂數學『證明』及『形式證明』之間的差異所在。『無法證明』會被視為『形式證明並不存在』的表現。利用『形式證明』的表現，我們試著再把第一不完備定理換句話說看看吧！」

> **哥德爾第一不完備定理（再換言之）**
> 在滿足某條件的形式系統當中，
> 存在有使以下兩者皆成立的語句 A。
>
> - 在那樣的形式系統中，A 的形式證明並不存在。
> - 在那樣的形式系統中，¬A 的形式證明並不存在。

「也有第二不完備定理嗎？」蒂蒂問道。

「有！第二不完備定理是與相容性有關的定理。可是，如果我們再繼續說下去的話，蒂德拉恐怕就要超載了。我們等下一次再討論。」米爾迦說道。

「啊！或許真的是這樣──我想我已經有些負荷不了了⋯⋯」

「撇開第二不完備定理不談，我們要針對哥德爾在第一不完備定理中所使用的技法來進行討論。接下來是穿梭於兩個世界的旅程。」

7.2.3 算術

米爾迦的眼神在我和蒂蒂的身上來回游移。

「用來執行自然數的加法和乘法的運算體系，我們稱為『**算術**』。這個形式系統——意即只要能將『**算術的形式系統**』建構完成的話，便可以在形式上定義自然數的加法運算和乘法運算。而且，只要過程順利的話，像『2 為質數』或『5 的 17 次方等於 762939453125』這種『算術命題』，或許也能藉由『算術形式系統中的語句』來表現。那麼——因此，就是這樣。」

沉默。

經過了好長一段時間，米爾迦才再度開口。看起來一臉的開心。

「讓我們再次仔細地回顧所謂的形式系統。形式系統最根本的東西就是**符號**。如果是命題邏輯的形式系統的話，是由 ⊐、(、∧、) 等符號排列而成的邏輯式所構組成的。如果是算術的形式系統的話，則是由 ⊐、(、x、<、y、) 等符號排列而成的邏輯式所構組成的。——話說回來，這些符號並不一定非得照字面上規定的來使用。符號這種東西，只要能夠互相區別，那麼不管使用什麼樣都無所謂……對嗎?!」米爾迦突然語尾上揚地詢問道。我和蒂蒂不置可否地點著頭。

究竟，米爾迦想把我們帶到哪裡去呢?!

米爾迦繼續談論著。

「……那麼，在製造算式的形式系統符號時，改用自然數吧！例如，我們可以用 3 來取代 ⊐、用 5 來取代 (、用 17 來取代 x、用 7 來取代 <、用 19 來取代 y、用 9 來取代)。」

「為、為什麼可用 3 來取代 ⊐ 呢……」蒂蒂顯得焦躁不安。

「只是舉例而已噢。現在的角色分配很恰當。」米爾迦露出微笑。

「將自然數當作符號來使用的理由是?」我詢問道。

「因為自然數能用**算術**來進行操作的啊！」

「能用算術來進行操作的緣故?」

「接下來我打算要做什麼，你們知不知道?」

我和蒂蒂用力地搖著頭。

米爾迦推了推鼻樑上的眼鏡。

「是嗎……不知道啊！

> 形式系統
> ──可用符號寫成。
> 符號
> ──可藉自然數表現。
> 自然數
> ──可由算術操作。

將以上三者結合在一起的話，自然而然就會趨向於──

> 用『算術』來操作『形式系統』！

這樣的理念。可是，我們之所以會感到很自然而然，或許是因為我們所位處的世界是哥德爾之後的世界。」

聽到米爾迦說的話，我為之語塞。

究竟，我該說什麼才好呢?!

坐在我身旁的蒂蒂，抱著頭不住地發出呻吟。

「嗚嗚嗚嗚嗚……簡直是、簡直是太、太複雜了啦……」

7.2.4　形式系統的形式系統

正在興頭上的米爾迦愈發不可收拾地繼續「開講」。

◎　◎　◎

接著我們來談談**哥德爾數**。

我們將 $\boxed{\neg}$, $\boxed{(}$, $\boxed{x}$, $\boxed{<}$, $\boxed{y}$, $\boxed{)}$ 這些符號，分別用 3, 5, 17, 7, 19, 9 等自然數來表示。再怎麼說都只是舉例──而已噢。

因為邏輯式 $\boxed{\neg}\boxed{(}\boxed{x}\boxed{<}\boxed{y}\boxed{)}$ 被視為符號列，所以可以用自然數列（3, 5, 17, 7, 19, 9）來表示。

除此之外，使用質數的指數表現也可以將「自然數列」整理成「一

個自然數」。例如——

$$\overset{3}{\boxed{\neg}}\ \overset{5}{\boxed{(}}\ \overset{17}{\boxed{x}}\ \overset{7}{\boxed{<}}\ \overset{19}{\boxed{y}}\ \overset{9}{\boxed{)}}$$

假設現在有上面這個自然數列。

　　當我們想要把這個自然數列轉變為一個自然數時，要另外再準備一個按由小至大次序排列的質數列（2, 3, 5, 7, 11, 13, ...）。接著，將之前的自然數列 $\overset{3}{\boxed{\neg}}$，$\overset{5}{\boxed{(}}$，$\overset{17}{\boxed{x}}$，$\overset{7}{\boxed{<}}$，$\overset{19}{\boxed{y}}$，$\boxed{)}$ 一個個地寫在質數上面，構成的指數部分。然後，再求全部自然數的乘積。這麼一來，我們便可以製造出一個像下面這樣巨大的自然數。

$$2^{\boxed{\neg}} \times 3^{\boxed{(}} \times 5^{\boxed{x}} \times 7^{\boxed{<}} \times 11^{\boxed{y}} \times 13^{\boxed{)}}$$
$$= 2^3 \times 3^5 \times 5^{17} \times 7^7 \times 11^{19} \times 13^9$$
$$= 8 \times 243 \times 762939453125 \times 823543 \times 61159090448414546291 \times 10604499373$$
$$= 792179871410815710171884926990984804119873046875000$$

如果像這樣做的話，我們就可以將所有的邏輯式轉變為「個別的號碼」。

　　這個個別的號碼，我們稱之為**哥德爾數**。

　　以前面的例子來說，$\boxed{\neg}\ \boxed{(}\ \boxed{x}\ \boxed{<}\ \boxed{y}\ \boxed{)}$ 這個邏輯式的哥德爾數——

$$792179871410815710171884926990984804119873046875000$$

就是上面所出現的數字。

　　和邏輯式同樣地，形式證明也可以定義哥德爾數。形式證明為「邏輯式的有限列」。因為邏輯式可用「自然數的有限列」來表現，所以形式證明也可用「『自然數的有限列』的有限列」來表示。將自然數的有限列整理成一個自然數的方法接連使用兩次的話——

「自然數的有限列」的有限列→「自然數的有限列」→「自然數」

可依序轉變。到最後，形式證明也可以用「一個自然數」來表示。

　　使用名為質數乘積這種算術的運算，就可以從邏輯式得到名為哥德爾數的自然數。如果實際情況是那樣的話，相反地，使用質因數分解——

—這也是算術運算——就可以從哥德爾數得到邏輯式。但前提是，必須仔細地檢查，使用質因數分解所得到的自然數的有限列，是否有好好地轉變成邏輯式。意思與創造出名為「邏輯式判定機」的謂語一樣。例如，在邏輯式判定機當中輸入自然數——

79217987141081571017188492699098480411987304687 5000

得輸出為真。為什麼會為真呢？因為這個巨大的自然數是邏輯式 ⟨¬⟩⟨(⟩⟨x⟩⟨<⟩⟨y⟩⟨)⟩ 的哥德爾數。邏輯式是符號的有限列。換句話說，可以當作自然數的有限列來表現。只要可以適當地定義邏輯式的話，就能根據算術的運算來創造邏輯式判定機，這件事實際上是可以做到。

除了「邏輯式判定機」外，也能創造出其它有趣的謂語。例如——

「公理判定機」

判定所給予的自然數是不是公理的哥德爾數的謂語。

「證明判定機」

當有 x, y 兩個自然數時，判定——
- x 會是形式證明 A 的哥德爾數；
- y 會是某語句 B 的哥德爾數；
而且，判定 A 乃 B 的形式證明的謂語。

等等。實際上，在哥德爾不完備定理的證明當中，這些「判定機」們會具體地出場。這可說是不完備定理中最精彩之處噢。再者——

「證明可能性的判定機」

判定所給予的自然數是某語句的哥德爾數，
且存在該語句的形式證明的謂語。

以上林林總總均會在哥德爾的證明中登場——原本，判定證明可能性與

邏輯式、公理、語句、證明等的判定，在性質上本來就有所不同，「判定機」這個統稱或許不是太恰當——那麼，

我們目前所做的事情是什麼呢?!

沒錯！我們正藉由打造「邏輯式判定機」或「證明判定機」等，使用「算術」來表現「形式系統」。

使用「算術」來表現「形式系統」

話說回來，在一開始我們便談及了製造「算術的形式系統」的話題。也就是藉由「形式系統」將「算術」做形式上的表現。

藉由「形式系統」來表現「算術」

將上面兩個部分組合起來的話——

使用「算術」來表現「形式系統」，
並藉由「形式系統」來表現該「算術」。

於是，就有這樣的發想。換句話說——也就是「形式系統的形式系統」。

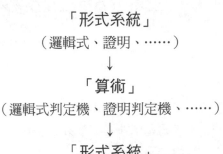

「形式系統」
（邏輯式、證明、……）
↓
「算術」
（邏輯式判定機、證明判定機、……）
↓
「形式系統」
（表示邏輯式判定機的邏輯式、表示證明判定機的邏輯式、……）

7.2.5　詞彙的整理

一臉疲憊的蒂蒂舉起了雙手。

「米、米爾迦學姊——我似乎得投降了。」

「是嘛……因為詞彙關係嗎！」米爾迦說道。

「是的。各種詞彙滿天飛——我的腦袋瓜子已經暈頭轉向了。」

「似乎需要一本《意義的世界》與《形式的世界》的事典呢！」我打趣道。

「像這樣的事典嗎？」米爾迦唰唰唰地在筆記本上寫下用語典。

「意義的世界」	←----→	「形式的世界」
算術	←----→	算術的形式系統
謂語或命題	←----→	邏輯式
謂語	←----→	含自由變數的邏輯式
命題	←----→	不含自由變數的邏輯式（語句）
自然數	←----→	數項
1	←----→	⓵ 或者是 $\overline{1}$
2	←----→	⓵ ⟨′⟩ 或者是 $\overline{2}$
3	←----→	⓵ ⟨′⟩ ⟨′⟩ 或者是 $\overline{3}$
17	←----→	⓵ $\overbrace{⟨′⟩ \cdots ⟨′⟩}^{16\ 個}$ 或者是 $\overline{17}$

「原來如此……」蒂蒂說道。露出稍微鬆了一口氣的表情。

7.2.6　數項

「啊！請等一下！米爾迦學姊！」蒂蒂要求道。

「我等著噢！」米爾迦回道。

「在這個用語集當中——

　　⓵ ⟨′⟩ ⟨′⟩ 或者是 $\overline{3}$

——的說法，我不是很懂。」

蒂蒂不管再怎麼累，還是會盡力地想把不懂的東西搞懂。

「就是**數項***啊。」米爾迦回答道。「作為意義世界概念的『自然數』，在形式的世界以『數項』的形式展現。在這裡，我們會使用到出現在皮亞諾公理當中表記為後繼數的 $\boxed{'}$ 符號。也就是說，我們要以數項 $\boxed{1}\,\boxed{'}\,\boxed{'}$ 來表現自然數 3。也就是三個符號的數列。」

「哈哈啊……原來如此！」

「可是，一旦數愈變愈大的時候，用來排列的 $\boxed{'}$ 也會隨著愈來愈多，顯得麻煩。因此，我們要把符號列 $\boxed{1}\,\boxed{'}\,\boxed{'}$ 簡寫成數項 $\overline{3}$ 這樣的形式。這就是簡略記法。——這麼一來，像是『17 為質數』這個命題——

$$\boxed{\forall}\,\boxed{m}\,\boxed{\forall}\,\boxed{n}\,\boxed{[}\,\boxed{(}\,\boxed{m}\,\boxed{<}\,\boxed{\overline{17}}\,\boxed{\wedge}\,\boxed{n}\,\boxed{<}\,\boxed{\overline{17}}\,\boxed{)}\,\boxed{\rightarrow}\,\boxed{m}\,\boxed{\times}\,\boxed{n}\,\boxed{\neq}\,\boxed{\overline{17}}\,\boxed{]}$$

就可以用上面的語句來表現。」

「哈哈啊……」

「從自然數 3 所得到數項 $\boxed{1}\,\boxed{'}\,\boxed{'}$，就是將意義世界中的東西帶往形式世界。相反地，從邏輯式 $\boxed{\neg}\,\boxed{(}\,\boxed{x}\,\boxed{<}\,\boxed{y}\,\boxed{)}$ 所得到的哥德爾數為——

$$792179871410815710171884926990984804119873046875000$$

的自然數，相當於將形式世界中的東西，以數的形式帶往意義的世界。」

「就像現實世界中的人物在小說裡登場；而相反地，小說裡的人物在現實世界中現身的道理一樣吧。」蒂蒂說道。

對於蒂蒂的話，你也有「同感」嗎?!

7.2.7　對角化

接下來，要說的是**對角化**。

擁有一個自由變數的邏輯式，我們稱為「單變數邏輯式」。

例如——

---

* 審訂注：數項即所謂的「數序表示」。

$$\boxed{\forall}\,\boxed{m}\,\boxed{\forall}\,\boxed{n}\,\boxed{[}\,\boxed{(}\,\boxed{(}\,\boxed{m}\,\boxed{<}\,\boxed{x}\,\boxed{\land}\,\boxed{n}\,\boxed{<}\,\boxed{x}\,\boxed{)}\,\boxed{\to}\,\boxed{m}\,\boxed{\times}\,\boxed{n}\,\boxed{\neq}\,\boxed{x}\,\boxed{]}$$

就是單變數邏輯式（x 為自由變數）。我們把這個邏輯式稱為 f。單變數邏輯式 f，因為是邏輯式的緣故，所以可以算出其哥德爾數。假設 f 的哥德爾數為 123。但實際上應該為更巨大的數。

因為這個叫做 123 的 f 的哥德爾數是自然數，所以在意義世界中屬於算術的概念。我們要把位處於意義世界中的 123，帶往形式世界。想要這麼做，只要製造出 123 的數項就可以了。雖然數項 123 應該要記作——

$$\boxed{1}\,\overbrace{\boxed{\prime}\cdots\boxed{\prime}}^{122}$$

但在這裡我們要簡略寫成 $\overline{123}$。

接著，我們要將單變數邏輯式 f 中的自由變數 x 全部換成數列 $\overline{123}$。這麼一來，就可以得到下面這個邏輯式。

$$\boxed{\forall}\,\boxed{m}\,\boxed{\forall}\,\boxed{n}\,\boxed{[}\,\boxed{(}\,\boxed{(}\,\boxed{m}\,\boxed{<}\,\boxed{\overline{123}}\,\boxed{\land}\,\boxed{n}\,\boxed{<}\,\boxed{\overline{123}}\,\boxed{)}\,\boxed{\to}\,\boxed{m}\,\boxed{\times}\,\boxed{n}\,\boxed{\neq}\,\boxed{\overline{123}}\,\boxed{]}$$

前面所製造出來的邏輯式，因為已經將所有 f 的自由變數都換成了 $\overline{123}$，所以已經不會再有自由變數了——因此，就變成了語句。

我們要將上面由 f 所製造出來的語句記作——

$$f\langle \overline{f} \rangle$$

$f\langle \overline{f} \rangle$ 所代表的是「將所有單變數邏輯式 f 的自由變數，以 f 的哥德爾數當作數項來取代的語句」。

於是，我們稱從 f 製造出的 $f\langle \overline{f} \rangle$ 為 f 的**對角化**。

對角化

f　　　　單變數邏輯式

$f\langle \overline{f} \rangle$　　將所有單變數邏輯式 f 的自由變數，

　　　　以 f 的哥德爾數當作數項來取代的語句。

　　在這裡我們談的都是形式上的操作，要想理解恐怕也有點難度。雖然說只是比喻，但我們要試著以文章的方式舉例說明，從 f 製造出 f⟨f̄⟩ 的對角化。

　　所謂的對角化，就是由——

　　　x 是這個這個，

製造出像——

　　　「x是這個這個！」是這個這個，

這樣的文章。

　　舉例說，從——

　　　x 這語句有五個字，

製造出——

　　　「x 這語句有五個字。」這語句有五個字，

就是對角化。

　　又例如，從——

　　　x 這語句並非以英文寫成，

寫成——

　　　「x 這語句並非以英文寫成。」這語句並非以英文寫成，

也是對角化。

　　哥德爾具體地製造出形式系統的形式系統，因而在數學上證明了第一不完備定理。在該證明中，哥德爾將——

　　　將 x 對角化之後的語句，形式證明並不存在

對角化，也就是——

　　　　將「將 x 對角化之後的語句，形式證明並不存在」對角化之後的語句，形式證明並不存在。

做出這樣的語句。然後，調查這個語句本身是否存在形式證明，並以此為據，來證明第一不完備定理。

　　　　哥德爾的證明，魅力無窮。

　　　　同時兼有從質數開始到製造證明判定機的廣度，與因為對角化而製造出自我指涉的語句的深度。
　　　　隱藏在該證明內的哥德爾的身影，該說是像雕刻家呢？作曲家呢？建築師呢？……或者更像是程式設計師吧！

7.2.8　數學的定理

　　　　米爾迦「開講」的猛力攻擊下，我和蒂蒂簡直潰不成軍。
　　　　「呼……」蒂蒂嘆了長長的一口氣。
　　　　「像這種話題最對由梨的胃了。」我說道。
　　　　「如果是這樣的話，為什麼由梨不在現場？」米爾迦看了看四周。
　　　　「因為，這裡可是高中耶……」我說道。由梨還是個國中生呢！
　　　　「這個名為學校的制約還真是讓人感到不耐呢！」米爾迦說道。「不完備定理被視為『證明了理性極限的定理』而多遭到濫用。其實那都是誤解。不完備定理是與理性完全無關的定理。

　　　　　　不完備定理，終歸就只是個**數學定理**。

話雖如此，不完備定理確實為我們拓展了更加豐富的眼界——我也希望讓由梨體會箇中的趣味。」
　　　　接著，米爾迦便陷入了思考。
　　　　「……等下次繼續進行這個話題時也把由梨叫來。」米爾迦說。
　　　　「還要繼續？」我問道。
　　　　「對！在双倉圖書館集合後，我們再慢慢地繼續聊。」

7.3 追尋之物的追尋之物

7.3.1 遊樂園

幾天後的假日。

也就是米爾迦不知為什麼透過媽媽跟我訂下約會（？）的日子。

「要當個稱職的護花使者喔！好好地照顧人家，不要做出什麼失禮的事喔。晚上不可以太晚回家，要早點把人家送到家。還有啊⋯⋯」

就在媽媽這樣疲勞轟炸的耳提面令下，我走出了家門。

「這邊。」一抵達遊樂園，米爾迦便拉著我走往樂高園區。

再怎麼看都比較適合小學生——可是，和一堆小小孩混在一起組樂高積木，竟意想不到地有趣。我組了三次元版的西爾平斯基船帆（Sierpinski Gasket），而米爾迦則組了克萊因壺（Klein Bottle）。樂高怎麼會這麼有趣?!像我們這樣開心地擠在一群小孩圈裡頭，算不算是約會呢⋯⋯?!

在經過一個小時的積木樂之後，我們兩個人面對面地坐著，舔著手上的霜淇淋。我的是鮮奶口味的，而米爾迦則是巧克力口味的。

「話說回來，米爾迦。為什麼妳會打電話給我媽呢？」

「幹嘛在意這種小事——給我一口。」米爾迦指著我手中的霜淇淋。

「⋯⋯咦?!嗯，來請用。」

我遞過手中的霜淇淋，米爾迦伸出了舌頭直接舔，就這樣一口接著一口地，幾乎舔掉了我半支霜淇淋。咦——不是說好只舔一口嗎？

我呆望著一臉開心的米爾迦。然後，不知怎麼地忽然就想起了米爾迦在解說不完備定理時的神情。解開複雜數學問題的米爾迦。在我眼前舔著霜淇淋的米爾迦。可都是同一個米爾迦呢⋯⋯。

「你在看什麼？」米爾迦問道。

「啊！沒什麼⋯⋯我在想米爾迦看起來好像很開心。」

「你才是！老是一臉的幸福洋溢──而且大家都好喜歡你呢。」

「才沒這回事！」我說。「米爾迦才是……只要見過妳的人沒有一個不喜歡妳的吧！蒂蒂喜歡妳、由梨也……就連我媽都成了妳的粉絲！早上出門時，千交代萬交代『要我好好照顧，不要做出失禮的事』噢。人人都愛米爾迦，米爾迦還真是個萬人迷！」

「是嘛！」米爾迦發出了曖昧的聲音。

「──吶、米爾迦。要不要去坐那個呢？」

我指著米爾迦背後，那一輛輛在蔚藍晴空中緩緩往上移動的纜車。

「纜車嗎？……好啊！」

我們買了纜車券，在上車處排隊。一輛輛色彩繽紛的纜車依序到站。有一對像似大學情侶的男女，排在我們前面。男生不知道在女生耳邊悄悄地說了些什麼，惹得那個女生邊笑邊捶著男生的背。

上面寫著16號的橘色纜車緩緩地移了過來，那一對情侶坐了進去。下一輛纜車是淺淺的藍色。17號──是完美無敵的質數。服務員打開纜車車門，對我們說了下一組來賓請進。

「你該不會也像那樣吧!」米爾迦一邊走進纜車一邊說道。

「咦！……像什麼？」

「算了！趕快坐好。」

我和米爾迦面對面坐好之後，服務員從外面鎖上了門。

像這樣坐纜車，是幾年前的事了呢?!

透過窗戶往上看，錯綜複雜的纜車電纜在空中交織著，一點一點地變化形成一幅幅美麗的幾何圖樣。由纜車往下望，地上的人群都變得像螞蟻般。我驚覺這些就像是微縮模型！我看往米爾迦的方向──

米爾迦雙眼輕閉，精疲力竭地一臉憔悴。

「怎麼了？哪裡不舒服嗎？」

「我很好。你坐好不要動。」

「不要緊嗎？」

我手腳慌張地，只想趕快坐到米爾迦的身旁。

纜車因此搖晃得非常厲害。

「笨蛋！不准站起來！」

「——對不起！」我道了歉。

「不要搖！……如果掉下去的話怎麼辦？」

難道米爾迦有懼高症？害怕高的地方？

我望著窗外，纜車還有些搖晃。

「所以，不要動！」

「對不起！我現在就坐回到妳對面去。」

「坐回去的話，纜車就會再搖晃一次吧！不准……動！」

米爾迦說著說著，便兩手一伸——

直接撲進了我的懷裡。

簡直就像歸巢的雛鳥一樣地急切。

「米、米爾迦——」

「不准動！不准動！」

「……」

「就這樣……不要動！」

米爾迦的手死命地緊抓住我的衣服。

米爾迦的頭深深地埋進我的胸口。

米爾迦的秀髮在我眼下汪成一片海洋。

柑橘的香氣在我倆之間形成了一面無形的盾牌。

「即使是我，也會有恐懼的東西。」米爾迦說道。

「？」

「即使是我……也會有恐懼的時候。」

「如果這麼害怕的話，剛剛就不要勉強——」

「我說的不是纜車。」

總覺得一頭霧水，完全摸不著頭緒……。

「吶、米爾迦——不要緊噢！」

我儘可能地將聲音放輕、放柔，溫柔地輕撫著米爾迦的頭。

一頭烏溜溜柔順的長髮。

萬萬想不到米爾迦竟然會對我怒吼不准動——

我感覺米爾迦在我懷裡，呼地……深深吐了一口氣。

窩在我懷裡的米爾迦。

既溫暖又溫柔的一個女孩。

纜車在固定的軌道上緩緩移動。

我不斷地輕撫著米爾迦的頭髮。

「王子在尋找的東西，是玻璃鞋嗎？」米爾迦沒頭沒腦地冒出這句話。

我側耳聆聽米爾迦說的話。

纜車唧唧唧唧地發出了細微的聲響。

從遠處穿過纜線的風，則發出了像口哨一樣的聲音。

「還是，一個女孩呢？」

用來表示「實數 $\mathbb{R}$ 為不可數」的「康托對角線論證法」，
對所有集合論而言，不僅帶有本質上的重要性，
更是載有百年難得一見的天才的靈光乍現之天書。
——《*Proofs from THE BOOK*》（天書的證明）

第 8 章
誕生自兩個孤獨之中

> 於是，迥異的兩個世界，或者該稱為兩個孤獨，
> 雖曾為各自完整，卻有如減半般貧弱。
> 與那時候相比，現在反而給予了彼此更多更多的東西，不是嗎？
> ——《*Gift from the Sea*》（來自大海的禮物）

8.1 重疊的序對

8.1.1 蒂蒂的發現

季節進入了三月。微風中能感覺得到屬於春天的香氣。

明天就是畢業典禮了……儘管這麼說，還是高二的我和這個畢業典禮根本毫不相干。

今天放學後我仍然前往圖書室報到。元氣陽光美少女蒂蒂正埋頭苦幹與數學搏鬥。

「蒂蒂，妳來得真早呢！」

「啊！學長！」蒂蒂從筆記本移開抬起頭來對我微笑。

「是村木老師的問題卡嗎？」我在蒂蒂身旁坐了下來。

「啊！對！是村木老師的問題卡。」

（**重疊的序對**）

成對的兩個自然數，我們稱之為**序對**（Pair）。

$$\langle a, b \rangle \qquad 自然數\ a\ 和自然數\ b\ 的序對$$

對於 $\langle a, b \rangle$ 與 $\langle c, d \rangle$ 兩組序對，當 $a + d = c + b$ 成立時，我們稱之為 $\langle a, b \rangle$ 與 $\langle c, d \rangle$ **重疊**，並記作 $\langle a, b \rangle \doteq \langle c, d \rangle$。

$$a + d = b + c$$
$$\Longleftrightarrow \quad \langle a, b \rangle 和 \langle c, d \rangle 重疊$$
$$\Longleftrightarrow \quad \langle a, b \rangle \doteq \langle c, d \rangle$$

「真是個不可思議的問題，對吧！」蒂蒂說道。

「根本連問題的影子都還看不見。」我苦笑說道。

「這個是，那個研究課題，對吧?!就是要自己出題解開……」

「是啊！可是這個 $a + d = c + b$ 給人意味深長的感覺呢！」

「學長——你聽一下蒂德拉說什麼嘛!?」

「當然，好啊！」

「那個啊！在我看到這張問題卡時……我覺得一個一個出現在問題卡上的文字讀起來都不難。也就是說——

- 兩個自然數
- 成對
- $a + d = b + c$

——這樣的表現並不難理解。而且也沒有出現像 $\forall$、Σ 或 $\lim$ 這種複雜的符號。可是，儘管如此……但就整體看起來，卻更讓一頭霧水，叫人摸不著頭緒。這實在讓人太驚訝了。獨立來看的話，明明每一個字的意思都懂，但卻不能了解整體的意思。」

「原來如此！」我點點頭。

「可是，一開始就這樣慌慌張張地成何體統。為了找出——

　　　『開始不懂的最前線』

我打算一步一腳印，土法煉鋼審慎地思考。」

　　「那還真了不起！」

　　「首要之務就是要遵守——

　　　『舉例說明為理解的試金石』

這條黃金之律，試著製造出具體實例。首先，我要舉的例子是……」

◎　◎　◎

　　首先，我要舉的是序對的例子。在問題卡上面寫著——

　　「成對的兩個自然數，我們稱之為序對」

這些文字。所以，我在筆記上寫下了好幾個序對的例子。例如，當 $\langle a, b \rangle$ 的 $a = 1$ 的時候，b 就會 $= 1, 2, 3, \ldots$，這麼一來——

$$\langle 1, 1 \rangle, \langle 1, 2 \rangle, \langle 1, 3 \rangle, \ldots$$

就會得到像上面那樣的序對。還有，當 $a = 2$ 的時候——

$$\langle 2, 1 \rangle, \langle 2, 2 \rangle, \langle 2, 3 \rangle, \ldots$$

就會得到像上面那樣的序對。然後，我也寫出了更隨意的序對。

$$\langle 12, 345 \rangle, \langle 1000, 100000 \rangle, \langle 314159, 265 \rangle, \ldots$$

在寫的途中，我突然發現「原來是這樣啊！因為是自然數的序對，所以並不會出現 0 這個數」。換句話說，也就是像 $\langle 0, 0 \rangle$、$\langle 0, 123 \rangle$ 或 $\langle 314, 0 \rangle$ 這樣的序對並不在考慮之列。

　　……我整個人為自己所發現的事實感到震驚不已。常被學長嘲弄並戲稱為「忘記條件的蒂蒂」的我，確實會忘記條件的重要性。可是，就連身為健忘天后的我都察覺到了「並不會出現 0」這個條件。只要針對具體實例好好地反覆思考，就能察覺到條件的細微之處——而我就這樣

發現了解題之鑰。為發現而發現……應該可以稱為「後設發現」吧！

其次，我思考了所有序對的集合是怎麼樣的一個集合。現在，就要先舉個具體實例，而這個例子必須是含有序對元素的集合，對吧!?

$$\{\langle 1,1\rangle, \langle 1,2\rangle, \langle 1,3\rangle, \dots,$$
$$\langle 2,1\rangle, \langle 2,2\rangle, \langle 2,3\rangle, \dots,$$
$$\langle 12,345\rangle, \langle 1000,100000\rangle, \langle 314159,265\rangle, \dots\}$$

可是，就算這樣寫一寫，也不是說就會有什麼驚人的重大發現。

這張問題卡上讓我最搞不懂的地方，就是「重疊」這個說法，及 $\langle a,b\rangle \doteq \langle c,d\rangle$ 這個寫法。——啊！不對！我要說的並不是這個。那些部分充其量只不過是說法或寫法的問題，不至於搞得我一個頭兩個大。

可是，真正讓我一頭霧水並感到苦惱的是——

$$a + d = b + c$$

這個數式——這裡就是我「開始不懂的最前線」。雖然單看這個數式所代表的意義，不難理解就是「$a+d$ 與 $c+b$ 會相等」的意思；但是——我心裡卻老犯嘀咕，總想著「So What」（那又怎樣、然後呢）！

在這個數式當中，表示了某序對與其它序對「重疊」的條件。這個我當然知道……但是，究竟這個數式代了什麼意義呢？

解讀這式沒有一點難度。可是，卻總覺得前面豎有一道透明且牢固的無形障礙。就這樣碰地毫無預警一頭撞上，無法再前進。

◎　◎　◎

「無法再前進。」為了加強語氣，蒂蒂還做了個用力敲擊的動作。

「吶，蒂蒂！」我說道。「妳啊！還真是相當厲害呢！儘管不怎麼能接受，但只要一接受了，就可以將學過的東西融會貫通並靈活運用。我認為這樣的韌性確實是妳最強大的力量噢！」

「是、是這樣的嗎！」蒂蒂不好意思地紅了臉。

「我自己對這張問題卡到底哪裡有趣?!也還不是很清楚。可是呢，

就讓我們一起再次用『舉例說明為理解的試金石』來解謎吧！」我說。

「所謂的再一次——是怎麼回事？」

「目前蒂蒂正試圖想了解——

$$\langle a, b \rangle \doteq \langle c, d \rangle \iff a + d = b + c$$

這個數式。這樣的話，我們要將具體的自然數代入 a, b, c, d，藉由調查『會重疊的是哪些序對？』來弄個一清二楚。」

「啊！說的也是！也就是要先舉出重疊序對的具體實例。我知道了。現在請稍微給蒂蒂一小段時間。」

帶著一臉繃緊的表情，注意力開始轉向筆記本的蒂蒂。而我凝視著有著如此表情的蒂蒂。她一向心裡想什麼，臉上就會顯見什麼表情，很容易被看透。睜大眼是表示蒂蒂認為「啊！我可能懂了」；整個眉頭皺在一起，是蒂蒂認為「不對！不對！」；而歪著頭並緊咬下唇，是蒂蒂深陷迷宮不知道「該怎麼辦才好」。如果眼神稍微有點游移，往上盯著我看時，那就表示蒂蒂開始動「是不是開口問學長比較好呢？」這個腦筋了……。

我突然想起蒂蒂所說過的話。

「畢竟升學考試攸關未來」

考試、考試、考試，我到底為什麼而參加考試的呢?!小學或國中時，從來都沒有想過為什麼自己要參加考試這種問題。因為國中成績優異，所以理所當然地進了這所升學高中。

數學、數學、數學！我究竟是為什麼才研讀數學的呢?!學習出現在眼前的東西，因為想要了解更多，所以買了課外讀物。村木老師也介紹了數學書籍給我。

可是，下一步到底應該——？

「學長。我試著寫出了好幾個例子。」蒂蒂把筆記本遞給我看。

「因為問題卡上所謂的『序對重疊的條件』——

$$\langle a,b \rangle \doteqdot \langle c,d \rangle \iff a+d=b+c$$

指的是上面這個數式，所以我們只要找出會滿足 $a+d=b+c$ 的四個自然數就可以了，對吧!?例如，因為 $1+2=1+2$，所以 $a=b=1$，$c=d=2$。這麼一來，就會製造出一組重疊的序對了。」

$$\langle 1,1 \rangle \doteqdot \langle 2,2 \rangle$$

「是啊！」我說道。

「其它還有從 $1+3=2+2$ 這個數式裡，可製造出另一組。」

$$\langle 1,2 \rangle \doteqdot \langle 2,3 \rangle$$

「原來如此！看起來好像可以製造出許多組序對呢！」

「是的……對了！對了！雖然是在舉具體實例時才發現的，但只要將序對『外側的數字相加』及『內側的數字相加』所得到的數字相等的話，序對就會重疊。例如，$a+d$ 就只要將 a 與 d 相加起來……

$$\langle \textcircled{a},b \rangle \quad 與 \quad \langle c,\textcircled{d} \rangle$$

你看，是不是就是『外側的數字』相加的結果！還有，所謂 $b+c$……

$$\langle a,\textcircled{b} \rangle \quad 與 \quad \langle \textcircled{c},d \rangle$$

……吶，也是『內側的數字』兩兩加總的結果。只不過這也只會落得 So What? 的感想罷了。」

「就是啊！……原來如此！」

「我還發現另一個重點，那就是會『跟比很像』。比的性質即

『外側的乘積會與內側的乘積相等』

——對吧!?例如，因為 $2:3$ 與 $4:6$ 相等，所以外側數字 2 與 6 的乘積，就會和內側數字 3 與 4 的乘積相等。

$$\overset{外}{\underset{內}{2:\underline{3}}} \ = \ \overset{外}{\underset{內}{\underline{4}:6}} \quad \Longleftrightarrow \quad \overset{外側的乘積}{\overline{2\times 6}} \ = \ \underset{內側的乘積}{\underline{3\times 4}}$$

相對地，當兩組序對 $\langle 2,3 \rangle$ 與 $\langle 4,5 \rangle$ 重疊時，2 與 5 這兩個外側數字的和，會跟 3 與 4 這兩個內側數字的和相等。

$$\overset{外}{\underset{內}{\langle \underline{2},\underline{3} \rangle}} \ \doteqdot \ \overset{外}{\underset{內}{\langle \underline{4},\underline{5} \rangle}} \quad \Longleftrightarrow \quad \overset{外側的和}{\overline{2+5}} \ = \ \underset{內側的和}{\underline{3+4}}$$

換句話說，也就是序對的性質為──

　　　『外側的和與內側的和會相等』

──的意思。吶，這麼說起來，比的性質與序對的性質很相似耶！

「是嗎……」

「我還製造出了其它重疊序對的具體實例噢！」

a	b	c	d	a + d	b + c	重疊的序對
1	1	1	1	2	2	$\langle 1,1 \rangle \doteqdot \langle 1,1 \rangle$
1	1	2	2	3	3	$\langle 1,1 \rangle \doteqdot \langle 2,2 \rangle$
1	2	2	3	4	4	$\langle 1,2 \rangle \doteqdot \langle 2,3 \rangle$
1	3	2	4	5	5	$\langle 1,3 \rangle \doteqdot \langle 2,4 \rangle$
2	1	3	2	4	4	$\langle 2,1 \rangle \doteqdot \langle 3,2 \rangle$
3	1	4	2	5	5	$\langle 3,1 \rangle \doteqdot \langle 4,2 \rangle$
2	2	3	3	5	5	$\langle 2,2 \rangle \doteqdot \langle 3,3 \rangle$
2	3	4	5	7	7	$\langle 2,3 \rangle \doteqdot \langle 4,5 \rangle$

「……吶，蒂蒂。我也察覺到了一件事。搞不好我的小發現會成為重大的解題之鑰也說不定噢。準備好要聽了嘛?!」我說道。

　　「啊，是的！請說！」

8.1.2　我的發現

　　「我啊，在一看到這個數式時立刻就聯想到了『移項』──

$$a + d = b + c \qquad \text{所關注的數式}$$
$$a + d - b = c \qquad \text{將右邊的 } b \text{ 往左邊移項之後}$$
$$a - b = c - d \qquad \text{將左邊的 } d \text{ 往右邊移項之後}$$

妳看，這樣一移項之後，就會得到下面這個數式。

$$a - b = c - d$$

也就是這個意思噢！」

$$\langle a, b \rangle \doteq \langle c, d \rangle \iff a - b = c - d$$

「咦？」蒂蒂因訝異而睜大的眼睛不住地轉動著。「學長，也就是說──$a - b$ 與 $c - d$ 相等的時候，兩組序對 $\langle a, b \rangle$ 與 $\langle c, d \rangle$ 就會重疊，而那也代表了序對在差相等的時候⋯⋯？」

「序對就會重疊。」

「那個⋯⋯可是到目前為止我可以說是什麼都還搞清楚耶！」

「我也是噢。出現在這張問題卡上的序對，究竟是什麼呢?!」

8.1.3　沒有人發現到

這裡是大禮堂──現在正在準備明天的畢業典禮。

老師和學生排椅子的排椅子，拿花裝飾講台的拿花裝飾。

「還不能回家喔！練習得不太順利。」永永說道。

「這樣下去到明天來得及準備完成嗎?!」米爾迦說道。

「一定得來得及！因為明天就是畢業典禮啦！」

永永和米爾迦被派任明天畢業典禮的鋼琴伴奏。

我和蒂蒂只不過是離開圖書室在準備回家之前，順道過來探探班，看看她們兩個人排演得如何。原本是打算四個人可以一起回家的。

「要演奏什麼曲目呢？」我詢問道。

「《驪歌》（螢之光）。」永永回答道。

「也要演奏《校歌》。」米爾迦補充道。

說的也是！還用問嘛！這些都是畢業典禮的指定曲目啊！

「我們──」米爾迦話才說到一半，永永便慌張地頂了米爾迦一下，兩個人很有默契地沉默了下來。……米爾迦剛剛到底想說什麼呢？

「要頒發的是『畢業證書』，而不是『獎狀』對吧?!」蒂蒂說道，並用手指了指貼在講台上『頒發畢業證書儀式』的文字。「獎狀是『用以獎勵的文書』，而證書則是『用以證明的文書』啊！」

「頒發證明畢業文書的典禮──嗎？」我說道。

「對畢業生而言這可是定理囉！」米爾迦打趣道。

8.2 我家

8.2.1 自己的數學

這裡是我的房間。現在是晚上。

時間剛過十一點。不久就是深夜了。

我坐在書桌前。剛做完學校的功課，正打算開始思考自己的數學。

自己的數學……我想起高一的時候。

當我還是一年級新生的春天。村木老師給了我「每天研習自己的數學」的建議。那個時候的我，把每天研習數學當作理所當然的事。因為我是那麼地喜歡數學。可是，高中生活忙碌，要顧及的科目很多，每天預習和複習，再加上考試，當然還有學校大大小小的活動，都讓我疲於奔命。在這當中，如果不特別留意的話，要想維持每天研習數學的習慣簡直不可能。所以，村木老師的建議就顯得更為珍貴。

8.2.2 表現的壓縮

從老師那裡拿到的「重疊的序對」問題卡很奇妙。不是要證明恆等式，也不是要解方程式。只是，要用自然數的數對定義出「序對」──

$$\langle a,b \rangle \doteq \langle c,d \rangle \iff a+d=b+c$$

上面的數式而定義出「重疊」。就只是這樣。

到底該怎麼思考才好？我毫無頭緒。可是，村木老師的問題卡總是扮演著開啟「學習契機」的角色……。

我們發現好幾個序對集合會成立的性質。例如，$\langle a, a \rangle$ 所構成的序對全部都會彼此重疊。也就是像下面這樣。

$$\langle 1,1 \rangle \doteq \langle 2,2 \rangle \doteq \langle 3,3 \rangle \doteq \cdots$$

我們馬上可以證明。對任意自然數 m, n，$m + n = m + n$ 成立。所以，$\langle m, m \rangle$ 這個序對與 $\langle n, n \rangle$ 這個序對會彼此重疊。

$$\langle m,m \rangle \doteq \langle n,n \rangle \iff m+n=m+n$$

此外，將 $a + d = b + c$ 這個數式變形成 $a - b = c - d$，並視序對為 $\langle 左, 右 \rangle$ 的話，當左與右的差相等時，我們可以說序對會彼此重疊。例如，差為 1 的序對會彼此重疊。

$$\langle 2,1 \rangle \doteq \langle 3,2 \rangle \doteq \langle 4,3 \rangle \doteq \cdots \qquad (左-右=1)$$

同樣地，差為 -1 的序對彼此也會重疊。

$$\langle 1,2 \rangle \doteq \langle 2,3 \rangle \doteq \langle 3,4 \rangle \doteq \cdots \qquad (左-右=-1)$$

可是——話雖如此，但究竟會發生什麼事呢?!我渾然不知……。
我想起了蒂蒂說過的話。

　　換句話說，這個就是「假裝不知道的遊戲」，對吧!?

問題是，現在的我並沒有在假裝不知道啊！那個時候，蒂蒂剛接觸了皮亞諾公理。實際上，並沒有思考到後繼數代表的是什麼，只是一昧地依循公理。就在依循公理的時候，發現了自然數的構造。公理就是規約，而規約會產生構造……咦？奇怪！

奇怪?!

這次的數式 $a-b=c-d$ 也是像規約一樣的東西呢⋯⋯。序對並不是零散雜亂的。只要集合與 $a-b$ 的差相等的序對──也就是重疊的序對──的話，就會變成集合。這個規約到底會產生什麼樣的構造來呢?!

我凝視著筆記上的內容思考著。

$$\langle 1,1 \rangle \doteq \langle 2,2 \rangle \doteq \langle 3,3 \rangle \doteq \cdots$$

與 $\langle 1,1 \rangle$ 重疊序對的集合可以寫成下面這樣。

$$\{\langle 1,1 \rangle , \langle 2,2 \rangle , \langle 3,3 \rangle , \ldots \}$$

接下來，我該如何繼續思考才好呢？

　人的心會壓縮具體實例。

米爾迦曾經說過這樣的話。

　動手製造具體實例，從中找出模式，並進一步發現精簡的表現。

精簡的表現──就是這個！只要使用集合的內涵定義的話，就可以寫得很精簡。

$$\{\langle 1,1 \rangle , \langle 2,2 \rangle , \langle 3,3 \rangle , \ldots \} = \{\langle a,b \rangle \mid a \in \mathbb{N} \wedge b \in \mathbb{N} \wedge a-b=0 \}$$

嗯，如果以 $a \in \mathbb{N}$ 或 $b \in \mathbb{N}$ 為前提條件的話，就可以寫得再精簡一些。

$$\{\langle 1,1 \rangle , \langle 2,2 \rangle , \langle 3,3 \rangle , \ldots \} = \{\langle a,b \rangle \mid a-b=0 \}$$

其它的集合，也可以使用相同的方式來表現。例如，差為 1 的集合。

$$\{\langle 2,1 \rangle , \langle 3,2 \rangle , \langle 4,3 \rangle , \ldots \} = \{\langle a,b \rangle \mid a-b=1 \}$$

或者是，差為 -1 的集合。

$$\{\langle 1,2 \rangle , \langle 2,3 \rangle , \langle 3,4 \rangle , \ldots \} = \{\langle a,b \rangle \mid a-b=-1 \}$$

的確！變成了較──列舉元素還要精簡的表現。

如果還可以更精簡一點的話──
精簡⋯⋯咦？

我懂了！

我不由得站起身來。
所謂的序對⋯⋯會不會變成整數呢？
自然數為 $1, 2, 3, \ldots$，而整數則是 $\ldots, -3, -2, -1, 0, +1, +2, +3,$

$\ldots$

就是這樣！一定沒錯！
自然數序對的集合構成了整數。
「差為 n 的序對集合」可以與「整數 n」一一對應。

$$\vdots$$

$\{\langle 3,1 \rangle, \langle 4,2 \rangle, \langle 5,3 \rangle, \ldots\}$	$\longleftrightarrow \quad +2$	差為 $+2$
$\{\langle 2,1 \rangle, \langle 3,2 \rangle, \langle 4,3 \rangle, \ldots\}$	$\longleftrightarrow \quad +1$	差為 $+1$
$\{\langle 1,1 \rangle, \langle 2,2 \rangle, \langle 3,3 \rangle, \ldots\}$	$\longleftrightarrow \quad 0$	差為 0
$\{\langle 1,2 \rangle, \langle 2,3 \rangle, \langle 3,4 \rangle, \ldots\}$	$\longleftrightarrow \quad -1$	差為 -1
$\{\langle 1,3 \rangle, \langle 2,4 \rangle, \langle 3,5 \rangle, \ldots\}$	$\longleftrightarrow \quad -2$	差為 -2

$$\vdots$$

我感覺到有亮燦燦的東西在我眼前閃爍。
可是，如果只是互相對應的話也未免太無趣了點。
把序對的集合當作整數來看是自然的事嗎？
如果是整數的話，應該能做些什麼吧！
什麼是整數的本質呢？
有太多太多的問號在我的心裡浮現。
⋯⋯深呼吸一次。

來試試製造加法運算好了。

如果是整數，馬上可以進行的事情──就是加法運算。
不同於自然數的加法運算＋，序對的加法運算 $\dot{+}$，可以定義嗎？

究竟該定義 $\langle 1,2 \rangle \dot{+} \langle 2,3 \rangle$ 成什麼樣的序對呢？

沒有公式。也不需要背下來。

必須要靠自己想出「序對的加法運算」。

> **問題 8-1（序對的加法運算）**
>
> 試定義兩組序對 $\langle a,b \rangle$ 與 $\langle c,d \rangle$ 的加法運算 $\dot{+}$。

8.2.3　加法運算的定義

該如何定義序對的加法運算，才會使它跟整數的加法運算一樣──是否可以製造出同態的東西呢？

　　　「同態映射為意義之源」

不可思議的興奮感流竄全身，我無法壓抑。那種感覺就像有什麼東西誕生了。

既自由，卻又被規約著；既被規約著，卻又自由。

我看穿了被隱藏起來的構造；而那裡蘊含著無可取代的喜悅。

序對的加法運算──我應該打從哪個地方開始動腦思考呢？

……嗯。因為想要將序對 $\langle a,b \rangle$ 視為與整數 $a-b$ 相同，所以參考自然數中的加法運算也不為過吧！

$$
\begin{array}{ccc}
\text{序對} & \longleftarrow\text{-}\text{-}\text{-}\text{-}\longrightarrow & \text{整數} \\
\langle a,b \rangle & \longleftarrow\text{-}\text{-}\text{-}\text{-}\longrightarrow & a-b \\
\langle c,d \rangle & \longleftarrow\text{-}\text{-}\text{-}\text{-}\longrightarrow & c-d
\end{array}
$$

執行 $a-b$ 與 $c-d$ 的加法運算，不知使用左－右的形式恰不恰當呢？

$$
\begin{aligned}
(a-b)+(c-d) &= a-b+c-d \qquad &\text{思考 } a-b \text{ 與 } c-d \text{ 的和} \\
&= (a+c)-(b+d) \qquad &\text{化成左－右的形式}
\end{aligned}
$$

很好！相當不賴喔！運算下來，得到了左邊為 $a+c$，而右邊為 $b+d$ 的結果。也就是說，我們希望兩組序對的和會變成下面這種形式。

$$\langle a, b \rangle \dot{+} \langle c, d \rangle = \langle a+c, b+d \rangle$$

哦！這是不是表示只要將左右兩兩相加就可以了呢？也就是說，以——

$$(a-b) + (c-d) = (a+c) - (b+d)$$

這個數式為理念，來定義序對的加法運算成——

$$\langle a, b \rangle \dot{+} \langle c, d \rangle = \langle a+c, b+d \rangle$$

這個發想，應該行得通吧？感覺很不錯喔。

很好！很好！那麼再試試看。對了！再來試著計算看看對應 $1+2$ 的序對吧！以對應 1 的序對為例，因為 $1 = 3-2$，所以我們可以選擇 $\langle 3, 2 \rangle$。以對應 2 的序對為例，因為 $2 = 3-1$，所以我們可以選擇 $\langle 3, 1 \rangle$。然後，再依循「序對加法運算」的定義來進行計算。

$$\langle 3, 2 \rangle \dot{+} \langle 3, 1 \rangle = \langle 3+3, 2+1 \rangle$$
$$= \langle 6, 3 \rangle$$

嗯，狀況不錯！因為 $6-3=3$，所以和整數加法吻合。

$$\begin{array}{ccccc} \langle 3, 2 \rangle & \dot{+} & \langle 3, 1 \rangle & = & \langle 6, 3 \rangle \\ \updownarrow & \updownarrow & \updownarrow & \updownarrow & \updownarrow \\ 1 & + & 2 & = & 3 \end{array}$$

說是吻合……不對！等一下！那是理所當然的呀！雖然我所欲主張的和剛剛的求證很類似，但卻並不是我真正想要的……嗯，整個一團亂，先來做整理。目前，我正思考著要讓整數與序對成對比。＝與 $\dot{=}$。除此之外，還有 $\dot{+}$ 與 $+$。這些目前都已好好整理歸納成整合的形式——。

……是這樣嗎？「相等」這個概念早在定義加法運算之前就已經被搞得亂七八糟了。一開始我們就沒有好好地去定義何謂兩組序對 $\langle a, b \rangle$

與 $\langle c, d \rangle$ 會 $\overset{\text{相等}}{=}$。最妥當的定義應該就像下面這樣。

$$\langle a, b \rangle = \langle c, d \rangle \iff (a = c \wedge b = d)$$

然而，令我感到最在意的地方就是這裡。

當我定義序對的加法運算成 $\langle a, b \rangle \mathbin{\dot{+}} \langle c, d \rangle = \langle a+c, b+d \rangle$，對於

- 與 $\langle a, b \rangle$ 重疊的任意序對 X
- 與 $\langle c, d \rangle$ 重疊的任意序對 Y
- 與 $\langle a+c, b+d \rangle$ 重疊的任意序對 Z

數式——

$$X \mathbin{\dot{+}} Y \mathbin{\dot{=}} Z$$

就會成立。因為這個數式的成立，便可感覺到序對變成整數。於是——

序對的世界	←----→	整數的世界
與序對 $\langle a, b \rangle$ 重疊的所有序對的集合	←----→	整數 $a - b$
序對加法 $\dot{+}$	←----→	整數加法 +
序對重疊 $\dot{=}$	←----→	整數相等 =

也因為看見了這「兩個世界」相互對應，我的心跳興奮地噗通加快。

解答 8-1（序對的加法運算）

兩組序對 $\langle a, b \rangle$ 與 $\langle c, d \rangle$ 的加法運算 $\dot{+}$，可用下面的數式定義。

$$\langle a, b \rangle \mathbin{\dot{+}} \langle c, d \rangle = \langle a+c, b+d \rangle$$

啊！莫非，與 $\langle a, a \rangle$ 重疊的序對，也會和整數零相對應？

喔喔！莫非，讓 $\langle a, b \rangle$ 左右顛倒後的 $\langle b, a \rangle$ 會⋯⋯？

好！讓我繼續抽絲剝繭地針對這個序對的性質再思考。

8.2.4　教師的存在

凌晨兩點，夜晚的廚房。

我拿杯子倒水，一口氣喝光了它。

解決了序對加法運算的定義後，我還定義了序對的符號逆轉、序對的減法運算及序對的大小關係。

$$\dot{-}\langle a,b\rangle = \langle b,a\rangle \qquad\qquad \text{定義序對的符號逆轉}$$
$$\langle a,b\rangle \dot{-}\langle c,d\rangle = \langle a,b\rangle \dot{+}(\dot{-}\langle c,d\rangle) \qquad \text{定義序對的減法運算}$$
$$\langle a,b\rangle \dot{<}\langle c,d\rangle \iff a+d < b+c \qquad \text{定義序對的大小關係}$$

使用自然數的序對，來定義整數。饒富趣味。

構築嶄新的數的世界的也是數學。數學——這個東西愈學便愈覺得它博大精深，愈學便愈覺得裡頭的世界寬廣無垠。

我望著杯底殘留的水滴，想起了村木老師。老師總提示我們既不會太艱深，也不太淺顯的主題。

　　「如果是你們的話，會怎麼挑戰這個問題呢」！

——對我們說出這句話的村木老師，本身就是個珍貴的存在。那或許是做為一個老師的存在⋯⋯

　　那麼，整數的部分也已經製造完成了，應該準備就寢了。哈哈、「整數的部分也已經製造完成了」，這話說起來還真像在組裝塑膠模型呢！我嘻嘻地笑了起來，並動手準備就寢。

當我正打算把電燈關掉的時候，我的腦海中閃過了蒂蒂說過的話。

這不就是比的性質嗎——
「外項的乘積會等於內項的乘積」
——我想起來了⋯⋯

儘管冒出了這句話，但在思索這句話所代表的意義之前，我已進入了深深地睡眠。

8.3　等價關係

8.3.1　畢業典禮

今天要舉行頒發畢業證書的儀式——這裡是大禮堂。

畢業生一個一個走上講台領取畢業證書。

明年的此時此刻，我會是什麼樣的心情呢……？我邊想這件事情，邊打了一個超級大的哈欠。嚴重的睡眠不足。

校長的離別贈言、來賓的致詞……典禮肅靜地進行著，終於到了最後一個階段就要結束了。司儀面向麥克風，輕輕地低聲喊道。

——畢業生，退場。

悠揚的《驪歌》響起。畢業生一個一個站了起來，穿過在校生所排成的人牆，魚貫地走出禮堂。身為在校生的我們熱烈地鼓掌，歡送學長姊畢業。當我忍不住正想打哈欠……的同時，我因為某個動靜而清醒了。

一瞬間，畢業生紛紛停下了走動的腳步。

一瞬間，在校生紛紛停下了鼓動的手掌。

《驪歌》的旋律還未歇，新的旋律連綿湧來。

是我們耳熟能詳的旋律。這個旋律是——

是《校歌》。

《驪歌》演奏的同時，《校歌》也跟著流洩整個大禮堂。

每個人的眼光迅速移往鋼琴所在。

今天擔任演奏者的——是永永與米爾迦。

她們兩個正彈奏著《驪歌》與《校歌》重新混音後的驚豔新曲。

咦……將這兩首曲子混在一起彈奏……有可能嗎？

和弦的部分該怎麼處理呢？

可是，兩首曲子都悠揚而美麗地演奏著。

《驪歌》與《校歌》兩首曲子所產生的交互作用——

在我們的心裡，捲起了難以言喻的漩渦。

在這校園裡頭所度過的每一個吉光片羽，隨著旋律一一被勾起。

不知所措、焦急、懊惱、無憂無慮、學習、憤怒、喜悅……。

突如其來的回憶像要爆炸似的，漲滿整個胸口，不禁讓人潸然淚下。

畢業生也好，在校生也好──就連我也沒能逃得過淚落。

因為進入了這所高中，讓我得以邂逅米爾迦。讓我得以遇見蒂蒂。

並且叫我體悟了──和這些女孩們一起研習數學的喜悅──教導與被教導，在教學相長、彼此競爭之下，解開了問題。

「一、一、二、三」「學、學 長！」「發現完美的對應了」「關閉校門的時間到了」「是！就像學長說的一樣」「計算錯誤」「小小數學家？」「證明僅只一 瞬 間」「這應該怎麼唸呢？」「是嘛……」「村 木 校 內 快遞！」「變成了除以零」「唉呀呀！」「真是一段奇幻的旅程呢」「一輩子都不會忘記！」「沒關係！我已經記起來了！」「學──長，大發現！大發現！」「除了虛數單位以外，還有哪種!?」「我還無法接受！」「即使半徑為零也可以嗎？」「我會加油的！」「該不會還沒有發現吧!?」「我有問題！」「好！就這樣完成了一項工作！」……

只是──歡樂時光容易過。數學超越了時間得以留存，時間的洪流沖刷過人類而去。有相聚，就會有別離。

我為此而淚流不止。

於是，就在這樣意外的插曲下，今年的畢業典禮──

在締造「淚眼朦朧畢業典禮」之黃金傳奇後，接著便拉下了序幕。

8.3.2　誕生自兩個序對之中

「咦、咦……序對也可以製造出整數嗎？」蒂蒂問道。

「可以～」我回答道。

這裡是圖書室。畢業典禮這一天，我們也留了下來研習數學。

我向蒂蒂解說了昨晚研習的成果。蒂蒂似乎也被捲進了「淚眼朦朧畢業典禮」的漩渦，眼睛周圍既紅又腫的。

　　「說得再正確一點，並不是序對與整數對應，而應該是『相互重疊的序對的**集合**』會與『一個整數』相互對應。」

　　「什麼……」

　　「我們可把對序對 $\langle a, b \rangle$ 的操作，視為對整數 $a - b$ 的操作來看——」

　　微微的香氣飛散在空氣中。

　　我急急地回過頭去。

　　「這麼慌張地回頭，怎麼了？」一如往常酷酷的聲調。

　　米爾迦正站在我身後。

8.3.3　從自然數到整數

　　「我和永永被叫到職員室去了。」米爾迦說道。「畢竟我們沒有事先報備要將兩首曲子重新混音。」

　　「被老師罵了嗎？」蒂蒂擔心問道。「那麼令人感動的演出說……」

　　「老師沒有生氣，只是有點哭笑不得……那、村木老師的問題卡上都寫了些什麼？」

　　我將問題卡「重疊的序對」遞給米爾迦，並報告自己的研究結果。

　　「……原來是這麼一回事啊！可是，你的說法稍嫌無趣了點。」

　　居然被亮黃牌。

　　「可是，將與 $\langle a, b \rangle$ 重疊的序對的集合與整數 $a - b$ 一視同仁，是很自然的事噢！」

　　米爾迦輕輕地碰了一下眼鏡後，搖搖頭。「為什麼村木老師——

$$\langle a, b \rangle \doteq \langle c, d \rangle \iff a + d = b + c$$

要這樣定義，你認為理由是什麼呢?!看你倒是理所當然地移項。」

　　「移項有什麼特別的意義嗎？」蒂蒂問道。

　　「並不是什麼值得大驚小怪的事情。如果我們都知道整數的話，你這樣的作法就不會有任何問題。可是，讓我們換個角度——『假裝不知道』整數。然後，再試著使用自然數的序對來重新定義整數。」

「定義——整數……」蒂蒂發出了呻吟。

「如果我們只知道自然數的話，$a-b$ 就成了尚未定義的情況。就像是在自然數的範圍內 2 － 3 是尚未被定義的。所以利用 $a-b$ 來定義重疊的話，就會出問題。」

「……原來如此！使用＋的話，就不會有問題嗎？」我也開始呻吟了。

「$a+d$ 和 $b+c$ 的話，因是自然數，未定義的問題不會出現，所以可安心使用——

$$\langle a,b \rangle \doteq \langle c,d \rangle \iff a+d = b+c$$

我們可以利用上面的數式來定義『重疊的序對』。」

8.3.4　圖表

「令人不甚滿意的地方還有一個。我說你還真是不喜歡畫圖表呢！」米爾迦再亮黃牌！

「不畫圖表，是你的弱點。」

「圖表？可是——」

「你將序對的和定義成了下面的數式。」米爾迦說道。

$$\langle a,b \rangle \dotplus \langle c,d \rangle = \langle a+c, b+d \rangle$$

「如果是我的話，看見數式腦中就會浮現『向量（Vector）的和』。」

米爾迦習慣把 Vektor 說成 Vector（兩者皆為向量之意。Vektor 為德文，而 Vector 為英文）。

「向量的和……啊啊、的確形式跟序對的和完全相同。」

$$(a,b) + (c,d) = (a+c, b+d)$$

「學長、學姊……我想我是跟不上你們……」蒂蒂抱怨道。

「因為a, b為自然數，所以格子點會落在第一象限內。」

米爾迦用我的自動鉛筆在筆記本上畫出了格子點。

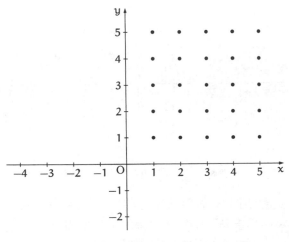

第一象限的格子點

「x座標為a且y座標為b的格子點，一方面可視為向量(a, b)，另一方面也可以視為序對$\langle a, b \rangle$。那麼，對所有格子點的集合，『重疊』這個概念要如何圖示出來呢？利用圖示的話，或許就可以理解為什麼村木老師要使用『重疊』這兩個字的意義了。」米爾迦說道。

「啊！關於那個我也很在意。」蒂蒂說道。

「我們試著用線將像這樣『重疊』的序對連起來看看吧！」

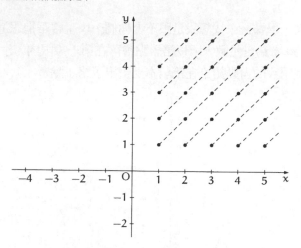

用線將「重疊」的序對一一連來

「咦！重疊的序對會做斜向排列耶！」蒂蒂嚇了一跳。

「是嗎……『重疊』序對在二維的平面空間上真的是斜向重疊的呢？」我說道。「圖面上這些一條一條的斜線，與重疊序對的集合——對應著。換句話說，也就是一條斜線對應一個整數。」

我說著說著，便動筆在右上方寫下了整數。

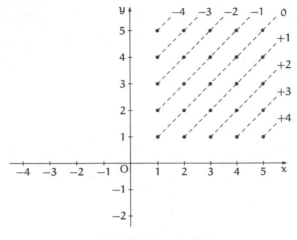

一條斜線對應一個整數

「如果要寫的話，這樣寫比較好。」

米爾迦搶過我的自動鉛筆，立刻將筆記本上的斜線往左下方延伸。

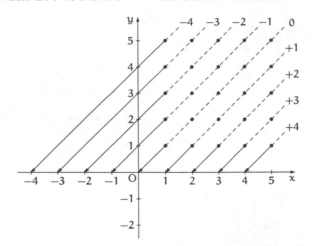

斜線落下影子的地方就變成了對應的整數

「啊啊──對耶！投射在 x 軸上的話，對應的整數就剛好落在影子上。……咦？等一下！如果序對和也是向量和的話，是不是表示一般只要畫出向量和的圖像，觀察圖像上的投影，該投影就會變成 x 軸上的和？」我說道。

「當然。格子點上的某個位置代表了向量的和。如果我們在該位置上斜向投影的話，就會變成了整數的和。例如，像是我們在 $\langle 1,2 \rangle \dotplus \langle 4,1 \rangle = \langle 5,3 \rangle$ 處投影的話，影子一定會落在 $(-1)+3=2$ 的地方。」

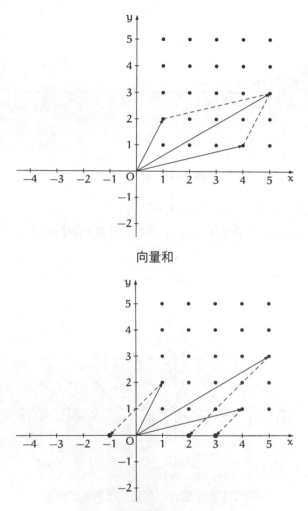

向量和

投影的話，就變成了整數的和

「……」我連一句話都說不出來。

整數的和——也不過是加法運算。

可那樣就可被當作是二維平面上向量和的「影子」來看待了嗎？

這件事情在數學上代表了何種意義!?目前我還不是很清楚……

我將許多事串連在一起，深深感覺到它們彼此間的關係是如此地緊密，我因太過感動而喪失說話的能力。而且，只要多下點功夫——舉出具體實例、用數式來思考、用圖像來思考——就可看清眼前的一切。

「要從『重疊的序對』啟程，前往等價關係。」米爾迦說。

8.3.5　等價關係

前往等價關係。

設 S 為所有序對所構成的集合。

$$S = \{\langle a, b \rangle \mid a \in \mathbb{N} \wedge b \in \mathbb{N}\}$$

在 S 集合上定義重疊關係成 $\doteq$。

$$\langle a, b \rangle \doteq \langle c, d \rangle \iff a + d = b + c$$

這個關係 $\doteq$ 帶有反身律、對稱律、遞移律的性質。

反身律可以用下面的數式來表現。

$$\langle a, b \rangle \doteq \langle a, b \rangle$$

這個數式表示了關係 $\doteq$「即使把自己本身當成對方也會成立」。因為和鏡子的反射作用很像，因此而稱為反身律。

對稱律可以用下面的數式來表現。

$$\langle a, b \rangle \doteq \langle c, d \rangle \overset{\text{若則}}{\Rightarrow} \langle c, d \rangle \doteq \langle a, b \rangle$$

這個數式表示了關係 $\doteq$「即使把左右兩邊互相交換也會成立」。

遞移律可以用下面的數式來表現。

$$\langle a, b \rangle \doteq \langle c, d \rangle \overset{\text{且}}{\wedge} \langle c, d \rangle \doteq \langle e, f \rangle \overset{\text{若則}}{\Rightarrow} \langle a, b \rangle \doteq \langle e, f \rangle$$

這表示如果可以從 A 到 B，又可以從 B 到 C 的話，那麼我們便可以跳過中間的 B，直接從 A 到 C。

$$\underbrace{\langle a,b \rangle \doteq \langle c,d \rangle}_{\text{從 } A \text{ 到 } B} \wedge \underbrace{\langle c,d \rangle \doteq \langle e,f \rangle}_{\text{從 } B \text{ 到 } C} \Rightarrow \underbrace{\langle a,b \rangle \doteq \langle e,f \rangle}_{\text{從 } A \text{ 到 } C}$$

將反身律、對稱律、遞移律三者結合在一起，稱為**等價律**。而經由等價律所成立的關係，即稱為**等價關係**。關係 $\doteq$ 乃等價關係的一種。

◎　◎　◎

「這三種性質不是很理所當然嗎？」蒂蒂詢問道。「例如，等於（＝）也符合這三個性質，不是嗎?!」

「就像蒂蒂所說的，等於也是等價關係。」米爾迦贊同道。「等價關係，原本就是將經由等於所製造出來的關係一般化之後的產物呀！等價關係所要表現的意思是『在某些意義上是相同的』。」

米爾迦將滑下鼻樑的眼鏡往上推，並繼續開講。

「舉個非等價關係的例子吧！例如，代表數的大小關係的（＜）。這個不等號雖然符合遞移律，但是不符合反身律與對稱律。」

$$\times \quad a < a \qquad\qquad\qquad 不符合反身律$$
$$\times \quad a < b \Rightarrow b < a \qquad\qquad 不符合對稱律$$
$$\bigcirc \quad a < b \wedge b < c \Rightarrow a < c \qquad 符合遞移律$$

「啊！真的耶！」蒂蒂說道。

「至於，帶有等號的大小關係（≦），會符合反身律與遞移律，但不符合對稱律。」

$$\bigcirc \quad a \leqq a \qquad\qquad\qquad 符合反身律$$
$$\times \quad a \leqq b \Rightarrow b \leqq a \qquad\qquad 不符合對稱律$$
$$\bigcirc \quad a \leqq b \wedge b \leqq c \Rightarrow a \leqq c \qquad 符合遞移律$$

「也會符合 $a \leqq a$……嗎？」

「會符合。因為『$a \leqq a$』代表了『$a < a$ 或 $a = a$』的意思啊！」

「啊啊……說的也是！」

「那麼，接下來就要請教蒂德拉囉！所謂的不等於（≠）的關係會符合這三種性質中的哪一種呢？」

「我想想看喔！因為是等於的相反，所以三種都不符合嗎？」

「錯了！」米爾迦說道。「想都不想就立刻丟出答案是不行的！必須要一個一個仔細確認噢。蒂德拉！」

$$\times \quad a \neq a \qquad\qquad\qquad 不符合反身律$$
$$\bigcirc \quad a \neq b \Rightarrow b \neq a \qquad\qquad 符合對稱律$$
$$\times \quad a \neq b \wedge b \neq c \Rightarrow a \neq c \qquad 不符合遞移律$$

「啊……會符合對稱律呢！」蒂蒂說道。

「請等一下！」我打斷蒂蒂的話。「在≠的情況下，並不是『不符合遞移律』，而應該是『不一定符合遞移律』吧！因為……」

$$當\ a = 1, b = 2, c = 3\ 時， 1 \neq 2 \wedge 2 \neq 3 \Rightarrow 1 \neq 3 \qquad 符合$$
$$當\ a = 1, b = 2, c = 1\ 時， 1 \neq 2 \wedge 2 \neq 1 \Rightarrow 1 \neq 1 \qquad 不符合$$

「會有這樣的疑問，應該就是我說得不夠清楚。」米爾迦說。「我應該在反身律、對稱律、遞移律的說明中，預先買好『對於所有的元素』這個保險才對。也就是說，只要有一個例子不符合，就代表不符合。」

「米爾迦學姊……」蒂蒂提心吊膽地舉起了手。「有關於這三種性質，大致上都已經了解了。可是，我還是不了解學姊剛剛提到的『將等於一般化』的部分。等於這個符號在處理數的時候和處理集合的時候都會使用到，從這些看來已經夠一般化了不是嗎……」

「所謂的等價關係，就是前面我們提到的帶有等價律的關係。換句話說，滿足等價律三種性質的關係，就等同於等價關係。我們從等於中，抽出三個帶有特徵的性質，並找出其它帶有該性質的關係──像名為『序對會重疊』的關係就是。因為這個『序對會重疊』的關係是等價關係，所以凡是等價關係的特性，我們就可以將它們視為『序對會重疊』這關係的特性。」

「請等一下！這話題似曾相識。之前好像談論過類似的話題……」

「群論。」米爾迦提醒道。

「對！滿足群公理的運算，可以一律當作群……」

「將等於的關係拆解開來，便可以從這些被拆解的部分當中，分別取出這象徵性的三種性質。接著，再製造出另一種帶有該等性質的關係。──在這裡，會出現解析與綜合這兩種思考方式。聽過嗎？」

「解析與綜合？」

「解析──Analyze即所謂的『分類』。綜合──即Synthesize，也就是的『組合』。分類後再行組合的話，就可以深入理解，會變得很有趣。」

「利用等價關係可以做些什麼呢？」我說道。

「當然是你之前曾經做過的事啊！」

「咦？我做過什麼了？」

「就是用來做集合『除法』啊！」

8.3.6　商集

「做集合……除法？」

「嗯。就是用等價關係除集合。看來，你似乎已經想起來了。所有序對的集合 S 包含無數的序對。你使用了等價關係 ≒ 讓『重疊序對的集合』與『整數』彼此對應。我們只要將所有序對的集合想像成落在第一象限某個格子點上，而重疊序對的集合則想像成斜線。從『格子點的集合』製造『斜線的集合』，在操作上相當於除法。」

「……」

「只要將集合用等價關係來除的話，就可以製造出新的集合。我們稱這個新的集合為**商集**。將所有序對的集合用 ≒ 來除的話，則可以製造出以『重疊序對的集合』為元素的商集。我們要將這個商集記作──

$$S/≒$$

雖然這個符號顯得很怪異，但總之這就是──

集合／等價關係

最直截了當的表現喔！」

「請、請等一下！那個商集 $S/\doteq$ 完全沒有具體的形象，這樣根本搞不懂⋯⋯在圖像中，雖然是以斜線的形式存在，但這在數學上究竟代表什麼呢？」

「只是說明的話，可能還是沒有辦法搞懂呢！」米爾迦說道。「那麼，我們試著將 $S/\doteq$ 的外延意義寫出來好了。」

$$
S/\doteq \;=\; \left\{ \begin{array}{ll}
\cdots, & \\
\{\langle 3,1\rangle,\langle 4,2\rangle,\langle 5,3\rangle,\ldots\}, & \quad 對應\ +2 \\
\{\langle 2,1\rangle,\langle 3,2\rangle,\langle 4,3\rangle,\ldots\}, & \quad 對應\ +1 \\
\{\langle 1,1\rangle,\langle 2,2\rangle,\langle 3,3\rangle,\ldots\}, & \quad 對應\ \ 0 \\
\{\langle 1,2\rangle,\langle 2,3\rangle,\langle 3,4\rangle,\ldots\}, & \quad 對應\ -1 \\
\{\langle 1,3\rangle,\langle 2,4\rangle,\langle 3,5\rangle,\ldots\}, & \quad 對應\ -2 \\
\cdots &
\end{array} \right\}
$$

「原來如此⋯⋯就是製造出集合的集合啊！」

「用集合除以等價關係來製造出商集，是常見的手法噢！」

「是、是這樣的嗎？」

「就像有理數。所有有理數的集合可視為是用『比為相等』的等價關係，除帶有分子與分母為序對元素的集合所得到的集合。」

「啊！」我恍然大悟。「那個，蒂蒂曾經說過。」

「咦？我⋯⋯說過嗎？」蒂蒂用手指著自己大為不解。

「想想看，妳不是曾說過『外側的和與內側的和會相等』這個序對的性質，跟比的性質『外側的乘積會與內側的乘積相等』類似嗎？」

「什麼⋯⋯」蒂蒂似乎還沒有想起來的樣子。

「作為商集的有理數，一定會變成這種形式噢！」我在筆記本上寫

下。「至於……分子分母的對，例如可以寫成〈分子，分母〉……」

$$
\begin{aligned}
\{ & \\
& \cdots, \\
& \{\langle +1,2\rangle,\ \langle +2,4\rangle,\ \langle +3,6\rangle,\ \cdots\ \}, \quad \text{對應有理數 } \tfrac{+1}{2} \\
& \{\langle +1,1\rangle,\ \langle +2,2\rangle,\ \langle +3,3\rangle,\ \cdots\ \}, \quad \text{對應有理數 } +1 \\
& \{\langle\ \ 0,1\rangle,\ \langle\ \ 0,2\rangle,\ \langle\ \ 0,3\rangle,\ \cdots\ \}, \quad \text{對應有理數 } 0 \\
& \{\langle -1,1\rangle,\ \langle -2,2\rangle,\ \langle -3,3\rangle,\ \cdots\ \}, \quad \text{對應有理數 } -1 \\
& \{\langle -1,2\rangle,\ \langle -2,4\rangle,\ \langle -3,6\rangle,\ \cdots\ \}, \quad \text{對應有理數 } \tfrac{-1}{2} \\
& \cdots \\
\}
\end{aligned}
$$

「蒂德拉察覺到了有理數呢！」米爾迦說道。

「也不是……只是，因為序對和有理數很類似。」

「在數學當中，『形式』很相似的話，『本質』也會很相似的情況很多。」米爾迦說道。

「用比會相等的等價關係來除的想法，很有趣呢！」我說道。

「只要用比會相等的等價關係來除的話——」米爾迦說道。「那個商集的元素，就會變成比會相等的序對的集合。分數的『約分』運算，遵從不會改變比的制約。也就是說，約分是讓比不會從相等的等價關係中，往外飛出的來回運算。」

「啊！的確就像學姊說的那樣。」蒂蒂說道。

「可是，從商集的各元素——也就是集合了『相同』元素的集合——特別挑出一個元素。我們稱這個元素為代表元。」

「代表元……」蒂蒂說道。

「英文唸做 representative。」米爾迦說道。

「那個集合所 represent 的元素？」蒂蒂疑問道。

「對。如果想要將 $\dotplus$ 定義為商集中的元素與元素的和，答案就必須

不仰賴取得代表元的方法。也就是，要確保 $\dot{+}$ 為 well-defined（妥為定義）。」

「啊……對！對！昨天晚上我也思考過這個問題噢！」我說。

「除了有理數之外，還有其它各種商集。例如，用『除以 3 後餘數相等』的等價關係除所有整數的集合，所得到的商集 $\mathbb{Z}/3\mathbb{Z}$ 如下面。」

$$\mathbb{Z}/3\mathbb{Z} = \left\{ \begin{array}{l} \{\ldots, \quad -6, \quad -3, \quad 0, \quad +3, \quad +6, \ldots\}，除以 3 後餘數為 0 \\ \{\ldots, \quad -5, \quad -2, \quad +1, \quad +4, \quad +7, \ldots\}，除以 3 後餘數為 1 \\ \{\ldots, \quad -4, \quad -1, \quad +2, \quad +5, \quad +8, \ldots\} \ 除以 3 後餘數為 2 \end{array} \right\}$$

「我們只要把出現在 $\mathbb{Z}/3\mathbb{Z}$ 中的 $3\mathbb{Z}$，想成是表示『無視 3 的倍數的差異』的等價關係就可以了。」米爾迦說。「除此之外，商集的例子要舉多少都想得出來。例如，將這個由學校全部學生所構成的集合，用『學年相同』這個等價關係除的話，就會得到由帶有『同學年學生』元素的集合所構成的商集。而這個商集就會變成帶有『所有一年級學生的集合』、『所有二年級學生的集合』、『所有三年級學生的集合』等三個元素的集合。」

「學長！米爾迦學姊！——我發現了一件大事囉！」蒂蒂大聲喊。

「發現什麼了呢？」我問道。因為蒂蒂的「發現」通常都跟數學上的了不起發現有關，所以不容小覷。

「搞不好、我是說搞不好啦……搞不好村木老師所謂的無法成為『皮亞諾算術』的『序對的算術』，只是大叔的冷笑話罷了（皮亞諾與序對的日語唸法相似，發音皆為 PIANO）。」

沉默在我們之間流竄。

「如果真是這樣的話……」我吞吞吐吐地欲言又止。

「我個人非常希望不是這樣。」米爾迦冷冷地說道。

8.4　餐廳

8.4.1　兩個人的晚餐

「媽媽，晚餐呢？」

晚上。因為感覺不出來有準備吃晚餐的動靜，於是我走向了飯廳。

「今天晚上爸爸會在外面用餐，媽媽沒什麼作菜的心情，所以——」媽媽說。「偶爾外食一下也好！嗯、就吃義大利菜。」

媽媽載著我，開了大約三十分鐘的車。開進了位於市郊外的餐廳。撲鼻而來的食物香氣。Buona Sera！服務生活力十足地打著招呼。明亮而溫暖的義大利氛圍悄然地包圍我們。媽媽點了主廚義大利麵和沙拉，而我點了披薩。

「真是大失策！今天不能喝紅酒呢！要開車！」

「開車不喝酒！喝酒不開車！」聽我這麼說，媽媽立刻苦著張臉。

8.4.2　成對的羽翼

在等待料理上桌的時間，我環顧著餐廳。客層大多是情侶和家族。播放的音樂吉他聲雖然分貝出奇大，但我卻不覺得討厭。對面的那桌圍滿了餐廳的服務生，正高聲地為當天生日的顧客歡唱生日快樂歌。

「啊！披薩好像出爐了耶！」

我用力地嗅了嗅後說道。

「這麼說起來，你這孩子從小鼻子就特別靈呢……但對自己身上的氣味倒是遲鈍地驚人就是了。還記得嗎？幼稚園的尿褲子事件……」

「別提這種陳年往事啦！媽媽！」

「想想那時你個子還小小的，怎麼一轉眼現在就已經快升上高三了呢……時間過得還真是快。」

媽媽兩手托腮，一臉感慨地望著遠處，忘神地不知在想些什麼。

已快升上高三了……一想到這個，我整個人陷入了緊張與不安。

喧鬧的吉他聲嘶吼著，孩子們的笑聲不絕於耳，我卻充耳未聞。

我到底是為了什麼唸書呢？

雖常聽人家說「青春擁有無限可能」，但時間卻位處於一維空間。該讓哪種可能性投射在我的時間軸上，我不得不做出抉擇。

「吶，媽媽！」

「怎麼了？」原本還仔細研究甜點單的媽媽抬起臉來。

「我——到底在做什麼呢？」

「和美麗的媽媽一起享用美食啊！」

「我總覺得——好像要翻落下懸崖。明明都還沒有準備好……在一個月後馬上要升高三了。一年後還要參加大學聯考。每過一天，就覺得自己離懸崖更近……腳下的地面也隨之逐漸消失，該如何才能往前邁進呢？」

「飛向天空？」媽媽說。「如果地面消失了，飛向天空就好啦！」

「咦？」

「只要舞動成對的羽翼，就飛得起來了。或許在你聽來像是痴人說夢，但是你絕對飛得起來。只要有一對左右對稱的羽翼，就已經足夠。碰到懸崖就只能飛啊——你在害怕什麼呢?!」

「不管在校成績再怎麼出色，我還是不行。我啊——」

「這跟成績沒有關係。你是媽媽我懷胎十月生的。我還記得你蹣跚學步的可愛模樣呢！那樣跌跌撞撞不下千百次，你都忘了嗎？」

「我怎麼可能記得那些啊！」

「在學會走路之前，不知道摔了多少次……。可是，看看你現在，踏出右腳後就會邁出左腳；而左腳後接著就會邁出右腳，走得是這麼地理所當然。聽好囉！你絕對不會有問題的！因為準備不夠而感到不安?!你說的是什麼傻話！人生就是要全力以赴噢！」

媽媽手裡拿著菜單，越過桌子往我的頭直接敲下去。

「放手大膽地去做吧！一定可以走得穩，可以飛得遠。絕對不會有問題。」

「……」

媽媽的話開始有點支離破碎，理論上也語義不明。可是，不可思議

的是這些話居然讓我冷靜了下來，整個人安了心。媽媽的箴言……嗎？

「人生無常，一言難盡啊！你三歲時的那個冬天。在一個大雪紛飛的深夜裡，你發了高燒，不只咳得相當嚴重，還在生死邊緣徘徊。那場雪大到連車子都開不出去，爸爸這一天也晚歸。媽媽我啊！一個人背著你走了大老遠的路到醫院求救呢！……等我走到醫院時，整個人簡直都成了雪人。開口第一句話，居然是對著護士說『這裡是八甲田山嗎』。」

這些話，我早聽過八百萬遍了。整個故事，甚至連「這裡是八甲田山嗎」這句台詞從來都沒變過……可是，今天這個故事聽起來好像有那麼點不一樣。

餐點上桌了。

「來！開動吧！」

我在披薩上灑滿了加了辣椒的橄欖油，接著咬下一大口。

真是人間極品啊！

8.4.3　無力測驗

在餐點快吃完時，媽媽重新翻開甜點單。「看起來都好好吃喔！巧克力蛋糕指的應該是巧克力塔，而焦糖布丁應該就是烤布蕾吧！甜點單上的甜點怎麼可以沒有照片，只有文字說明呢！」

「就是說啊！」

「對你來說，無力測驗似乎很需要呢！」媽媽看著甜點單，頭也不抬的說道。

「無力測驗？」我完全不懂媽媽這句話的意思。

「取代實力測驗的無力測驗。一個人窮緊張個什麼勁呢？你應該更努力放輕鬆一點才行。大家都很喜歡你呢！」

「大家？」

「雖然你這個孩子很怕生，但竟意外地受到歡迎呢?!這些女孩還真是有看人的眼光耶！對了！下一次要不要大家一起開車去兜風呢？嗚哇～這主意真棒！光是用想像的都覺得開心。」

「我拜託妳別亂來啦！我希望妳不要擅自幫我安排。」我說道。

「那天應該是媽媽我開車。助手席上坐的是應該米爾迦吧！蒂蒂、永永和由梨應該也會想參加才對。嗯嗯，你想想看，一車坐滿五個人不是很完美嘛!?」

「那這麼說來，我不就上不了這輛車了嘛!?」

數學，只是將迥異的東西冠上相同名稱的技法。
——龐加萊（Jules Henri Poincare，法國數學家，1854～1912 年）

第 9 章
疑惑的螺旋梯

我們經過螺旋，
來到了這個世界上，
但原本我們是身處於地球上的。
——荻尾望都《モザイク・ラセン》（馬賽克螺旋）

9.1 $\frac{0}{3}\pi$ 弧度

9.1.1 板著臉的由梨

星期六。

我和由梨在飯廳內正啃著鹽味仙貝。

媽媽一邊倒著茶，一邊開口說道。

「話說，吶、前一陣子在遊樂園裡，米爾迦——」

聽到媽媽說的話，由梨驚訝地坐直了身體。

「什麼遊樂園？什麼米爾迦大小姐？」來回看著我和媽媽的由梨。

「前一陣子我們到遊樂園去玩了噢！」我回答道。

「我怎麼不知道！米爾迦大小姐和哥哥，就你們兩個人嗎？」

隱隱察覺到空氣中有不對勁的味道，媽媽默不作聲地退回了廚房。

在投下一枚原子彈之後，見苗頭不對媽媽就打算溜了嗎⋯⋯？

「咦——為什麼沒有帶由梨一起去呢？」

「那這樣的話，下一次大家再一起去吧！」我求和道。

「⋯⋯我才不相信。」由梨帶著不信任的眼神怒視著我。

在尷尬的氣氛下，由梨開口說話的次數愈變愈少。當我返回房間的時候，由梨也一言不發地跟在我的後頭。

這就是循環。

哭喪著一張臉的由梨，始終默不作聲。

「有什麼不滿的話，可以直接說出來。」我說道。

「……」

「妳這樣悶不吭聲地，我怎麼會懂呢？」

「……」

「隨便妳！看妳愛怎麼鬧彆扭都可以。」我在書桌前坐了下來。

「……」

一言不發地，由梨雙手猛抓著我的椅子喀噠喀噠地來回搖晃著。

我用力地嘆了一口氣，接著轉過身去面對由梨。

然後，再次回到了「這就是循環」的現實當中。

……由梨這種毫無意義的動作持續了將近有二十分鐘左右。

對這樣無上限地重覆的循環，我決心豎起白旗。真沒辦法！

「是哥哥我不對。我不該沒問過由梨就擅自和米爾迦兩個人去遊樂園。對不起！」為什麼我非得要開口向由梨道歉不可呢！

「……」由梨偷偷地瞥了我一眼。

「啊！對了！」我想起一件足以轉移由梨不開心的好事。「米爾迦似乎正在考慮要在這個春假舉辦活動噢。記得嗎？就是我們之前聊過的『哥德爾不完備定理』呀！米爾迦也說了要由梨一起參加喔！」

「……真的嗎？」

喔！上鉤了！

「真的！真的！一定會聊哥德爾不完備定理噢！」

「嗯……那好！我賜米爾迦大小姐免死金牌，赦免她的罪狀！」

由梨一臉臭屁地允諾道。

什麼鬼啦──總覺得女生這種生物麻煩死了。

9.1.2　三角函數

「哥哥，麻煩請教我 sine、cosine 喵～」

善變的由梨，突然間就說起了平時撒嬌才用的貓語。

「可以啊……數學課已經上到這個部分了嗎？」

「課餘時間，老師稍微提到了這個部分。但是我搞不懂。」

「原來是這樣啊！」

「放學後，雖然請教了喜歡數學的朋友，但聽了解說後我還是沒有懂。到了最後，那傢伙就跟平常一樣大動肝火地結束了話題。還放話說由梨之所以會不懂，都是由梨自己不好……所以，最後吵架收場。」

「這樣啊……」

「果然還是哥哥最好了——就是這種感想。快！sine、cosine！」

「好、好、好！」

我一打開筆記本，由梨便跟著從口袋裡掏出眼鏡戴上。

「要說得簡單好懂一點喔！」

「我們要使用單位圓來說明。所謂單位圓是指半徑為 1 的圓。」

我以原點為中心畫出了一個單位圓。

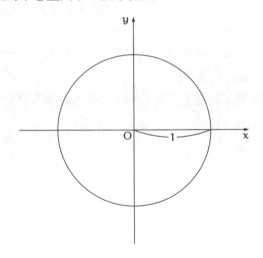

「單位圓。」由梨複誦道。

「設位於圓周上的某一點為 P，點 P 與 x 軸的夾角我們稱之為 $\overset{\text{theta}}{\theta}$。」

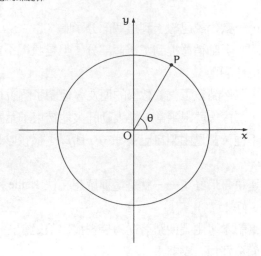

「theta？」

「θ 是一個希臘字母噢。可是，在這裡我們只要把它當作是代表角度的字母來看待就可以了。談到角度的時候，經常會使用到 theta 喔！」

「好啊！不就是 theta 嘛！」

「當點 P 在圓周上移動的時候，角度 θ 也會跟著改變，對吧?!」

「是啊！」

「隨著角度變化的連動，點 P 的 y 座標也會跟著變化。」

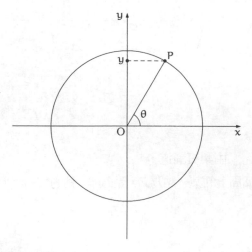

「這還用說嘛！那是因為 P 的高度改變啦！」

「一旦決定了 θ 的實際角度為幾度的話，y 也就會跟著決定了。」

「嗯，就會跟著決定。」

「當點 P 在單位圓的圓周上移動的時候，對應 θ 的 y 會變成什麼樣的值呢——像這樣——

　　用來表示 y 會隨著 θ 而改變的函數

我們稱之為 sine 函數噢！」

「咦？那個就是 sine、cosine 的 sine 嗎？」

「對啊！只要一旦決定了 θ，點 P 的 y 座標也會跟著決定，不是嗎？我們要將那個 y 記作——

$$y = \sin \theta$$

上面這個式子則要唸作 y 等於 sineθ。」

「sine・theta。利用角度 θ 來決定 y……？」

「正如由梨所說的一樣。」

「咦、咦……就這麼簡單嗎？」

「就是這麼簡單啊！」

9.1.3　sin 45°

「那麼，所謂的 cosine 又是什麼呢？」

「在解釋 cosine 之前，我們要先試著調查一下 sine 的具體值。例如，當 θ 為 0°的時候，$\sin \theta$ 為多少呢？」

「嗯，是不是 0 呢？」由梨思考了一下之後回答道。

「正確答案。因為當 θ 等於 0°的時候，y 也會等於 0 的緣故。」

「嗯。點 P 就會在 x 軸上。」

「對！也就是——

$$\sin 0° = 0$$

的意思。」

「都說我懂了啦！」

「當 θ 為 90°的時候，y 就會變成等於 1。」

$$\sin 90° = 1$$

「這個時候，點 P 會在圓的頂點上，對吧?!哥哥！」

「沒錯！在這裡，我們要試著將 θ 從 0°到 360°繞一圈；這個時候的 $\sin\theta$，也就是 y 的移動範圍為何？由梨知道嗎？」

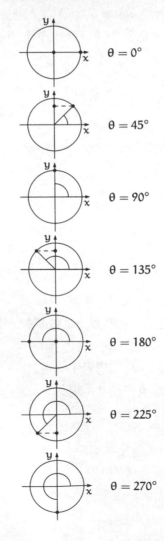

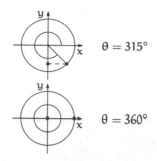

「y 會在介於 0 與 1 之間的範圍內移動——啊！不對！也有可能會出現負數的情況。」

「對！沒錯！」

「因為是往上轉動，再往下轉動，所以會介於 1 與 -1 的範圍內。」

$$-1 \leqq \sin\theta \leqq 1$$

「正確答案。$\sin 270°$ 時，就會變成 -1；$\sin 90°$ 時，就會變成 1。」

「對啦！所以人家都說懂了啊！」

由梨的口氣顯得有點不耐煩，她將馬尾解開並重新綁好。這個時候，我才發現由梨的頭髮真的很長。

「……這樣的話，那 $\sin 45°$ 的時候，會等於多少呢？」我問道。

「咦？因為是 $\sin 90°$ 的一半，所以是不是就等於 $\frac{1}{2}$ 呢？」

「暈倒。不對啦！從剛剛的圖像裡頭，試著找出 $\theta = 45°$。」

「唔唔……啊！y 比 $\frac{1}{2}$ 還要來的稍微大一點喵～」

「如果是由梨的話，一定可以求出 $\sin 45°$ 的正確值噢！」

「是要使用像量角器那種道具嗎？」

「不用！利用計算來求算。只要將它想成正方形的對角線就可以了。」

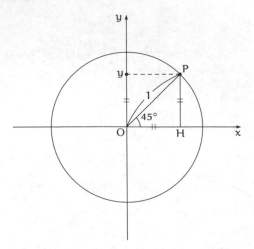

「我想想看喔！對角線的長度為 1 的正方形，是單邊的長度嗎？」

「對！那就是 y！……那麼，答案是？」

「嗯、$\sqrt{2}$……不是，是 $\frac{\sqrt{2}}{2}$。」

「怎麼計算出來的？」

「因為，答案就是這樣啊！」由梨含糊其詞。

「話是沒錯啦！在這裡我們要使用**畢氏定理**……」

$\overline{OH}^2 + \overline{PH}^2 = \overline{OP}^2$	根據畢氏定理
$\overline{OH}^2 + \overline{PH}^2 = 1$	因為 $\overline{OP} = 1$，平方之後也會等於 1
$\overline{OH}^2 + y^2 = 1$	因為 $\overline{PH} = y$
$y^2 + y^2 = 1$	因為 $\overline{OH} = y$
$2y^2 = 1$	計算左邊之後得到
$y^2 = \dfrac{1}{2}$	兩邊同時用 2 除
$y = \sqrt{\dfrac{1}{2}}$	因為 $y > 0$，所以 y 為 $\frac{1}{2}$ 的正平方根
$\quad = \sqrt{\dfrac{1 \times 2}{2 \times 2}}$	分子分母同時乘以 2
$\quad = \sqrt{\dfrac{1 \times 2}{2^2}}$	分母為平方數
$\quad = \dfrac{\sqrt{2}}{2}$	平方數可以移到根號外

「咦……我剛剛都沒有做這些步驟。」由梨說道。「邊為 1 的正方形的話，對角線不就是 $\sqrt{2}$ 嗎？對角線為 1 的話，只要全部除以 $\sqrt{2}$ 不就可以了嘛！這樣一來，單邊就會變成了 $\frac{1}{\sqrt{2}}$，對嗎？然後，分子分母同時乘以 $\sqrt{2}$，就是 $\frac{\sqrt{2}}{2}$ 了。」

「嗯，這樣計算也對噢，由梨。對了！$\sqrt{2}$ 大約等於 1.4，對吧!?」

「為什麼這麼問？」

「為什麼啊！只要將 1.4 平方後，就會得到 $1.4^2 = 1.96$，大約等於 2。」

「嗯嗯！」點頭如倒蒜的由梨。

「所以，$\frac{\sqrt{2}}{2}$ 大約是 1.4 的一半，也就是 0.7 左右。」

「嗯嗯，原來是這樣啊！」

「因此，我們求得 sin 45° 的值大約是 0.7。」

「喔！這樣啊！」

「因為 $\sqrt{2} = 1.41421356\ldots$，所以更精確一點的值可變如下。」

$$\sin 45° = \frac{\sqrt{2}}{2} = \frac{1.41421356\cdots}{2} = 0.70710678\cdots$$

「喵來如此！自己就可以計算得出 sin 45° 的值啊！」

9.1.4　sin 60°

「那麼呢！可以求出 sin 60° 的值來嗎？」我問道。

「我想想看唷……是要我求出下面圖像中 y 的值對嗎?!」

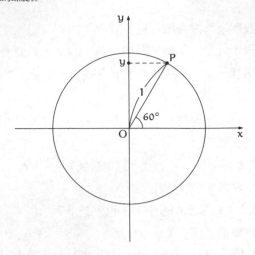

「對！沒錯！有沒有察覺到什麼呢？」

由梨聚精會神地盯著圖像。

在用手搔過鼻頭之後，自言自語的說了（並不是這個⋯⋯）。

由梨也變得愈來愈有耐性了呢！

「可能是這樣吧！我懂了噢！」

由梨抬起臉來。在圖像上面寫下點 A 與點 Q 兩個點。

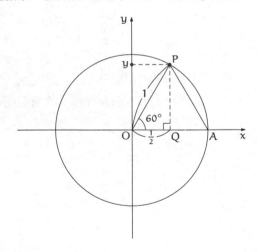

「喔！感覺不錯嘛！」

「這個就叫做正三角形，對吧──」

「沒錯！三角形 POA 為正三角形。因為邊 $\overline{OP}$ 與邊 $\overline{OA}$ 為圓的半徑，所以長度會相等。這也就代表了角 OPA 與角 OAP 兩個角會相等。此外，如果角 POA 為 60°的話，因為角 OPA、OAP、POA 三角的和為 180°，所以這三個角各為 60°。因此，這個三角形是正三角形。」

「對！對！對！」由梨說道。「所以說，嗯、從頂點 P 由上往下畫一垂直線的話，就可以得到直角三角形 POQ 了。而且因為邊 $\overline{OQ}$ 是邊 $\overline{OA}$ 的一半長，所以是 $\frac{1}{2}$。也因此，y 的值，嗯——可經由 $1^2 - (\frac{1}{2})^2$ 的平方根取得……」

由梨在筆記本的一角，凌亂地計算著。

「我知道了。就是 $\overline{PQ} = \sin 60° = \frac{\sqrt{3}}{2}$ 噢！」

「嗯。這樣可以了。因 $\sqrt{3}$ 大約 1.7 左右，所以 sine 60°大約 0.85。」

「可以知道正確的值嗎？」由梨問道。

「因為 $\sqrt{3} = 1.7320508...$，所以更精確一點的值可變如下

$$\sin 60° = \frac{\sqrt{3}}{2} = \frac{1.7320508\cdots}{2} = 0.8660254\cdots$$

……可是呢！由梨。在計算時，應該要在筆記本上空白的地方進行才對噢。像妳這樣隨便在筆記本的某個角落亂寫，根本不叫計算。」

「遵命！」

「現在講的事很重要……下一個，sin 30°的答案馬上就可以知道！」

「咦？為什麼？啊！我知道了！我知道了！讓正三角形躺下來，只要使用 90° − 60° = 30°就可以求得答案了。$\sin 30° = \frac{1}{2}$，哥哥。」

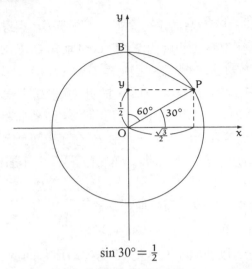

$$\sin 30° = \tfrac{1}{2}$$

「嗯、很不錯噢。這麼一來,就知道當 θ 為 0°、30°、45°、60°、90°的時候 $\sin\theta$ 的值了。當角度超過 90°的時候,就要利用**對稱性**了。」

「不懂意思。對稱性?」

「因為圓是左右對稱的,例如,$\sin 120°$會等於 $\sin 60°$。只要看下面這個圖像的話,就一定會懂意思囉!」

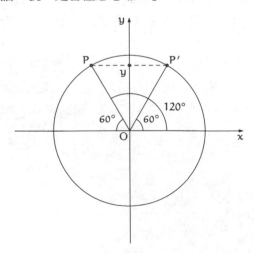

「咦⋯⋯這樣啊!P 的 y 座標會跟 P' 的 y 座標相等⋯⋯也就是說,$\sin 120°$會等於 $\sin 60°$。原來如此——唔,那麼一來剩下的不就全部都

可以知道嗎？超過 180°的話，就只要加上 −（負號）就可以了。」

「對！沒錯！」

我將立刻可以求出 sin 值的點，重新畫成了圖像。

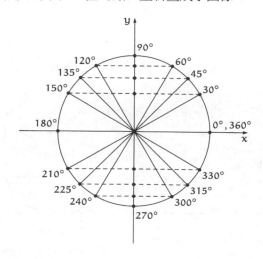

9.1.5 正弦曲線

「哥哥，這麼說起來正弦曲線根本就沒有出現過嘛。」

「咦？不然妳以為現在是為了什麼在計算 sin θ 呢？」

「是為了什麼？」

「為了要畫出正弦曲線啊！我們要使用圖表來表示 θ 與 sin θ（也就是 y）的關係。」

θ	0°	30°	45°	60°
sin θ	0.000 $\cdots$	0.500 $\cdots$	0.707 $\cdots$	0.866 $\cdots$

θ	90°	120°	135°	150°
sin θ	1.000 $\cdots$	0.866 $\cdots$	0.707 $\cdots$	0.500 $\cdots$

「嗯嗯～」由梨頻頻點著頭。

「從 180°以後，只要加上 − 就可以了，對吧!?由梨。」

θ	180°	210°	225°	240°
sin θ	−0.000⋯	−0.500⋯	−0.707⋯	−0.866⋯

θ	270°	300°	315°	330°
sin θ	−1.000⋯	−0.866⋯	−0.707⋯	−0.500⋯

「嗯嗯～」

「那麼，sin 360°就等於是回到了 0°。正弦曲線，看出來了嗎？」

「什麼事情？」由梨問道。

「這件事情。」我將每一個點描出來。

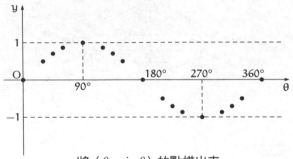

將 ($θ$，sin $θ$) 的點描出來

「喔！唉唷！這個是……」由梨探出身來。

「對！沒錯！我們只要順著這些點並將它們一一連起來……」

「讓由梨來連！」

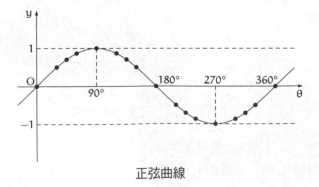

正弦曲線

「對！就是這樣！」我說道。

「正弦曲線出現了。……奇怪？對不起！哥哥。我愈搞愈糊塗了。剛剛我們畫過的單位圓和這個正弦曲線是不同的圖像吧！是相同的圖像嗎？」

「由梨，妳該不會是忘了讀圖的基本規則了吧！讀圖的時候，要注意軸。剛剛我們在畫單位圓的時候，橫軸為 x 軸，縱軸為 y 軸。所以，剛剛的單位圓代表了 x 與 y 的關係。現在，我們所畫的正弦曲線，橫軸變成了 θ。所以正弦曲線代表了 θ 與 y 的關係。也就是說——

- **單位圓**為
  隨著點 P 的移動就可以看出「x 與 y 關係」的圖像。
- **正弦曲線**為
  隨著點 P 的移動就可以看出「θ 與 y 關係」的圖像。

——這就是兩個圖像所代表的意義噢，由梨。」

「原來如此的喵。說不定我已經有一點點了解正弦曲線了。」

「那就太好了！」我點點頭。

「雖然在單位圓的圖像上可看見 θ、x、y，但在正弦曲線的圖像上，卻只能看到 θ、y，這一點很讓我在意——可是比起這個……哥哥。」

由梨摘下眼鏡並折好。

接著，就好像是在挑選用字一樣開口說道。

「哥哥……人家由梨還搞懂了另外一件事。但不是數學的事，而是關於自己本身的事。那個就是，由梨好像太急躁了點。就像剛剛，才開口問了 sine 的問題，也不管懂不懂又馬上問起了 cosine 的問題——像這一類的事情。著急著、著急著，只想盡快抵達下一個階段。」

「很急嗎？」

「嗯……該怎麼說呢！立刻可以了解的時候，很容易會有『已經懂了，所以往下繼續』的想法；而無法立刻了解的時候，很容易有『太麻煩了！還是算了！』的想法。……可是，哥哥卻不一樣。總是老神在在。」

「沒有必要急躁。因為在數學演變成今日的形式之前，早已經花上了數百年、甚至是數千年的時間。從每一個時代最頂尖的腦袋中擠出智慧……。在現今數學書籍上所載記的符號、數式或想法誕生之前，應該

也曾經走過難以想像的漫長路程才對。因此,即使無法一看到馬上就懂也沒有關係。或許反倒該說不懂才好。」

「就算不懂也沒關係嗎?」

「這比在意懂了沒有來得強。只要有『或許這本書要寫的就是這個意思也說不定。可是,真正的意思或許我還不了解』這種想法就可以囉!」

「比起電光石火迅速燃燒殆盡,能夠持續燃燒的愛情才是王道!」

「現在是演哪一齣啊?」

「暫且別管這個,差不多該進入 cosine 的話題囉!」

「sine 所指涉的就是 θ 與 $\underline{y}$ 的關係,cosine 則是 θ 與 $\underline{x}$ 的關係。」

「不賴嘛……」

「剩下的部分我自己試著研究看看。」

「厚──來這招啊!」

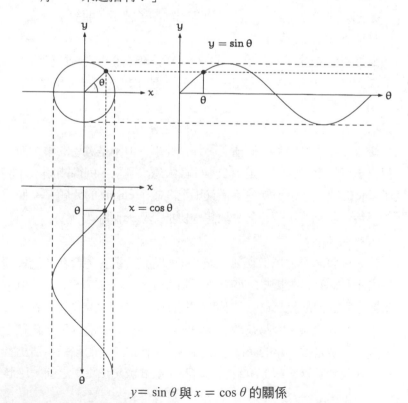

$y = \sin\theta$ 與 $x = \cos\theta$ 的關係

9.2 $\frac{2}{3}\pi$ 弧度

9.2.1 弧度

「……我和由梨聊過了這些噢！」我說道。

「sine、cosine……我對三角函數真的很沒轍。」蒂蒂說道。

現在是中午休息時間。我和蒂蒂正在學校教室屋頂上吃著午餐。晴空萬里大好天氣。明天是結業式。從明天開始就要放春假了。

「是這樣嗎？我還以為蒂蒂很了解呢！」

「當然也有了解的地方，卻不能說『完全理解』……」

「不！不！就連數學家也沒有一個人敢說自己是完全理解的噢！」

「該怎麼說呢……就是瀰漫著『無法真正了解的感覺』。」

「例如，像什麼事情呢？」

「例如，像三角函數之前的弧度……」

「啊啊！原來如此！」

「弧度就是角度的量度單位。我知道90°等於 $\frac{\pi}{2}$ 弧度、180°等於弧度、360°等於 2π 弧度……這一類基本知識。也知道『弧度』和『度』的轉換比例。可是……究竟為什麼360°會等於 2π 弧度？我並不清楚。」

蒂蒂手中的筷子有如測定器般地轉了一整圈。

「只要將弧度想成『圓弧的長是半徑的幾倍？』就簡單噢！」

「圓弧的長是半徑的幾倍……嗎？」

「對！例如，可以試著思考，360°會變成幾弧度。將圓半徑視為 r，對應 360°的圓弧──也就是圓周全部──長度會變得如何呢？」

「半徑為 r 的圓周──我知道。是 $2\pi r$。」

$$半徑為 r 的圓的圓周 = 2 \times 圓周率 \times 半徑$$
$$= 2 \times \pi \times 半徑$$
$$= 2 \times \pi \times r$$
$$= 2\pi r$$

「嗯。那麼，這個 $2\pi r$ 是半徑 r 的幾倍呢？」

「因為是 $2\pi r$ 除以 r，所以是 2π 倍——啊！所以是 2π 弧度？」

「對！沒錯！弧度就是利用『圓弧的長』來測量『角度的大小』的。可是，如果圓半徑變成了 2 倍的話，要保持角度不變，圓弧弧長就要跟著變成 2 倍長。所以，要根據『圓弧的長是半徑的幾倍？』換句話說，也就是『圓弧弧長與半徑比』來表示角度。」

「為什麼 360° 就不行呢？」

「轉一圈之所以為 360°，恐怕是因為 360 裡的因數夠多的關係吧！並沒有 360° 就不行這回事喔⋯⋯那只可說是恣意選擇吧！因為 360 這個數字也是憑空出現的。相較之下，使用半徑的比來表示角度比較自然⋯⋯當然這個也只是個選擇啦！」

「是。」

「圓心角在圓上做出圓弧的長度。根據圓弧弧長與半徑的比來表現的角度，即為弧度。例如，利用半徑為 r 的圓所製造的 60° 圓弧就會變成

$$2\pi r \times \frac{60°}{360°} = 2\pi r \times \frac{1}{6}$$
$$= r \times \frac{\pi}{3}$$

$r \times \frac{\pi}{3}$ 就是半徑的 $\frac{\pi}{3}$ 倍，不是嗎？因此，60° 會等於 $\frac{\pi}{3}$ 弧度。」

我拿出記事本，在上面畫了圖。

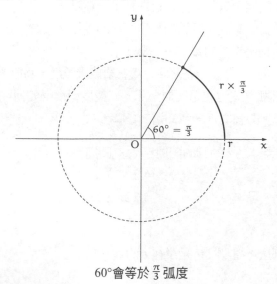

60° 會等於 $\frac{\pi}{3}$ 弧度

「啊！有點印象湧現出來了。」蒂蒂說道。

9.2.2 教學

用完餐的蒂蒂，用粉紅色的布巾把便當包了起來。

我把麵包的空塑膠袋塞進口袋，站起身來大大地伸了一個懶腰。

「就在最近啊！朋友問了我數學的問題……」蒂蒂說道。

「嗯，開口教也會成為學習的一環，對吧?!」

「可是，因我的說明太慢，常被朋友說『果然還是算了』這樣嫌棄。」

「原來如此！」我說道。

「自己學和讓人家教這兩件事情看似一樣，但其實相差很大。」蒂蒂說道。「要當學校的老師還真是不容易呢……。到目前為止，到底在說什麼啊?!好好教啦！像這種抱怨我不知道說過了幾千萬遍呢！教學真是相當不簡單的工作呢！並且對象還是一堆人。」

「是啊！」

「我認為學長這麼會教人，實在是很了不起！」

「可是，有很多東西也是我沒辦法教的啊！每當蒂蒂聽我說話的時候，都會很仔細地提出問題對吧！蒂蒂會說『我這裡不懂』。這一句話，對我來說幫助很大噢。如果沒有這句話的話，我就必須一邊想著『妳懂了沒有……』，一邊進行解說。」

可是──我開始獨自思考。

可是，該不會從今以後，隨著數學學習愈來愈深入，而相對地教人也會變得愈來愈困難呢！隨著愈接近數學的最前線，剛從山裡頭挖掘出來的原石、剛從海邊撿拾回來的貝殼，或者是剛摘採下鮮嫩欲滴的果實，一路上是不是也會變得愈來愈多呢？雖然不懂它們真正的價值，但每一樣卻都如此美麗而新鮮。這些東西我能夠「教」得來嗎？

「……學長？」

「啊！抱歉！我剛思考了一下。」

蒂蒂一邊用力拉緊布巾的結，一邊開口說道。

「那個……我覺得……能夠進入這所高中就讀……真的很幸運。」

「是嘛！那真是太好了！」

「那個……我認為……一入學馬上寫信給學長，真的是太好了。」

「嗯。收到信的我也很開心噢！」

「那個……我……我……」

下午上課的預備鈴聲響起。

「那個、那個那個……下次我們還要一起吃午餐喔！」

9.3　$\frac{4}{3}\pi$ 弧度

9.3.1　停課

我一回到教室，就看到米爾迦站在教室門口。

「我們班下午停課。」

「怎麼一回事？」

不明就裡地，我就像被米爾迦拖著似地，一路拖出了學校。

我跟在快步疾走的米爾迦後頭。穿過了大馬路、經過了十字路口，和平常不一樣的時間裡，走平常上學不一樣的路線，都讓我覺得很奇怪。

車站。我們跳上了電車，然後並肩坐在一起。

9.3.2　餘數

在和煦的陽光中，電車緩慢地向前行駛。到底要到哪裡去呢？

「說什麼停課……我們這是蹺課了，對吧?!」我說道。

「午休，你在哪裡？」米爾迦邊擦拭著鏡片邊問。

「那個、屋頂上。」

「是嘛……」米爾迦重新戴上眼鏡，然後看著我的眼睛。

「我和蒂蒂一起吃了午餐噢！」我搶在米爾迦發難前先招了。

「蒂德拉還真是個好孩子呢！」米爾迦說道。

「我們聊了弧度的話題。」

「蒂德拉還真是個好孩子呢！」

「像是 $360° = 2\pi$ 弧度之類的……」

「蒂德拉還真是個好孩子呢！」

「……嗯，對啊！」我同意了米爾迦的話。

「也聊到了 $\theta \bmod 2\pi$ 的話題嗎？」

「咦？」

「重複相同事情的話題。」

「什麼事情？」

「紙！」米爾迦說道。

一等我把筆記本和自動鉛筆準備好，米爾迦立刻寫下了一個式子。

$$\theta \bmod 2\pi$$

我思考著。

嗯……原本 $a \bmod m$ 這個式子，意思是將 a「用 m 除後所得到的餘數」。換句話說，就是「除以 m 後的餘數」。例如，$17 \bmod 3 = 2$。為什麼呢？因為 17 除以 3，餘數會變成 2 的緣故。在 $a \bmod m$ 這個式子當中，通常 a 和 m 都被視為整數。

可是，米爾迦寫的卻是 $\theta \bmod 2\pi$。意思是要求 θ 除以 2π 的餘數嗎？

實數除以實數所得到的餘數……我該怎麼想才對呢？

我偷偷瞥了身旁的米爾迦，她正透過車窗看著外面的景色。

雖然米爾迦一副假裝不知道的樣子，但卻注意著我的一舉一動。

因為是 θ，所以打算求角度？除以 2π 後所得到的餘數會是什麼？

……。

「啊！我知道了。」我說道。「我們將它想像成點在圓周上旋轉……嗯，當只有 θ 弧度在旋轉的時候，點最後的位置，就會跟 $\theta \bmod 2\pi$ 弧度在旋轉的時候的位置相同。」

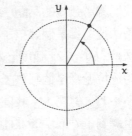

θ 弧度的旋轉　　　　　　　$\theta \bmod 2\pi$ 弧度的旋轉

「對！」米爾迦看著我說道。「例如，對任何兩個相異的實數 x, y，
請思考一下它們之間的關係。

$$x \bmod 2\pi = y \bmod 2\pi$$

換句話說，也就是『除以 2π，x, y 為同餘』的關係。改寫成下面這樣應
該會比較容易理解吧！

$$x \equiv y \quad (\bmod 2\pi)$$

這個關係同時滿足了反身律、對稱律及遞移律。亦即，兩者為等價關
係。我們要用這個等價關係除所有實數的集合 $\mathbb{R}$。」

「……」

「當我們看到 θ 這個的角時，事實上也看見屬於商集的一個元素——
——

$$\{2\pi \times n + \theta \mid n \text{為整數}\}$$

內無數的角會互相重合。」

「原來如此。沒想到在這個地方竟也出現了等價關係與商集呢！」

米爾迦突然站起身來。

「怎麼啦？」

「到囉！準備下車。」

9.3.3 燈塔

一站上月台,便聞到了海的味道。

「這邊。」出車後,米爾迦走進了一條狹窄小路。頭也不回地。

「等一下啦!」

穿過狹窄的小路。在萬里晴空下,一座白色的燈塔矗立在遠處。

「那裡。」米爾迦說道。

我們從正面進入了燈塔。一座陡峭的螺旋梯迴旋往上延伸。

一階一階拾級而上的米爾迦。我也只能硬著頭皮跟著往上爬。

不知道到底迴旋了多少次,終於抵達了梯頂。

推開白色的門走出塔外,視野變得遼闊,眼前是一片無垠的大海。

還看得見位於遠方的水平線。

浪花不絕的海面,閃著粼粼波光。

沒想到……從燈塔上遠眺大海,居然這麼讓人心曠神怡。

春天的海。

海邊一個遊客也沒有。

微風輕輕地吹送著。

海潮的香氣是如此地濃郁。

「有人問我要不要去留學。」米爾迦說道。

「咦?」

「有人問我要不要去留學。」米爾迦重複道。

「咦……」

「有人問我高中畢業之後,要不要到 US 的大學去留學。」

「……誰問的?」

「双倉博士。美國一所數理研究所所長,也就是我的嬸嬸。」

「已經——決定了嗎?」

「已經決定了。」

「要去對吧!」

「對!」米爾迦點著頭。

「……」我——胸口變冷。

「我決定唸數學。那邊的大學雖然功課繁重,但似乎可以盡情地研究數學。今年我去了 US 好幾次,也參觀了博士的研究所。」

嗯。我……我都在做些什麼啊!?

就這樣一廂情願地想著高中畢業後,要和米爾迦一起進同一所大學。

明明我們之間連未來出路都沒聊過?!

不!不對——可是,奇怪?是這樣嗎……

一畢業之後,我們就要各奔前程了。

「……我都不知道。」過了一會兒,我說道。

「嗯?」米爾迦把身體轉向我。長髮隨著海風起舞,像潮又像浪。

「留學這個想法,應該很早之前就有了,對吧!?可是,在妳提出來之前,我卻毫不知情。有關米爾迦未來的出路——」

「……」

「原來我這麼不受信任啊!」我也知道自己的口氣有多惡劣。

「我之所以沒說,是因為都還沒有決定的關係。」米爾迦說道。

我刻意忽視米爾迦疑惑的語氣。

「還是說,米爾迦的身邊——已經不需要有我了?」

我到底在說什麼啊?!

「不是的!我……也是很想開口徵詢你的意見的。」

可是,就算米爾迦開口問了我,我又該怎麼回答才好呢?

9.3.4 海邊

我們一路沉默地走下了燈塔,在長長的沙灘上並肩走著。

湧來、消去——潮來潮往的海浪。

日復一日,未曾停歇——潮來潮往的海浪。

隨著浪花打上海灘之際,許多的海草也跟著捲上了沙灘。

　　米爾迦要去留學？那是當然的呀！以她這種實力，不要說是美國，應往更寬廣的世界做更精深的學習才對。她絕對有那樣的能力與價值。

　　反過來想，我這麼小心眼是怎樣?!對自己無可取代的女孩眼看就要展翅而飛，除了冷言冷語外，什麼都沒做。……我、還只是個孩子。

　　我再這樣下去，就一直都會是個長不大的孩子。

　　我對那樣的自己感到悔恨。我為那樣的自己感到羞愧。

　　就在這個時候──一股猛烈的力道襲中了我的左臉。

　　一個踉蹌，在過了好一會後，我才了解到那股猛烈的力道是疼痛感。

　　「笨蛋！」

　　皺著一張臉的米爾迦高舉著手。

　　「咦……？」我重新扶正被打歪的眼鏡。

　　「反正到現在還是只會滿腦子的『悔恨』、『羞愧』吧！」

　　米爾迦放下了手。

　　「你是笨蛋！就算說了『悔恨』又能改變什麼？就算感到『羞愧』又能改變什麼？儘管你再怎麼消沉，世界也不會因此而有所改變。」

　　「我是……」

　　「你有顆聰明的腦袋。看看四周，好好用那顆聰明腦袋想想。每一個人都喜歡你。蒂德拉喜歡、永永喜歡、由梨喜歡、你的母親喜歡……。再怎麼消沉，也不會替任何人帶來幸福。所以，不准消沉！」

　　「我是……」

　　「不准消沉！不准消沉！不准陶醉於自己的消沉！」

　　「我是個……老在同一個地方打轉，不懂得前進的孩子。」

　　米爾迦的聲調突然降低，一轉為溫柔的語氣。

　　「你可能是──看得見所有的次元吧！」

　　「……」

　　「你只看得見圓周上的轉點。」

　　「……」

「你並沒有看見螺旋。」

「……」

「所以，不准消沉……好嗎？不要這麼消沉。」

米爾迦說著說著閉上了眼睛。

9.3.5 消毒

米爾迦凝視著腳下的沙灘。而我凝視著米爾迦。

意外地挨了結實的一掌，我的臉還火辣辣地疼痛著。

可是，什麼東西造成的隔閡好像消失了的樣子！

「儘管你再怎麼消沉，世界也不會因此而有所改變」。

「不准陶醉於自己的消沉」。

雖然話說得十分嚴厲——卻很真。

高中畢業後，米爾迦決定去留學了。

這樣的事實我不想接受也不行，非接受不可吧！

處在當下這個時間點，我可以做到的事。就從那裡開始！

「吶，米爾迦。」

「……」米爾迦抬起了頭。

「搞那麼多飛機——真的很抱歉。我這麼靠不住，真的很抱歉。」

「哼……」米爾迦目不轉睛地看著我的臉。

「我會——努力脫離低潮，不再那麼消沉。」

「都紅了。」米爾迦指著我的左臉。

「什麼？」我揉了揉臉，手上沾染了一絲絲的血跡。

「應該是我的指甲抓傷你了。」米爾迦盯著自己的手指看。

「啊，剛剛……」是被打的時候抓傷的嗎？

「我幫你消毒。」米爾迦輕輕地湊過臉來。

在我的臉頰上，用舌頭舔了一下。

「……」

「消毒完畢——有海的味道。」

米爾迦話一說完，便綻開了溫柔的笑顏。

> 如果你想立志成為一位數學家的話，
> 那麼，你要把自己當成上帝，
> 並做好從事這個工作都是為了未來，
> 這樣的覺悟噢！
> ——瑞尼（Alfréd Rényi，1921～1969 年，匈牙利數學家）
> 《有關數學的三個對話》

第 10 章
哥德爾不完備定理

一旦真理被發現，
要理解真理是件容易的事，
難就難在如何去發現真理。
——伽利略（Galileo Galilei）

10.1 双倉圖書館

10.1.1 入口處

「再也走不動了啦！好累噢！」

「是這裡嗎？」

「嗯～」

現在放著春假。由梨、蒂蒂和我三個人來到了双倉圖書館。双倉圖書館是一棟座落於山丘上的三層建築物。建築物上面還有一個圓形的屋頂。入口處的標誌迎接著從車站一路爬上山丘的我們。

建築物裡，像飯店大廳寬敞的空間般。抬頭上看，每一層樓都有像迴廊一樣的廊台向外挑出環繞。透過窗戶還可以看到一排排整齊羅列的書櫃。四處擺放著舒適的沙發，使用者可各隨己意想坐在哪裡看書，就在哪裡看書。散發著圖書館特有、充滿書卷的氣味。

「我們應該到哪裡去才對呢？」蒂蒂不安地東張西望著。

「米爾迦說過只要我們到了傳個話就行了……」我說道。

我們向櫃臺一位型男問到了房間的所在處。

「他說房間在一樓的『Chlorine』。」我一邊走在廊上，一邊說道。

「蒂德拉學姊，剛剛那個人真是帥爆了……」由梨說道。

「那個人不知道會不會就是圖書館員呢？」蒂蒂說道。

「他手上沒有戴結婚戒指耶！」

在那麼短的時間內，還真虧妳看得見人家有沒有戴戒指呢……啊！就是這裡。我推開了那道上面寫有「Chlorine」的門。

10.1.2　Chlorine

「你們到了啊！」米爾迦說道。

「吶，米爾迦。這裡是哪裡？」我坐在椅子上打量著房間。

在房間的中央，擺有一張橢圓形的長桌，而桌子的四周也放滿了有椅背的椅子。其中有一面牆更用來充當白板，整個空間可以說會議機能相當完備。在房間的角落設置有內線電話及書架。從寬敞的窗子往外，還可以看見一方彷若庭園的綠意。

「這裡，是圖書館啊！」米爾迦說道。

「是叫做双倉圖書館……嗎？」蒂蒂也坐了下來並說道。

「對！是双倉博士的私人圖書館。」米爾迦說道。「與數理有關的藏書相當廣泛及豐富。也有像這個房間一樣設備齊全，可以用來進行會議或讀書會的空間。偶爾好像也會有國際會議之類的活動在這裡舉行。我也參加過好幾次數學研究會，可以隨意使用這裡的空間。

真叫人驚訝——米爾迦也參加過這一類型的會議啊！

「米爾迦大小姐，今天我們要做些什麼呢？」由梨問道。

「我們要花一整天的時間一起『用數學來做數學』噢！」

「用數學來做數學？」由梨疑問道。

「今天我們來一起思考現代邏輯學的起點——**哥德爾不完備定理**吧！高中圖書室規定既多，而那裡也沒有由梨在。」

「好開心的喵！……啊！對了！米爾迦大小姐。請收下這個。」

由梨遞給米爾迦一個小紙盒。裡頭裝著糖果。

「嗯⋯⋯那就把它拿來當作點心好了──」

米爾迦面向白板，拿起了麥克筆。

「──因為篇幅頗長，所以我們先概略說明今天的流程。」

◎　◎　◎

首先，一開始我們要談的是**希爾伯特計畫**（Hilbert's Program）。數學家希爾伯特試圖為數學奠下鞏固的基礎。因而有了希爾伯特計畫。

其次，要大略說明一下**哥德爾不完備定理**。哥德爾完成了不完備定理的證明，這個成果同時也代表了希爾伯特計畫當初所設定的方針是不可能達成的。在談論證明的部分之前，我們要先聊聊定理本身。

稍後，差不多就該仔細地研究──**不完備定理的證明**。這個部分會花上比較長的時間，途中會停下來吃午餐、點心邊聊。

然後，到了最後，我們要思考**不完備定理的意義**。一提到不完備定理，通常都會認為它粉碎了希爾伯特計畫的希望，昭示數學的極限，並招來很多否定的評價。可是，不完備定理是打造現代邏輯學基礎的定理。我們應該將注意力只放在不完備定理具建設性意義上面就好。

那麼，接下來讓我們馬上開課吧！

10.2　希爾伯特計畫

10.2.1　希爾伯特

希爾伯特（David Hillbert）──可以說是跨越十九世紀末及二十世紀初且位居領導地位的數學家。他為了替數學奠定穩固根基，因而極力提倡**希爾伯特計畫**。這個計畫是由下面三個階段所建構而成的。

- 導入形式系統
  - 用「形式系統」來表現數學。
- 證明相容性

　　　　。證明用來表現數學的形式系統「相容」。

　● 證明完備性

　　　　。證明用來表現數學的形式系統「完備」。

我們按照順序來一一說明。

導入形式系統——希爾伯特試圖使用「形式系統」來表現數學。數學是一門相當大的學問，也涉及諸多範疇。因為無法說清楚講明白「何謂數學？」以致無法建構數學穩固的根基。因此，希爾伯特他將這個名為數學的東西視為「形式系統」。使用符號列來制定邏輯式。在邏輯式中選定一組，並命名為公理。為了將邏輯式推導到別的邏輯式而制定推論規則。始於公理，經由推論規則的連鎖推論而得到的邏輯式，我們稱之為定理。推導至公理的邏輯式串列，則稱為形式證明——如果形式系統中的形式證明，某些意義可經由數學的證明表現出的話，我們可以說這個形式系統的確掌握了數學的某個面向。如果數學可以藉由形式系統來表現的話，那麼之後我們只要針對該形式系統進行研究就可以了。

證明相容性——希爾伯特認為要製造出能夠用來表現數學的形式系統，就有必要思考該形式系統的「相容性」。這裡我們所謂的「相容性」，是指對該形式系統中的任意邏輯式 A，會符合——

「A 與 $\overset{非}{\neg}a$ 兩命題形式上無法同時證明」

這種重要的性質。這是因為一個有效的形式系統最起碼應避免存在矛盾。假如形式系統在一開始就是矛盾的，且對所有的邏輯式都可獲得形式證明，這便代表這個形式系統的存在毫無意義。如果我們可以證明用來表現數學的形式系統不起矛盾的話，那麼也就表示了，我們可以確信 A 與 $\neg A$ 兩命題形式上不會同時被證明。

　　雖說要證明相容性，但該證明的有效性被質疑的話便麻煩了。希爾伯特之所以使用將意義排除之後的形式系統，正是為了試圖明確地證明該形式系統本身不起矛盾。

證明完備性——為了替數學奠下穩固根基，希爾伯特認為光只有相容性還是不夠。用來表現數學的形式系統不只是要相容，還一定要完

備。在這裡所謂的完備性，指的是對該形式系統中的任意語句 A 會符合——

「A 與 $\neg A$ 至少有一方形式上可以證明」

這種重要的性質。如果我們可以證明用來表現數學的形式系統具完備性的話，那麼也就表示，我們可以確信 A 與 $\neg A$ 兩命題至少有一方形式上可以證明。

希爾伯特經由「導入形式系統」來表現數學；「證明相容性」來表示 A 與 $\neg A$ 兩命題形式上不會同時被證明；再「證明完備性」來表示 A 與 $\neg A$ 兩命題至少有一方形式上可以證明。希爾伯特……對了！也就是說他認為——

「形式證明的光抵達不了的幽闇之境，並不存在」

的意思噢。

經由導入形式系統、證明相容性、證明完備性，奠下數學的根基。好啦！這麼一來，大家應該都已經對希爾伯特計畫有所了解了吧！

希爾伯特計畫

- 導入形式系統
  - 用「形式系統」來表現數學。
    亦即，用形式符號的列來表現數學。
- 證明相容性
  - 證明用來表現數學的形式系統「相容」。
    亦即，對任意邏輯式 A，
    證明「A 與 $\neg A$ 兩命題形式上無法同時證明」
- 證明完備性
  - 證明用來表現數學的形式系統「完備」。
    亦即，對任意語句 A，
    證明「A 與 $\neg A$ 兩命題至少有一方形式上可以證明」

10.2.2　問題

　　「米爾迦大小姐！」由梨喊道。「在剛剛的談話中出現了『形式證明』與『證明』兩種不同的說法……」

　　「嗯？我明明千交代萬交代妳哥哥，要他在讀書會之前，『先幫由梨做好預習功課的』」米爾迦邊說邊看著我。

　　「前一陣子，我不是才仔細地教過妳了嗎？由梨。」我說道。

　　「形式證明我是聽過啦……」由梨結結巴巴地說道。

　　「那麼，我們稍微複習一下。」米爾迦說道。「在形式系統當中，使用『符號列』來制定『邏輯式』。從邏輯式裡頭選定一組，並命名為『公理』。然後再制定從邏輯式推導到別的邏輯式的推論規則。」

　　米爾迦一邊用手指不斷地繞著圈圈，一邊繼續往下說道。

　　「所謂的形式證明，為邏輯式有限數列 $a_1, a_2, a_3, \cdots, a_n$ 的一種，並且會滿足下列幾個條件。

- a_1 為公理。
- a_2 為公理。而且，
  使用推論規則可將 a_1 推導至 a_2。
- a_3 為公理。而且，
  可利用推論規則將 a_1, a_2 兩者之一（或兩者同時），推導至 a_3。
- ……
- a_n 為公理。而且，
  可利用推論規則將前面某個邏輯式推導至 a_n。

這個時候，我們稱剛剛的邏輯式串列 $a_1, a_2, a_3, \ldots, a_n$ 為『形式證明』，而串列的最後一個邏輯式 a_n 則稱為『定理』。因此，所謂的『形式證明』，只不過是形式系統中『邏輯式串列』的一種。也就是屬於形式系統。要稱作『形式世界』的概念也可以。」

　　我們幾個點著頭表示了解了。

　　「另一方面，非形式部分的『證明』，換言之就是數學的證明，並不屬於形式系統。要稱作『意義世界』的概念也可以。有的時候，形式

證明也會簡稱為證明而顯得複雜難辨。那麼……由梨！」

「有！」由梨跳著站起身來。

「我要利用**問題**來確認妳了解了沒有。」

「在形式系統當中，公理可以被視為定理嗎」？

「……唔……我不知道。」

「那換蒂德拉。」米爾迦用手指著蒂蒂。

「我認為——公理可被視為定理。」蒂蒂答道。「所謂的定理，指的就是出現在邏輯式串列當中的最後一個邏輯式。若 a 為公理的話，那麼我們就可以將這句公理構築一個只此一句的邏輯式串列。這個邏輯式串列就會符合形式證明的條件。出現在這個邏輯式串列中的最後一個邏輯式——嗯、是第一個也是最後一個——就是 a 自己本身。所以，a 就會變成定理。因此，不管任何公理都可以叫做定理。」

「這樣就對了！」

「唔，是這樣啊……」由梨喃喃自語道。

「**下一個問題。**」米爾迦的速度一點都沒有放慢的意思繼續話題。設在完備的形式系統 X 當中，語句 a 並非定理。現在，我們要在形式系統當中，追加語句 a 為公理，以製造新的形式系統 Y。這個時候……」

「形式系統 Y 是矛盾的。為什麼」？

沉默的時間。

「這個叫做語句的……是什麼東西來著。」蒂蒂詢問道。

「不帶有自由變數的邏輯式。」米爾迦立即回答道。

再度沉默的時間。

「從定義來思考。所謂的『完備的形式系統』是？」米爾迦提示道。

「對任意語句 A，『A 與 $\neg A$ 兩命題至少有一方形式上可以證明』。」我說道。

「所謂的『語句 a 不為定理』是？」米爾迦問道。

「意思就是語句 a 形式上無法證明。」蒂蒂回答道。

「所謂的『形式系統是矛盾的』？」

「就是某邏輯式 A 與 $\neg A$ 兩命題在形式上都能被證明』。」由梨回答道。

「這樣，線索全都出現囉！那麼，形式系統 Y 之所以矛盾的理由是？」

第三度沉默的時間。

我在想——所謂的語句 a 形式上無法獲得證明是……。

「我知道！」由梨叫道。栗褐色的頭髮，瞬間閃耀著燦爛的金黃。

「這樣啊……那，由梨。」米爾迦用手指著由梨。

「因為 X 是完備的，所以說 a 與 $\neg a$ 兩命題其中一方，應該可以獲得形式上的證明才對。」由梨飛快地說著。「因為 a 並非定理，所以形式上無法證明。因此，$\neg a$ 應該形式上可以證明。可是，我們在 Y 當中追加了語句 a 為公理啊！這麼一來，在 Y 當中，a 與 $\neg a$ 兩者在形式上都可以證明了。這個就是形式系統 Y 之所以矛盾的理由……」

「這樣就對了。」米爾迦說道。

在追逐邏輯過程的時候，由梨以令人驚恐的速度行進著。

「就像這樣。」米爾迦像是用兩隻手抱著一顆偌大的球般地說。「在完備的形式系統中，哪怕是只追加了一個形式上無法證明的語句為公理，也會造成矛盾。所以，比起像『完全』般的用語，使用『完備』這個用語會來得更協調！意思就是應該防備的東西已經完全防備了。」

「完備……」蒂蒂說道。

「**再來一個問題。**」米爾迦說道。「如果形式系統是矛盾的話，那麼，該形式系統內的所有邏輯式形式上都可以證明。雖然目前我們不就此進行證明，但暫且承認這個事實……」

「矛盾的形式系統是完備的。為什麼」？

「啊啊！那是正確的。」我說道。

「咦！明明是矛盾，為什麼又說它會完備呢？」蒂蒂疑問道。

「蒂蒂，妳現在被矛盾和完備這兩個字在字典上的意義給牽著鼻子走囉！」我說道。「如果形式系統矛盾的話，所有的邏輯式形式上都可以證明——米爾迦剛剛說過，對吧！這表示因為語句是邏輯式的一種，因此所有的語句形式上應該都可以證明。這麼一來，該形式系統當然是完備的呀！畢竟，所謂的完備的形式系統，無論選擇任意語句 A，A 與 $\neg A$ 兩命題至少有一方形式上可以證明，對吧!?在矛盾的形式系統當中，A 與 $\neg A$ 兩命題形式上皆可證明。如果『A 與 $\neg A$ 兩命題形式上皆可證明』的話，因為也可以說成『A 與 $\neg A$ 兩命題至少有一方形式上可以證明』，所以矛盾的形式系統是完備的。」米爾迦點頭贊同，並開口說。

「那樣是正確的。『矛盾的形式系統是完備的』這個主張，會被字典上的意義給牽著鼻子走，乍聽之下好像很不可思議。可是，只要思考數學上的定義的話，就會知道那是無可避免的。」

「如果矛盾的話，就是完備的嗎⋯⋯」蒂蒂喃喃自語道。

「一言以蔽之。」米爾迦說。「不要從『矛盾的話就會完備』這句話中引出哲學意義或人生格言。不！要不要引用取決於個人自由，但那對數學來說卻毫無意義。——那麼，我們要朝哥德爾的部分前進囉。」

10.3　哥德爾不完備定理

10.3.1　哥德爾

哥德爾（Kurt Gödel）——於 1931 年出版不完備定理的證明，這是他二十五歲的事。那篇論文的標題為「論數學原理及相關體系中，形式上不能判定的命題 I」。

我稍微唸一下論文摘譯一開始的部分好了。

◦　◦　◦

　　眾所周知，數學朝著更為精確的方向發展，已經導致大部分數學分支形式化，以致人們只需用少數幾個機械規則就能進行證

明。

　　迄今已經建立起來的最完整的形式系統，一個是數學原理（PM），另一個是恩斯特·策梅洛（Ernst Friedrich Ferdinand Zermelo，1871～1953 年，德國數學家）集合論公理體系。

　　這兩個體系是如此的全面，以致今天在數學中使用的所有證明方法都在其中形式化了；也就是說，都可以歸約為少數幾條公理與推論規則。因此，人們可能猜測──這些公理和推論規則足以判定這些形式系統能加以表述的任何數學問題。

　　下面將證明的情況並非如此。

○　　○　　○

　　哥德爾在這篇論文中預先證明了好幾個定理，其中包括了在今天被稱為「不完備定理」的兩個定理。而這兩個定理分別被稱為第一不完備定理及第二不完備定理。

哥德爾第一不完備定理
在滿足某條件的形式系統當中，
有讓下面兩者成立的語句 A 存在。

- 在該形式系統當中，A 的形式證明並不存在。
- 在該形式系統當中，$\neg A$ 的形式證明並不存在。

哥德爾第二不完備定理
在滿足某條件的形式系統當中，
「這形式系統本身是相容的」，用來表現這個的語句，形式證明並不存在。

　　哥德爾的這兩個定理為希爾伯特計畫帶來莫大的打擊。為什麼呢？因為這兩個定理證明了關於滿足某條件的形式系統，無法對「完備性」及「本身的相容性」進行形式證明。而且，那個「某條件」是非常自然

的東西。

10.3.2　討論

「米爾迦學姊，我有問題。」蒂蒂舉起手發問。「最後，我們是不是可以從哥德爾的第二不完備定理推知『數學孕育出所有矛盾』呢？因為結果指向了『無法證明數學的相容性』……」

「不對！剛剛蒂德拉所說的『數學孕育出所有矛盾』，或『無法證明數學的相容性』，這種主張太過曖昧了。讓我們重新再複習一遍第二不完備定理。」

哥德爾第二不完備定理

在滿足某條件的形式系統當中，

「這形式系統本身是相容的」，用來表現這個的語句，形式證明並不存在。

「哥德爾第二不完備定理並不是與『數學本身』有關的定理。它終歸只是個關於『滿足某條件的形式系統』的定理。」

「不可以這麼輕易地就將『數學』與『形式系統』混為一談喔！」

「而且。」米爾迦繼續說道。「不能在形式上證明的，就是『本身的相容性』。也就是在滿足某條件的形式系統當中，該形式系統本身的相容性在形式上無法證明。可是，如果是其它體系的相容性的話，則可能會有可以進行形式證明的情況。」

「雖然無法說『我是相容的』，但卻可以說『你是相容的』……是這個意思嗎？」蒂蒂說道。

「雖然是很籠統的說法，但沒錯！意思就是這樣喔！就算有第二不完備定理，也不會造成實際數學的困擾。如果想要證明某體系的相容性的話，就變成需要使用到更強大的體系才行。實際上，各式各樣體系的相容性的證明，目前仍持續進行著。……哥德爾不完備定理，是那種一旦省略了數學上的條件，聽起來就會變成顯得很激進的東西。另外，如

果無視『不完備』這句話在數學上的意義，而被字典上的意義給迷惑住的話，就有導出跳脫數學範圍的結果之虞。」

「米爾迦大小姐！」由梨說道。「雖然書上寫明不完備定理對『理性的極限』，已經進行過了數學上的證明，但是……」

「吶，由梨。」米爾迦的眼神，不自覺溫柔起來。「哥德爾不完備定理是數學定理。數學定理並不會針對理性的極限來進行證明。」

「是，這樣嗎……」

「例如，方程式 $x^2 = -1$ 沒有實數解。可是那並不因此而代表了理性的極限。那只是明確地表明了方程式本身所擁有的性質。哥德爾不完備定理也是如此。它只是明確地表明了滿足某條件的形式系統的性質而已。當然！不完備定理為數學帶來莫大震撼。可是，那個震撼並不是消極得會讓數學萎縮，反而是積極地激盪出嶄新數學。」

「嗯……」

「原本，『理性的極限』這個表現，是物理學家奧本海默（J. Robert Oppenheimer，1904～1967 年）將這句話當作生日禮物，送給了六十歲生日的哥德爾來祝壽，而不是用來表明數學的*。可是不知道從什麼時候開始，這樣的表現卻常常為人們所採用。」

「話說回來，那所謂的不完備定理的『某條件』又是什麼呢？」我問道。

「就是相容、蘊含皮亞諾算術，並具有遞迴性。」米爾迦說道。「換句話說，也就是如果這個含有自然數理論的形式系統是相容的，那麼，就可以機械性地判定該邏輯式串列是否確為形式系統的證明。在哥德爾的論文當中，雖然使用了比『相容』更強大的條件『 ω 相容』，但是稍後羅塞爾（John Barkley Rosser，1907～1989 年）單單使用了較薄弱的『相容性』便完成證明。」

10.3.3 證明的綱要

「接著,我們要來看哥德爾證明的綱要。哥德爾證明共分為五個階段,我們把它分別取名為『春』、『夏』、『秋』、『冬』及『新春』。」

- 「春」形式系統 P
  - 制定形式系統 P 的基本符號、公理及推論規則。
- 「夏」哥德爾數
  - 利用編碼方式,將形式系統 P 的邏輯式與證明序列,轉譯成關於自然數的「鏡像」陳述。
- 「秋」原始遞迴性
  - 定義原始遞迴的謂語,並介紹表現定理。
- 「冬」到達證明可能性的漫漫旅程
  - 從算術的謂語到證明可能性的謂語為止全部一一定義。
- 「新春」不能判定的哥德爾句
  - A 與 $\neg A$ 同為不能證明的語句,即構成不能判定的哥德爾句。

10.4 「春」形式系統 P

10.4.1 基本符號

在「春」的季節裡,我們要建構形式系統 P。所謂的 P,是在數學原理(Principia Mathematica,縮寫為 PM)的體系中追加了皮亞諾公理及若干公理建構而成的。在這個形式系統 P 中,可以表記加法、乘法、□級數、大小關係等。

在這個形式系統 P 中,雖表示了不能判定的哥德爾句的存在,但它也只不過是,不完備定理適用的無數體系當中的其中一個而已。

下面,我們要將**數**表記為 0, 1, 2,... 。換句話說,就是從 0 開始的整數。

首先,我們要制定**基本符號**。在基本符號中有變數與常數。雖然不去思考這些數的意義也沒有關係,但為了方便理解,我們要試著將期待

的意義添加在這些符號上。

制定**常數**。

▷ **常數**-1　　0　（零）為常數。

▷ **常數**-2　　f　（後繼數）為常數。

▷ **常數**-3　　¬　（非）為常數。

▷ **常數**-4　　∨　（或）為常數。

▷ **常數**-5　　∀　（任意的）為常數。

▷ **常數**-6　　（　（左括弧）為常數。

▷ **常數**-7　　）　（右括弧）為常數。

制定**變數**。變數有分第 $1, 2, 3, \ldots$ 型。

▷ **第 1 型變數**　　$x_1, y_1, z_1, \ldots$ 是表示數的變數。

　　我們稱之為第 1 型變數。

▷ **第 2 型變數**　　$x_2, y_2, z_2, \ldots$ 是表示數的集合的變數。

　　我們稱之為第 2 型變數。

▷ **第 3 型變數**　　$x_3, y_3, z_3, \ldots$ 是表示數的集合的集合的變數。

　　我們稱之為第 3 型變數。

以此類推，我們要用同樣的方式來定義第 n 型的變數。雖然英文字母只有二十六個，但是必要時我們仍可製造可數個變數。

10.4.2　數項與符號

制定**數項**。數項是在形式系統 P 中，用來表示數的東西。

- 雖然表示的是數 0，但使用的是數項 0。
- 雖然表示的是數 1，但使用的是數項 f0。
- 雖然表示的是數 2，但使用的是數項 ff0。
- 雖然表示的是數 3，但使用的是數項 fff0。
- ……

- 雖然表示的是數 n，但使用的是數項 $\underbrace{\mathrm{ff\cdots f}0}_{n\text{ 個}}$。

▷ **數項**　稱 $0, \mathrm{f}0, \mathrm{ff}0, \mathrm{fff}0, \ldots$ 為**數項**。

　　蒂德拉「fff 這樣持續下去的話，就像是音符一樣呢！」

　　我「f 在這裡所扮演的角色，和出現在皮亞諾公理當中的（′）是一樣的。」

制定符號。

▷ **第 1 型符號**　定義 $0, \mathrm{f}0, \mathrm{ff}0, \mathrm{fff}0, \ldots$，以及 $x, \mathrm{f}x, \mathrm{ff}x, \mathrm{fff}x, \ldots$，為第 1 型符號。當中，限 x 為第 1 型變數。

　　蒂德拉「咦……我不是很懂。」

　　米爾迦「說得再具體一點，所謂的第 1 型符號就是 $\mathrm{fff}0$ 或 $\mathrm{fff}x_1$。」

▷ **第 2 型符號**　定義表示第 2 型變數的符號為第 2 型符號。

▷ **第 3 型符號**　定義表示第 3 型變數的符號為第 3 型符號。

以此類推，我們以同樣的方式來定義第 n 型的符號。

10.4.3　邏輯式

定義**基本邏輯式**。

▷ **基本邏輯式**　我們將以 $a(b)$ 形式構成的符號列稱為基本邏輯式。
但是，要將 a 視為第 $n+1$ 型的符號，而 b 則要視為第 n 型的符號。

　　米爾迦「像 $x_2(0)$、$y_2(\mathrm{ff}x_1)$ 或 $z_3(x_2)$ 都是基本邏輯式的例子。」

　　我「我想、這是不是**集合**（元素）的形式呢？」

　　米爾迦「算是吧！」

　　蒂德拉「對於 $x_2(x_1)$ 是不是帶有期待 $x_1 \in x_2$ 的意思呢？」

　　米爾迦「是的。可是，一定要以『x_1 為數』、『x_2 為該數的集合』這

　　　　樣的形式。」

　定義**邏輯式**。

▷ **邏輯式-1**　基本邏輯式為邏輯式。

▷ **邏輯式-2**　如果 a 是邏輯式的話，$\neg(a)$ 也會是邏輯式。

▷ **邏輯式-3**　如果 a 與 b 是邏輯式的話，$(a) \lor (b)$ 也會是邏輯式。

▷ **邏輯式-4**　如果 a 是邏輯式，而 x 為變數的話，$\forall x(a)$ 也會是邏輯式。

▷ **邏輯式-5**　只有滿足上述條件的才是邏輯式。

　　　　蒂德拉「啊！這個我懂。就是定義形式系統的邏輯式嘛！」

　定義**省略形**。

▷ **省略形-1**　定義 $(a) \to (b)$ 為 $(\neg(a)) \lor (b)$。

▷ **省略形-2**　定義 $(a) \land (b)$ 為 $\neg((\neg(a)) \lor (\neg(b)))$。

▷ **省略形-3**　定義 $(a) \rightleftarrows (b)$ 為 $((a) \to (b)) \land ((b) \to (a))$。

▷ **省略形-4**　定義 $\exists x(a)$ 為 $\neg(\forall x(\neg(a)))$。

　　　　由梨「所謂的定義省略形，是什麼意思呢？」

　　　　我「為了求簡略，而將寫 $(\neg(a)) \lor (b)$ 成 $(a) \to (b)$。」

▷ **括弧的省略**　為了方便閱讀起見，後面冗長的括弧我們都要省略掉。

10.4.4　公理

　　我們要將皮亞諾公理導入形式系統 P。

▷ **公理 I -1**　$\neg(fx_1 = 0)$

▷ **公理 I -2**　$(fx_1 = fy_1) \to (x_1 = y_1)$

▷ **公理 I -3**　$x_2(0) \land \forall x_1(x_2(x_1) \to x_2(fx_1)) \to \forall x_1(x_2(x_1))$

　　　　蒂德拉「……皮亞諾公理，不是一共有五個嗎？」（p. 22）

　　　　米爾迦「PA1 和 PA2 已經在定義數項的時候導入了。」

由梨「米爾迦大小姐，＝的定義並沒有出現！」

米爾迦「哥德爾的論文參照了數學原理（PM），將 $x_1 = y_1$ 定義為 $\forall u(u(x_1) \rightarrow u(y_1))$。『對於任何一個集合 u，只要包含 x_1 的話，也就會包含 y_1』。」

由梨「？」

米爾迦「根據『沒有只包含 x_1 或 y_1 的集合』來定義『x_1 與 y_1 會相等』。第 n 型也一樣。」

我們要將命題邏輯的公理導入形式系統 P。

將任意邏輯式 p, q, r 套進下列 II-1～II-4，所得到的就是公理。

▷ 公理 II-1　　$p \vee p \rightarrow p$

▷ 公理 II-2　　$p \rightarrow p \vee q$

▷ 公理 II-3　　$p \vee q \rightarrow q \vee p$

▷ 公理 II-4　　$(p \rightarrow q) \rightarrow (r \vee p \rightarrow r \vee q)$

我們要將謂語邏輯的公理導入形式系統 P。

▷ 公理 III-1　　$\forall v(a) \rightarrow subst\,(a, v, c)$

其中，

- $subst(a, v, c)$ 表示「在 a 當中，所有自由的 v，用 c 取代後所得到的邏輯式」。
- 符號 c 與 v 同型。
- 在 a 當中，v 處於自由範圍時，變數 c 不會受到束縛。

　我「$subst(a, v, c)$ 是什麼？」

　米爾迦「在 a 之中用 c 來 取代 所有 v 後所得的邏輯式。舉例說明。」

- 設 a 是邏輯式 $\neg(x_2(x_1))$。
- 設 v 是第 1 型變數 x_1。
- 設 c 是第 1 型符號（數項）f0。
- 這個時候，$subst(a, v, c)$ 就會變成邏輯式 $\neg(x_2(f0))$。

▷ 公理 III-2　$\forall v(b \vee a) \rightarrow b \vee \forall v(a)$

其中，v 是任意變數，而且在 b 中並不會出現自由的 v。

　　　　我「如果 b 之中不會出現變數 v 的話，就不會受到 $\forall v$ 的影響。」

　我們要將集合的內涵公理導入形式系統 P。

▷ 公理 IV　$\exists u(\forall v(u(v) \rightleftarrows a))$

其中，

- u 是第 $n+1$ 型變數，而 v 是第 n 型變數。
- 在 a 之中，並不會出現自由的 u。

　　　　我「內涵公理？」
　　　　米爾迦「對應集合的內涵定義。」
　　　　我「？」
　　　　米爾迦「總之，就是『以邏輯式 a 制訂集合 u』的意思。」

　我們要將集合的外延公理導入形式系統 P。

▷ 公理 V　$\forall x_1(x_2(x_1) \rightleftarrows y_2(x_1)) \rightarrow (x_2 = y_2)$

我們要將這個邏輯式及「升格」這個邏輯式之後所得到的邏輯式視為公理。所謂「升格」，就是讓所有符號的「型」增加相同數目意思。亦即，以下全部都是公理。

- $\forall x_1(x_2(x_1) \rightleftarrows y_2(x_1)) \rightarrow (x_2 = y_2)$
- $\forall x_2(x_3(x_2) \rightleftarrows y_3(x_2)) \rightarrow (x_3 = y_3)$
- $\forall x_3(x_4(x_3) \rightleftarrows y_4(x_3)) \rightarrow (x_4 = y_4)$
- ⋯

　　　　我「這次是外延公理⋯⋯」
　　　　米爾迦「假設對於任意 x_1，『x_1 是否屬於集合 x_2 呢？』與『x_1 是否屬於集合 y_2』的答案總是一致。這個時候，集合 x_2 與集合 y_2 被視為是相等的⋯⋯意思就是這樣。」

我「？」

米爾迦「集合的外延定義。即『集合
是由它的元素所決定的』啊！」

10.4.5 推論規則

我們要將**推論規則**導入形式系統 P。

▷ **推論規則-1** 從 a 與 $a \rightarrow b$ 得到 b。
這個時候，我們稱 b 是從 a 與 $a \rightarrow$
b 所得到的**直接結論**。

我「這就是肯定前件論式。」

▷ **推論規則-2** 從 a 得到 $\forall v(a)$。
這個時候，我們稱 $\forall v(a)$ 是從 a 所得到的**直接結論**。
當中，v 是任意變數。

蒂德拉「這個是……我不懂。」

米爾迦「如果沒有條件就可直接推導得到 a 的話，那麼不管附加上什
麼……的條件，都可推導得到相同的結果。」

形式系統 P 的定義到此結束。

「春」就此告終。季節更迭，進入「夏」——我們要邁向哥德爾數
囉。……在進入下一個階段之前，讓我們先享用午餐吧！

10.5 午餐時間

10.5.1 後設數學

我們跟著米爾迦爬上了三樓，接著進入了上面寫有「Oxygen」的房

間。這裡似乎是可以用簡餐的咖啡廳。因為天氣很好，所以我們移往露天陽台用餐。陽台的一面看得見海景，而另一面則看得到森林。雖然晴空萬里，但陽光卻很溫和。

我選擇了咖哩。由梨是義大利麵，蒂蒂是三明治，而米爾迦則是點了巧克力塔。

「因為形式系統的話題，讓我對邏輯學的印象大為改觀。」我說。

「是嗎？」

「只要一提到邏輯學，一般腦海中所浮現的不外乎三段論證或迪摩根定律，對數學進行數學性的研究——幾乎不脫這個範圍……」

「那只是邏輯學的一部分而已唷！」米爾迦說道。

「為什麼非得要將數學形式化不可呢？」由梨問道。

「為求嚴密的討論，形式化是相當重要的。」米爾迦說道。「例如，假設我們想要說『那個證明是不可能』。這時，我們就有必要定義『究竟何謂證明』，以及『何謂不可能證明』。如果沒有定義的話，有時我們會無法分辨究竟是自己沒有辦法證明？還是在原理上無法證明！」

對米爾迦說的話，我們點頭表示懂了。

「所謂的形式化，也就是對象化。把自己想要討論的東西視為對象，並使之明確。以數學為對象的數學，稱為**後設數學**。也就是『攸關數學的數學』的意思噢。換句話說，就是以形式系統來表現數學，並進行數學上的研究」

「那個、好像是……」蒂蒂說道。「這個說法和 $\epsilon\text{-}\delta$ 論證法出現之後，就可以針對『極限』進行更深入的研究——很相似呢！」

10.5.2　用數學做數學

「米爾迦大小姐！」由梨說道。「我看過一本有關哥德爾不完備定理的書，那本書說『人生就是因為不完備才顯得有趣』。還說了如果什麼都知道的話，人生就會顯得無趣。由梨看了後，有種恍然大悟的感覺……」

「嗯，確實也有人會這麼想呢！」米爾迦苦笑著說道。「看見不完

備定理的結果，就擅自理解成『人生就是因為不完備才顯得有趣』。可是那樣的話，簡直就是──」

米爾迦閉上了眼睛，輕輕地點了點頭之後又開張了眼睛。

「這跟看見了勾勒有美麗樣式的蕾絲，就說『即使鏤空了都是洞，但東西還是很美麗』是一樣的。明明對蕾絲上面花樣的模式是如何產生出來的，根本就一無所知。對世界只做了表面浮泛地觀察，並沒有看穿整個構造，明明還有更深奧的樂趣有待發掘⋯⋯。數學的形式，讓數學本身所擁有的豐富數學構造得以進行研究。用形式系統作表現的數學來研究數學。換句話說，這也就是『用數學做數學』。自己所關注的某個理論，帶有何種構造？在複數個理論之間，擁有何種關係？⋯⋯這些明明應該都是可以製造出更富饒趣味的問題才是。」

「像是克服了『伽利略的遲疑』之類的嗎？」我想都沒想便脫口而出。「所謂的不完備，並不等同指向了失敗或缺點，或許反倒是打開邁向新世界的入口呢！」

10.5.3 甦醒

餐畢，我走到自動販賣機買了瓶水之後，返回 Chlorine。Chlorine 裡頭卻空無一人。白板上有由梨留下來的訊息。

我們參加了圖書館旅行團，請稍等一下喔！♡♡♡

應該是米爾迦答應帶兩個女孩導覽整座圖書館吧⋯⋯咘！

我喝了一口冰涼的礦泉水，回顧剛剛在這房間裡頭所發生的一切。

嗯，雖然不能說自己完全了解了──但大致上都還跟得上吧！

總之，首先，就是製造形式系統。接著，是哥德爾數及原始遞迴謂語的定理。最後，果然還是離不開反證法吧！是要將話題帶向假設形式證明一旦存在的話，就會造成矛盾⋯⋯嗎？

不久，飽餐之後的睡魔來襲，我趴在桌子上就這麼睡著了。

開門的聲音。

「……都說了，是魚的印記啦！」蒂蒂的聲音。

「跟暗號好像。」由梨的聲音。

似乎是女孩們回來了。可是，我卻仍處於昏睡當中。

「啊！哥哥你居然偷睡覺！」

「一定是太累了啦！」

「回歸剛剛的話題，妳不是說了什麼『態度』？」米爾迦的聲音。

「啊對了！」蒂蒂的聲音。「我認為自己最厲害的就是『雖然要花費時間，卻相當有耐性』這一點。可是，光憑這一點仍無法解開數學問題，像靈光一閃這類的是必要的，對吧!?」

「必要！必要！」由梨的聲音。

「雖然我無法自己引發靈光一閃，但我認為或許擴展思考幅度這件事，即使是我也辦得到喔！我——都會把自己想像成『如果我是米爾迦學姊的話』或者是『如果我是學長的話』來進行思考。」

「這樣啊！」

「從米爾迦學姊和學長那裡，我得到了許多彌足珍貴的東西。這些寶物指的不僅是問題的解法、訣竅而已，而是更為重要的東西。該怎麼形容呢？應該就像是『態度』一樣的東西。就是能享受樂趣，同時認真面對——這種態度吧！考試分數高的話，當然很棒，更重要的是『試圖真正理解』這種態度。」

「哥哥啊！一直研習著數學噢！」由梨的聲音。

「學長，在家裡都是什麼樣子的啊？」

「我想一下喔！哥哥他啊！老是讓人感到很遲鈍，對吧！」

（喂！由梨！不准給我亂說話）

「然後啊！一臉老是想反駁大嬸的表情很容易被看穿……」

「也該準備把這隻狸貓叫醒了。」米爾迦的聲音。

（狸貓？）

不久之後，我的脖子就咚地一聲被一個相當冰涼的東西給抵住了。

我不由得尖叫出聲。

「已經醒了吧！」

手上拿著我的礦泉水的是笑容可掬的黑髮才女。

「那麼，開始上課。我們要進入『夏』囉！」

10.6　「夏」哥德爾數

10.6.1　基本符號的哥德爾數

在「夏」，我們要聊的是哥德爾數（Gödel Number）的話題。

哥德爾數，就是用來指定形式系統 P 的符號、符號序列、符號序列的序列的號碼。

首先，我們要先定義**基本符號的哥德爾數**。

我們用哥德爾數指定 13 以下的奇數予常數。

常數	0	f	¬	∨	∀	(	)
哥德爾數	1	3	5	7	9	11	13

蒂德拉「為什麼是奇數呢？」

米爾迦「馬上就會知道了。」

在第 1 型變數中，要指定比 13 大的質數。

第 1 型變數	x_1	y_1	z_1	$\cdots$
哥德爾數	17	19	23	$\cdots$

在第 2 型變數中，要指定比 13 大的質數並使之平方。

第 2 型變數	x_2	y_2	z_2	$\cdots$
哥德爾數	17^2	19^2	23^2	$\cdots$

在第 3 型變數中，要指定比 13 大的質數並使之立方。

第 3 型變數	x_3	y_3	z_3	$\cdots$
哥德爾數	17^3	19^3	23^3	$\cdots$

以此類推，用同樣方式在第 n 型變數中，指定比 13 大的質數並使之 n 次方。這麼一來，常數與變數，即基本符號就會獲指定哥德爾數

了。

10.6.2　序列的哥德爾數

我們要定義**序列的哥德爾數**。另外，所謂的序列指的是有限序列。

因為基本符號的哥德爾數剛才已經制定過了，所以基本符號的列便可以利用哥德爾數的列表示。例如，可以像下面這樣來思考哥德爾數。

$$n_1, \quad n_2, \quad n_3, \quad \ldots, \quad n_k$$

這個序列對應了下面這樣的乘積。

$$2^{n_1} \times 3^{n_2} \times 5^{n_3} \times \cdots \times p_k^{n_k}$$

而我們要制定該乘積為 n_1，n_2，n_3，$\ldots$，n_k 這個序列的哥德爾數。在這裡，p_k 為由小至第 k 個的質數。

例如，表示 2 的數項為 ff0 這個基本符號的序列。因為基本符號 f 的哥德爾數為 3，而基本符號 0 的哥德爾數為 1；所以 ff0 基本符號列，可以像下面這樣用哥德爾數的列來表示。

$$3, \quad 3, \quad 1$$

將這個數列放到質數的指數部分，就可以構成下面這樣的乘積。

$$2^3 \times 3^3 \times 5^1$$

計算這個乘積，可以得到 $2^3 \times 3^3 \times 5^1 = 1080$。而 1080 這個數，就是 ff0 基本符號列的哥德爾數。

　　由梨「奇怪？ff0 不是 2 喵？」

　　米爾迦「意義世界中的 2，在形式世界中要用數項 ff0 來表示。」

　　由梨「好！」

　　米爾迦「ff0 基本符號列用哥德爾數來表示的話，就是 1080。」

　　由梨「這樣啊……」

米爾迦「蒂德拉，妳可以想像得出為什麼基本符號要使用奇數嗎？」

蒂德拉「咦……我不知道。」

米爾迦「藉由哥德爾數的奇偶性，可以判別是否能構成序列。」

蒂德拉「哈哈啊……哥德爾數是偶數的話，就代表了是序列。」

剛剛，我們舉了 ff0 基本符號列的例子。符號列的哥德爾數及符號列的列的哥德爾數，只要使用相同的方式來思考就可以了。換句話說，也就是將成列的哥德爾數，放在按照由小至大順序排列的質數的指數部分上面，然後求算出其乘積。

多虧了質因數分解的唯一性，而讓序列可以從哥德爾數完整回復。在哥德爾的論文當中，雖然使用的是剛剛說明的方法——也就是質數指數表現，但使用別的方法也沒有關係。

那麼，因為邏輯式為符號列，所以「邏輯式的哥德爾數」可以定義。因為形式證明是邏輯式列，也就是符號列的列，因此「形式證明的哥德爾數」也可以定義。

這樣，我們就可以用這個名為哥德爾數的數，來表示整個形式系統了。

蒂德拉「可以使用哥德爾數來區分符號列與符號列的列嗎？」

米爾迦「我直接引用這個問題，對蒂德拉來個小測驗。」

蒂德拉「咦——兩邊都是偶數，對吧!?」

我「我知道了。」

米爾迦「請保持安靜。」

蒂德拉「……我知道了。進行質因數分解後所得到的 2 的個數。」

米爾迦「所謂 2 的個數是？」

蒂德拉「2 的個數為奇數的話就是符號列，偶數的話就是符號列的列。」

米爾迦「正確答案。」

不完備定理所關注的是「在形式系統中是否存在形式證明？」可是，如果沒有「能操作形式證明的形式系統」的話，像這樣的問題就毫

無意義了。哥德爾利用名為哥德爾數的數，將形式證明編碼化。因此只要有「能操作數的形式系統」的話，就可以操作形式證明了。

> 蒂德拉「用哥德爾數來表示一切的發想——跟用位元來表示一切的電腦發想很相似呢！」
> 米爾迦「蒂德拉，妳說反了。世界上第一台電腦的誕生是在 1940 年代，而電腦是出現在哥德爾證明之後噢！」

那麼，到這裡「夏」就結束了。讓我們一起進入「秋」吧！

10.7　「秋」原始遞迴

10.7.1　原始遞迴函數

在一開始進入「秋」的同時，形式系統 P 要暫先離開，而意義的世界即將靠近我們。我們要定義函數的好朋友，也就是**原始遞迴函數**。簡單來說，所謂原始遞迴函數，就是經「有限次迭代」（亦即遞迴），便能求得函數值的遞迴函數。

例如，在求 n 階乘，即 $n! = n \times (n-1) \times \cdots \times 1$，亦即 $\mathrm{factorial}(n)$ 的函數值時，因為我們可以像下面這樣定義 $n!$，即 $\mathrm{factorial}(n)$，故此它是原始遞迴函數。

$$\begin{cases} \mathrm{factorial}(0) & = 1 \\ \mathrm{factorial}(n+1) & = (n+1) \times \mathrm{factorial}(n) \end{cases}$$

試求出 $\mathrm{factorial}(3)$ 的值。

$\mathrm{factorial}(3)$

$= \underline{(2+1)} \times \mathrm{factorial}(2)$　　　　　當 $n=2$ ，根據
　　　　　　　　　　　　　　　　　$\mathrm{factorial}(n+1)$ 的定義

$= (2+1) \times \underline{(1+1)} \times \mathrm{factorial}(1)$　　當 $n=1$ ，根據
　　　　　　　　　　　　　　　　　$\mathrm{factorial}(n+1)$ 的定義

$$= (2+1) \times (1+1) \times \underbrace{(0+1) \times \text{factorial}(0)}$$ 當 $n = 0$ ，根據
$\text{factorial}(n+1)$ 的定義

$$= (2+1) \times (1+1) \times (0+1) \times 1$$ 根據 $\text{factorial}(0)$ 的定義

$$= 3 \times 2 \times 1 \times 1$$ 計算後得到

$$= 6$$ 計算後得到

就如同上面的計算過程一樣，計算 $\text{factorial}(3)$ 的時候要使用定義 4 次；那麼，計算 $\text{factorial}(n)$ 的時候，則要使用定義 $(n+1)$ 次。而這就是「有限次遞迴」的意思。

實際上，為了求算出 $\text{factorial}(n)$ 的值，×或＋的運算也是必要的。所以我們要針對這個部分好好聊一下。

當我們像下面這樣定義函數 F 的時候，稱函數 F 為**原始遞迴**到函數 G 與函數 H。

$$\begin{cases} F(0, & x) & = & G(x) \\ F(n+1, & x) & = & H(n, x, F(n, x)) \end{cases}$$

例如，為了要得到剛剛階乘中的函數 $\text{factorial}(n)$，設 $F(n, x) = \text{factorial}(n), G(x) = 1, H(n, x, y) = (n+1) \times y$。我們就會定義 $F(n, x)$ 為原始遞迴到 $G(x)$ 與 $H(n, x, y)$。

乍看之下好像很複雜，但只要舉 $F(3, x)$ 這個例子來說明的話，應該就會有印象了。

$$F(3, x) = \underbrace{H(2, x, F(2, x))}$$

$$= H(2, x, \underbrace{H(1, x, F(1, x))})$$

$$= H(2, x, H(1, x, \underbrace{H(0, x, F(0, x))}))$$

$$= H(2, x, H(1, x, H(0, x, \underbrace{G(x)})))$$

只要使用一次函數 G，n 次函數 H 的話，就可以求出 $F(n, x)$ 了。

在這裡我們談的既然是雙變數，也來定義一下 N 變數好了。

$$\begin{cases} F(0, & \vec{x}) & = & G(\vec{x}) \\ F(n+1, & \vec{x}) & = & H(n, \vec{x}, F(n, \vec{x})) \end{cases}$$

在這裡，我們要將 $\vec{x}$ 視為變數列 $x_1, x_2, \dots, x_{N-1}$ 的省略形。

使用剛剛所定義過的「原始遞迴到」，我們要定義**原始遞迴函數**如下：

▷ **原始遞迴函數-1**　常數函數為原始遞迴函數。

▷ **原始遞迴函數-2**　後繼數所得的函數為原始遞迴函數。

▷ **原始遞迴函數-3**　從兩個原始遞迴函數「被定義為原始遞迴」的函數，為原始遞迴函數。

▷ **原始遞迴函數-4**　在原始遞迴函數的變數中，代入原始遞迴的函數所得到的函數為原始遞迴函數。

▷ **原始遞迴函數-5**　像 $F(\vec{x}) = x_k$ 般在變數列中抽出一個變數的射影函數是原始遞迴函數。

▷ **原始遞迴函數-6**　只有滿足上述條件的才是原始遞迴函數。

使用原始遞迴函數定義**原始遞迴謂語**。

▷ **原始遞迴謂語**　就謂語 $R(n, \vec{x})$，倘若存在原始遞迴函數 $F(n, \vec{x})$，使得下式成立，則稱 $R(n, \vec{x})$ 為原始遞迴謂語。

$$R(n, \vec{x}) \iff F(n, \vec{x}) = 0$$

蒂德拉「米爾迦學姊……等一下、請等一下。」

米爾迦「嗯？」

蒂德拉「現在……我們到底在做什麼呢？」

米爾迦「正在定義原始遞迴謂語。」

蒂德拉「……」

米爾迦「正在定義帶有某種限制的謂語。而我們要將滿足這個謂語的定理，使用在不完備定理的證明上面。」

10.7.2 原始遞迴函數（謂語）的性質

在原始遞迴函數（謂語）中，以下的定理會成立。

▷ **定理-1**　在原始遞迴函數（謂語）的變數當中，代入原始遞迴函數，所得到的也會是原始遞迴函數（謂語）。

▷ **定理-2**　若 R 與 S 為原始遞迴謂語的話，則 $\neg R, R \wedge S, R \vee S$ 也會是原始遞迴謂語。

▷ **定理-3**　若如果 F 與 G 是原始遞迴函數，則 $F = G$ 就會是原始遞迴謂語。

▷ **定理-4**　若 M 為原始遞迴函數，而 R 為原始遞迴謂語，則下面的 S 就會是原始遞迴謂語。

$$S(\vec{x}, \vec{y}) \iff \forall n \left[n \leq M(\vec{x}) \Rightarrow R(n, \vec{y}) \right]$$

這是謂語「對 $M(\vec{x})$ 以下所有的 n，$R(n, \vec{y})$ 會成立」。$M(\vec{x})$ 代表了上限。在這裡，$\vec{x}$ 與 $\vec{y}$ 各自代表了有限個的變數列。

▷ **定理-5**　如果 M 為原始遞迴函數，而 R 為原始遞迴謂語的話，下面的 T 就會是原始遞迴謂語。

$$T(\vec{x}, \vec{y}) \iff \exists n \left[n \leq M(\vec{x}) \wedge R(n, \vec{y}) \right]$$

這是謂語「在 $M(\vec{x})$ 以下的 n 之中，存在讓 $R(n, \vec{y})$ 成立的 n」。$M(\vec{x})$ 代表了上限。

▷ **定理-6**　如果 M 為原始遞迴函數，而 R 為原始遞迴謂語的話，下面的 F 就會是原始遞迴函數。

$$F(\vec{x}, \vec{y}) = \min n \left[n \leq M(\vec{x}) \wedge R(n, \vec{y}) \right]$$

這是函數「在 $M(\vec{x})$ 以下，並滿足 $R(n, \vec{y})$ 的 n 之中，最小的 n」。如果沒有滿足條件的 n 存在的話，函數的值就會定義為 0。$M(\vec{x})$ 代表了上限。

蒂德拉「米爾迦學姊……等一下、請等一下。」

米爾迦「嗯？」

蒂德拉「一下湧進太多話，都快從我的腦袋裡溢出來了……」

米爾迦「是嗎？」

蒂德拉「在我的腦袋熟稔新的事物之前，還請給我一點時間。」

米爾迦「可以啊！不過，原始遞迴這個東西可沒有妳想像的那麼
　　　『新』。」事實上，我們平常所使用的函數或謂語，有很多都是
　　　原始遞迴的。

例如，像加法 $x + y$、乘法 $x \times y$、乘冪 x^y 等等，都是原始遞迴函數。
此外，$x < y$、$x \leqq y$、$x = y$ 則是原始遞迴謂語。

在下一個「季節」，也就是「冬」，我們將要製造許多的原始遞
迴函數及原始遞迴謂語。

蒂德拉「我不了解它們與不完備定理間的關係，而成了迷路的孩子
　　　……」

米爾迦「這樣啊！那麼──」

那麼，我們針對滿足原始遞迴謂語的重要定理、表現定理來討論。

10.7.3　表現定理

在不完備定理的證明當中，使用的是**表現定理**。因為形式系統 P 可
以表記數論，所以這個表現定理也會成立。為求簡單，我們只針對有兩
個變數的表現定理做說明，但同樣的道理在任意個變數中也會成立。

表現定理

如果 R 為雙變數原始遞迴謂語的話，存在雙變數邏輯式 r，使得對
於任意數 m 和 n，下列兩者成立。

▶「秋-1」：存在 $R(m, n)$ ⇒「$r\langle \overline{m}, \overline{n} \rangle$ 的『形式證明』」。

▶「秋-2」：存在 $\neg R(m, n)$ ⇒「$\text{not}(r\langle \overline{m}, \overline{n} \rangle)$ 的『形式證明』」。

這個時候，我們稱邏輯式 r 會依照個別數值來**表現**謂語 R。

表現定理保證表現 R 的 r 會存在。

謂語 R 是「意義世界」的概念。邏輯式 r 是「形式世界」的概念。也就是說，表現定理是從「意義世界」通往「形式世界」的橋樑。原始遞迴則是要通過這座橋樑的通行證。

由梨「我不懂 $r\langle \overline{m}, \overline{n} \rangle$ 的意思──」

米爾迦「現在開始做詳細說明。」

▷ **謂語與命題**

將帶有兩個自由變數的謂語 R 用數 m, n 代入後，所得的命題記作 $R(m, n)$。

蒂德拉「『謂語』與『命題』這兩個用語分開使用的嗎……」

米爾迦「對！所謂的謂語，就像是『x 可以被 y 除盡』。因為帶有自由變數，所以光看這句沒有辦法判定它會不會成立。」

蒂德拉「因此，只要將具體的數代入自由變數的話，就會變成命題了吧！」

米爾迦「對！命題『12 可以被 3 除盡』會成立，而命題『12 可以被 7 除盡』不會成立。」

▷ **邏輯式與語句**

將帶有兩個「自由變數」的「邏輯式」r，用「數項」$\overline{m}, \overline{n}$ 代入後，所得的「語句」，記作 $r\langle \overline{m}, \overline{n} \rangle$。

蒂德拉「這裡變成了『邏輯式』與『語句』呢……」

米爾迦「對！『語句』是不帶有自由變數的邏輯式。」

蒂德拉「可以說『謂語』或『命題』屬於意義世界的概念，而『邏輯式』或『語句』則是屬於形式世界的概念，對吧!?」

米爾迦「那種說法是正確的。」

我「吶、米爾迦。r 是邏輯式？還是邏輯式的哥德爾數呢？」

米爾迦「r 是邏輯式的哥德爾數，$r\langle \overline{m}, \overline{n} \rangle$ 則是語句的哥德爾數。」

◎　◎　◎

　　「利用表現定理，跨越意義的世界前往形式的世界……嗎？」蒂蒂說道。「所謂的會有表現 R 的 r 存在——嗯嗯、即如果命題 $R(m,n)$ 成立的話，語句 $r\langle\overline{m},\overline{n}\rangle$ 的形式證明就會存在；反之，即如果命題 $R(m,n)$ 不成立的話，語句 $r\langle\overline{m},\overline{n}\rangle$ 的形式證明也會不存在嘛！」

　　「後半部分錯。」米爾迦提高聲音。「妳對表現定理的解讀是錯的。」

　　「咦……」蒂蒂重新閱讀表現定理。「啊——我搞錯了！」

　　「對！」米爾迦說道。「如果命題 $R(m,n)$ 不會成立的話，那麼語句 $r\langle\overline{m},\overline{n}\rangle$ 的否定的形式證明就會存在。」

　　「雖然我還不是非常懂，可是邏輯式用謂語做表現不是很理所當然的事嗎？」蒂蒂詢問道。

　　「並非如此！的確，既然叫做謂語，在意義的世界裡就應該好好地用文字表達出來。可是，對原始遞迴謂語而言，可表達性原理所要主張的是更強大的東西——在謂語中代入了數的命題的成立與否，是由形式證明所決定的。在意義世界中的成立與否，在形式世界中可以決定。在表現定理中名為『表現』的用語，正擁有如此強大的意義。當謂語沒有原始遞迴性時——例如，當 $\forall$ 或 $\exists$ 沒有上限時，表達該謂語的邏輯式並不一定存在。」

　　「嗯——原始遞迴的那個什麼，我還是不懂——」由梨說道。

　　「我了解！」米爾迦說道。「但儘管如此，現在我們要繼續進入下一個『季節』囉！」

　　「是！」

　　「要從『秋』進入『冬』」米爾迦簡直像用唱的一樣說道。「在『冬』，我們將要定義與形式系統有關的謂語。如果使用原始遞迴述語來定義的話……」

　　「……用來表現那個謂語的邏輯式會存在嗎？」蒂蒂說道。

　　「正是如此。如果『與形式系統有關的謂語』是原始遞迴的話，表現該謂語的邏輯式，就會存在於該形式系統本身之中。保證這一點的正是表現定理的力量。『冬』的目標，就是——」

　　米爾迦的聲音轉變成了低喃，並說道。

「叫做『p 乃 x 的〈形式證明〉』的原始遞迴謂語。」

10.8 「冬」到達證明可能性的漫漫旅程

10.8.1 整裝待發

「冬」是在構築名為「p 乃 x 的『形式證明』」的原始遞迴謂語。為了應付「冬」這趟漫長的旅程，我們需要準備好幾個裝備。

「對滿足 $x \leqq M$ 的任意 x ……會成立」這個謂語，要寫成像下面這樣。設符號 $\overset{\text{def}}{\Longleftrightarrow}$ 為謂語的定義。

$$\forall x \leqq M \left[\cdots \cdots \right] \overset{\text{def}}{\Longleftrightarrow} \forall x \left[x \leqq M \Rightarrow \cdots \cdots \right]$$

「滿足……且在 M 以下的 x 會存在」這個謂語，要寫成如下。

$$\exists x \leqq M \left[\cdots \cdots \right] \overset{\text{def}}{\Longleftrightarrow} \exists x \left[x \leqq M \wedge \cdots \cdots \right]$$

此外，函數「在 $x \leqq M$ 這個條件下，會滿足……的 x 之中，最小的 x」，要寫成像下面這樣。如果沒有滿足的 x 存在的話，函數的值就會被定義為 0。設符號 $\overset{\text{def}}{=}$ 為函數的定義。

$$\min x \leqq M \left[\cdots \cdots \right] \overset{\text{def}}{=} \min x \left[x \leqq M \wedge \cdots \cdots \right]$$

七個基本符號的哥德爾數寫法如下。這都是為了方便閱讀。

$$\boxed{0} \overset{\text{def}}{=} 1 \quad \boxed{\text{f}} \overset{\text{def}}{=} 3 \quad \boxed{\neg} \overset{\text{def}}{=} 5 \quad \boxed{\vee} \overset{\text{def}}{=} 7$$
$$\boxed{\forall} \overset{\text{def}}{=} 9 \quad \boxed{(} \overset{\text{def}}{=} 11 \quad \boxed{)} \overset{\text{def}}{=} 13$$

那麼，從定義 1 到定義 46，環遊意義世界的漫漫旅程就此展開囉。

10.8.2 整數論

定義 1　CanDivide(x, d) 是謂語「x 可以被 d 除盡」。

$$\text{CanDivide}(x, d) \overset{\text{def}}{\iff} \exists n \le x \left[x = d \times n \right]$$

米爾迦「就是「有滿足 $x = d \times n$ 而且小於 x 的 n 存在」的定義。」

我「原來如此。『12 可以被 3 除盡』可以寫成 CanDivide(12, 3) 呢！」

$$\exists n \le 12 \left[12 = 3 \times n \right]$$

蒂德拉「滿足這個條件的 n……嗯、是 4 嗎？」

我「對！所以 CanDivide(12, 3) 就會成立。」

蒂德拉「……請問、這裡是不是藉由存在來表現其可能性呢?!」

由梨「什麼意思？」

蒂德拉「用『……是存在的』來表現『可以被除盡』。」

我「蒂蒂對於這種地方真的是特別在意呢！」

定義 2　IsPrime(x) 是謂語「x 乃質數」。

$$\text{IsPrime}(x) \overset{\text{def}}{\iff} x > 1 \land \neg \left(\exists d \le x \left[d \ne 1 \land d \ne x \land \text{CanDivide}(x, d) \right] \right)$$

米爾迦「這個讓由梨來唸唸看。」

由梨「好。咦……奇怪?!這個 CanDivide(x, d) 是叫做什麼來著?!」

我「x 可以被 d 除盡。」

由梨「啊！也就是說『在 x 以下，不存在可以除盡 x 的 d』的意思嗎？」

我「由梨，妳忘記 $d \ne 1$ 與 $d \ne x$ 囉！」

由梨「人家才沒有忘記呢！」

蒂德拉「還有 $x > 1$ 的條件……的確！『x 為質數』呢！」

定義 3　prime(n, x) 是「x 的第 n 個質因數」所得到的函數。在這裡，我們要按照由小至大的次序排列質因數。為求方便，我們要定義第 0 個質因數為 0。

$$
\begin{cases}
\text{prime}(0, x) & \stackrel{\text{def}}{=} 0 \\
\text{prime}(n + 1, x) & \stackrel{\text{def}}{=} \min p \leqq x \Big[\text{prime}(n, x) < p \wedge \text{CanDivideByPrime}(x, p) \Big]
\end{cases}
$$

當中，定義 CanDivideByPrime(x, p) 如下：

$$
\text{CanDivideByPrime}(x, p) \stackrel{\text{def}}{\Longleftrightarrow} \text{CanDivide}(x, p) \wedge \text{IsPrime}(p)
$$

我「是定義成『比第 n 個質因數大，可以除盡 x 的最小質數』嗎？」

由梨「具體實例！具體實例！」

我「例如，以 $2^4 \times 3^1 \times 7^2 = 2352$ 為例，就像下面這樣。」

$\text{prime}(0, 2352) = 0$　根據定義

$\text{prime}(1, 2352) = 2$　比 prime(0, 2352) 大，可以除盡 2352 的最小質數為 2

$\text{prime}(2, 2352) = 3$　比 prime(1, 2352) 大，可以除盡 2352 的最小質數為 3

$\text{prime}(3, 2352) = 7$　比 prime(2, 2352) 大，可以除盡 2352 的最小質數為 7

定義 4　factorial (*n*)是函數「*n* 階乘」。

$$
\begin{cases}
\text{factorial}(0) & \stackrel{\text{def}}{=} 1 \\
\text{factorial}(n + 1) & \stackrel{\text{def}}{=} (n + 1) \times \text{factorial}(n)
\end{cases}
$$

定義 5　p_n 是函數「第 n 個質數」。為求方便，我們要定義第 0 個質因數為 0。

$$
\begin{cases}
p_0 & \stackrel{\text{def}}{=} 0 \\
p_{n+1} & \stackrel{\text{def}}{=} \min p \leq M_5(n) \Big[p_n < p \wedge \text{IsPrime}(p) \Big]
\end{cases}
$$

當中，定義 $M_5(n)$ 如下。

$$
M_5(n) \stackrel{\text{def}}{=} \text{factorial}(p_n) + 1
$$

由梨「第 n 個質數？」

我「像 $p_0 = 0, p_1 = 2, p_2 = 3, p_3 = 5, p_4 = 7, \ldots$ 等等噢！」

由梨「這個 $p \leq M_5(n)$ 是什麼來的？」

我「那是 $M_5(n) = \mathrm{factorial}(p_n) + 1 = 1 \times 2 \times 3 \times \cdots \times p_n + 1$ ！」

由梨「然後呢？」

我「$M_5(n)$ 會比 p_n 大，而且可以保證小於 $M_5(n)$ 的數之中，必然存在另一個質數。」

由梨「所以呢？」

我「所以，雖然要求算的是 p_{n+1}，卻有小於 $M_5(n)$ 的附帶條件。」

10.8.3　數列

定義 6　$x[n]$ 是函數「數列 x 的第 n 個元素」。以 $1 \leqq n \leqq$（數列的長度）為前提。

$$x[n] \overset{\text{def}}{=} \min k \leqq x \Big[\mathrm{CanDivideByPower}(x, n, k) \wedge \neg\, \mathrm{CanDivideByPower}(x, n, k+1) \Big]$$

當中，定義 $\mathrm{CanDivideByPower}(x, n, k)$。

$$\mathrm{CanDivideByPower}(x, n, k) \overset{\text{def}}{\iff} \mathrm{CanDivide}(x, \mathrm{prime}(n, x)^k)$$

米爾迦「在此導入數列。所使用的是質數的指數式表現。」

蒂德拉「$\mathrm{CanDivideByPower}(x, n, k)$ 的定義我不是非常清楚……」

我「這個意思是……『x 可以被 $\mathrm{prime}(n, x)$ 的 k 次方除盡』嗎？」

蒂德拉「那個跟 $x[n]$ 有什麼關連呢？」

我「嗯──雖然可以被 $\mathrm{prime}(n, x)$ 的 k 次方除盡，但卻不能被 $k + 1$ 次方除盡──這代表了、原來如此！是說作為 x 的質因數的 $\mathrm{prime}(n, x)$ 剛剛好有 k 個。」

蒂德拉「什麼……」

我「$\mathrm{prime}(n, x)$ 的指數，就是這個名為 x 的數列的第 n 個元素！」

定義 7　$\mathrm{len}(x)$ 是函數「數列 x 的長度」。

$$\mathrm{len}(x) \overset{\text{def}}{=} \min k \leqq x \Big[\mathrm{prime}(k, x) > 0 \wedge \mathrm{prime}(k + 1, x) = 0 \Big]$$

米爾迦「數列 x 的第一個元素為 $x[1]$，而最後會得到的元素則是

x[len(x)]。例如，設 $\boxed{\forall}\,\boxed{x_1}\,\boxed{(}\,\cdots\,\boxed{)}$ 這個數列為 x，就像這樣。」

$$
\begin{array}{ccccc}
\texttt{x[1]} & \texttt{x[2]} & \texttt{x[3]} & \cdots & \texttt{x[len(x)]} \\
\boxed{\forall} & \boxed{x_1} & \boxed{(} & \cdots & \boxed{)} \\
\| & \| & \| & \cdots & \| \\
9 & 17 & 11 & \cdots & 13
\end{array}
$$

定義 8 $x * y$ 是函數「連結數列 x 與數列 y 的數列」。

$$
x * y \overset{\text{def}}{=} \min z \le M_8(x, y)
$$
$$
\left[\forall m \le \text{len}(x) \left[1 \le m \Rightarrow z[m] = x[m] \right] \right.
$$
$$
\left. \wedge \forall n \le \text{len}(y) \left[1 \le n \Rightarrow z[\text{len}(x) + n] = y[n] \right] \right]
$$

當中，定義 $M_8(x, y)$ 如下。

$$
M_8(x, y) \overset{\text{def}}{=} (p_{\text{len}(x) + \text{len}(y)})^{x + y}
$$

　　米爾迦「設從 $z[1]$ 到 $z[\text{len}(x)]$ 等於數列 x 的各個元素，而從 $z[\text{len}(x) + 1]$ 到 $z[\text{len}(x) + \text{len}(y)]$ 等於數列 y 的各個元素。這個時候，我們稱數列 z 連結了數列 x 與數列 y。」

$$
\begin{array}{ccccccc}
\texttt{x[1]} & \cdots & \texttt{x[len(x)]} & & \texttt{y[1]} & \cdots & \texttt{y[len(y)]} \\
\| & \cdots & \| & & \| & \cdots & \| \\
\texttt{z[1]} & \cdots & \texttt{z[len(x)]} & & \texttt{z[len(x) + 1]} & \cdots & \texttt{z[len(x) + len(y)]}
\end{array}
$$

定義 9 $\langle x \rangle$ 是函數「由 x 單獨所構成的數列」。當中，$x > 0$。

$$
\langle x \rangle \overset{\text{def}}{=} 2^x
$$

定義 10 $\text{paren}(x)$ 是函數「加上了括弧的數列 x」。

$$
\text{paren}(x) \overset{\text{def}}{=} \langle \boxed{(} \rangle * x * \langle \boxed{)} \rangle
$$

　　米爾迦「這個由梨也解讀得出來嗎？」

由梨「咦……嗯。可以連結 $($ 與 x 與 $)$ 的東西！」

米爾迦「正確。這個就是『加上了括弧的數列 x』的定義。」

10.8.4　變數・符號・邏輯式

定義 11　IsVarType(x, n) 是謂語「x 乃『第 n 型』『變數』」。

$$\text{IsVarType}(x, n) \overset{\text{def}}{\iff} n \geq 1 \land \exists p \leq x \left[\text{IsVarBase}(p) \land x = p^n \right]$$

當中，定義 IsVarBase(p) 如下。

$$\text{IsVarBase}(p) \overset{\text{def}}{\iff} p > \boxed{)} \land \text{IsPrime}(p)$$

米爾迦「在此導入變數。」

我「"變數"中的『　』符號的意思是？」

米爾迦「這是後設數學的概念。」

我「後設數學的概念……」

米爾迦「也就是說 x 所代表的並不是意義世界中的變數。而是代表了已經被形式系統 P 定義過的變數的哥德爾數。」

蒂德拉「所謂的 $p > \boxed{)}$ 是什麼呢？」

米爾迦「這跟 $p > 13$ 的意思相同。回想一下變數的哥德爾編碼。」
　　　（p. 313）

定義 12　IsVar(x) 是謂語「x 乃『變數』」。

$$\text{IsVar}(x) \overset{\text{def}}{\iff} \exists n \leq x \left[\text{IsVarType}(x, n) \right]$$

米爾迦「由梨，這個可以解讀的出來嗎？」

由梨「存在 n，使得 x 會變成第 n 型變數。」

我「如果存在 n，使得『x 乃第 n 型變數』的話，x 就是變數了。」

定義 13　not(x) 是函數「『$\neg(x)$』」。

$$\text{not}(x) \stackrel{\text{def}}{=} \langle \boxed{\neg} \rangle * \text{paren}(x)$$

米爾迦「在此導入邏輯運算。」

我「$\langle \boxed{\neg} \rangle * \text{paren}(x)$ 會和邏輯式 ¬（...）對應吧！」

蒂德拉「奇怪……這個叫做 $\text{not}(x)$ 的，在表現定理中也出現過，對吧!?」

定義 14　$\text{or}(x, y)$是函數「『(x) $\vee$ (y)』」。

$$\text{or}(x, y) \stackrel{\text{def}}{=} \text{paren}(x) * \langle \boxed{\vee} \rangle * \text{paren}(y)$$

定義 15　$\text{forall}(x, a)$是函數「『$\forall x(a)$』」。

$$\text{forall}(x, a) \stackrel{\text{def}}{=} \langle \boxed{\forall} \rangle * \langle x \rangle * \text{paren}(a)$$

我「這就是給予變數 x 與邏輯式 a，得出 $\forall x(a)$ 的函數。」

米爾迦「說的更正確一點，當 x 代表了某一個變數的哥德爾數，而 a 代表了某一個邏輯式的哥德爾數的時候，得出相當於邏輯式 $\forall x(a)$ 的哥德爾數，這個函數就是 $\text{forall}(x, a)$。」

我「啊！這樣嗎？在意義世界中，形式系統P的一切用數來表示。」

蒂德拉「是什麼意思呢？」

我「就是利用名為哥德爾數的數來表示全部的變數及邏輯式。」

由梨「不用確認 $\text{IsVar}(x)$ 也沒關係喵？」

米爾迦「由梨，真虧妳能注意到。我們要使用 $\text{forall}(x, a)$ 來進行確認。」

定義 16　$\text{succ}(n, x)$是函數「x 的第 n 個後繼數」。

$$\begin{cases} \text{succ}(0, x) & \stackrel{\text{def}}{=} x \\ \text{succ}(n+1, x) & \stackrel{\text{def}}{=} \langle \boxed{f} \rangle * \text{succ}(n, x) \end{cases}$$

由梨「所謂的$\text{succ}(0, x)$，指的就是『x 本身』嗎？」

我「一定是啊！因為 x 的第 0 個後繼數，就是 x 本身啊！」

蒂德拉「那 $\text{succ}(n+1,x)$ 就是『將 $\text{succ}(n,x)$ 連結在 f 後面』嗎？」

我「對！沒錯！雖然應該是不斷地重複循環——」

蒂德拉「就算將 $n+1$ 減掉 1 也無妨呢！」

我「因為有 $\text{succ}(0,x)$ 的緣故，所以不會變成無窮遞降。」

由梨「跟剛剛某個地方很相似耶！我記得有耶……」

我「啊啊！跟定義 4 中，$\text{factorial}(n)$ 很相似。」

定義 17 $\overline{n}$ 是函數「對應 n 的『數項』」。

$$\overline{n} \overset{\text{def}}{=} \text{succ}(n, \langle \boxed{0} \rangle)$$

蒂德拉「這是『0 的第 n 個後繼數』的定義吧！」

由梨「也就是說 $\overline{n}$ 乃 $\underbrace{\text{ff}\cdots\text{f}}_{n\,\text{個}}0$ 的哥德爾數的喵～」

定義 18 $\text{IsNumberType}(x)$ 是謂語「x 乃『第 1 型符號』」。

$$\text{IsNumberType}(x) \overset{\text{def}}{\iff}$$

$$\exists m, n \leq x \left[(m = \boxed{0} \lor \text{IsVarType}(m,1)) \land x = \text{succ}(n, \langle m \rangle) \right]$$

米爾迦「$m = \boxed{0} \lor \text{IsVarType}(m,1)$ 的部分可以解讀得出來嗎？」

我「我想 $m = \boxed{0}$ 的部分會與像 fff0 這種形式對應。」

蒂德拉「而 $\text{IsVarType}(m,1)$ 的部分，則會跟像 fffx₁ 這種形式對應吧！」（p. 305）

定義 19 $\text{IsNthType}(x,n)$ 是謂語「x 乃『第 n 型符號』」。

$$\text{IsNthType}(x,n) \overset{\text{def}}{\iff} \left(n = 1 \land \text{IsNumberType}(x) \right)$$

$$\lor \left(n > 1 \land \exists v \leq x \left[\text{IsVarType}(v,n) \land x = \langle v \rangle \right] \right)$$

蒂德拉「總覺得好像在看電腦程式一樣。」

我「咦……哪裡像？」

蒂德拉「就是在 $n = 1$ 及 $n > 1$ 進行條件分析的部分。」

定義 20 IsElementForm(x) 是謂語「x 乃『基本邏輯式』」。

$$\text{IsElementForm(x)} \overset{\text{def}}{\Longleftrightarrow} \exists a, b, n \leq x \left[\text{IsNthType}(a, n+1) \land \text{IsNthType}(b, n) \right.$$
$$\left. \land\, x = a * \text{paren}(b) \right]$$

當中，定義 $\exists a, b, n \leq x\,[\cdots]$ 如下。

$$\exists a, b, n \leq x\,[\cdots] \overset{\text{def}}{\Longleftrightarrow} \exists a \leq x \left[\exists b \leq x \left[\exists n \leq x\,[\cdots] \right] \right]$$

米爾迦「在此導入基本邏輯式。」

蒂德拉「所謂的基本邏輯式，指的是像 $a(b)$ 這種形式的邏輯式，對吧!?」

米爾迦「對！但前提是 a 必須是第 $n+1$ 型，而 b 必須是第 n 型的邏輯式才行。」

我「是嗎？IsNthType$(a, n+1) \land$ IsNthType(b, n) 是類型確認囉！」

定義 21 IsOp(x, a, b) 是謂語「x 乃『¬(a)』或『(a) ∨ (b)』或『∀ν(a)』」。

$$\text{IsOp}(x, a, b) \overset{\text{def}}{\Longleftrightarrow} \text{IsNotOp}(x, a) \lor \text{IsOrOp}(x, a, b) \lor \text{IsForallOp}(x, a)$$

當中，定義 IsNotOp(x, a)、IsOrOp(x, a, b)、IsForallOp(x, a) 如下。

$$\text{IsNotOp}(x, a) \overset{\text{def}}{\Longleftrightarrow} x = \text{not}(a)$$
$$\text{IsOrOp}(x, a, b) \overset{\text{def}}{\Longleftrightarrow} x = \text{or}(a, b)$$
$$\text{IsForallOp}(x, a) \overset{\text{def}}{\Longleftrightarrow} \exists \nu \leq x \left[\text{IsVar}(\nu) \land x = \text{forall}(\nu, a) \right]$$

由梨「這個叫做 Op 的是什麼？」

米爾迦「就是運算子。Operator。」

由梨「ㄐㄩㄣˋㄙㄨㄢˋㄗˇ？」

米爾迦「就是出現在這裡的 ¬、∨、∀ 等符號。」

定義 22 IsFormSeq(x) 是謂語「x 乃以『基本邏輯式』為起點，逐步制

定『邏輯式』的列」。

$$\text{IsFormSeq}(x) \overset{\text{def}}{\Longleftrightarrow} \text{len}(x) > 0 \land \forall n \le \text{len}(x) \left[n > 0 \Rightarrow \right.$$

$$\left. \text{IsElementForm}(x[n]) \lor \exists p, q < n \left[p, q > 0 \land \text{IsOp}(x[n], x[p], x[q]) \right] \right]$$

> 米爾迦「看起來雖然很複雜,但很容易解讀。」
>
> 由梨「所謂的 x[n],指的是數列 x 中的第 n 個東西嗎?」
>
> 蒂德拉「與數列 x 排列在一起的全是基本邏輯式?還是……」
>
> 我「這個叫做 IsOp(x[n], x[p], x[q]) 的,到底是什麼呢?」
>
> 米爾迦「p, q < n 是重點。」
>
> 我「啊!x[n] 是從 x[p] 和 x[q] 製造而來的。」
>
> 蒂德拉「製造而來的?」
>
> 我「相較之下,排在列中的第 n 個邏輯式 x[n] 是從位於前面的 x[p] 和 x[q] 製造而來的。」
>
> 蒂德拉「指的是形式證明嗎?」
>
> 我「不是噢。是邏輯式的定義噢。基本邏輯式與 ¬(a)或(a) ∨ (b) 或 ∀v(a)這種形式的符號列也是邏輯式啊!對吧!?」
>
> 蒂德拉「對……」
>
> 我「正如邏輯式的定義(p. 305)所定義的一樣,邏輯式是從基本邏輯式制定而來的,定義的過程使用邏輯式的行來表示。」
>
> 由梨「用腦過度,肚子餓起來了……」
>
> 米爾迦「我們邊吃點心邊繼續好了──啊!那個巧克力是我的。」

定義 23　IsForm(x)是謂語「x 乃『邏輯式』」。定義成「存在『邏輯式』的列,使得 x 乃該列最後的元素,兼且該列乃以『基本邏輯式』為起點,逐步制定『邏輯式』的列」。

$$\text{IsForm}(x) \overset{\text{def}}{\Longleftrightarrow} \exists n \le M_{23}(x) \left[\text{IsFormSeq}(n) \land \text{IsEndedWith}(n, x) \right]$$

唯,定義 $M_{23}(x)$ 與 IsEndedWith(n, x) 如下。

$$M_{23}(x) \overset{\text{def}}{=} (p_{\text{len}(x)^2})^{x \times \text{len}(x)^2}$$

$$\text{IsEndedWith}(n, x) \overset{\text{def}}{\Longleftrightarrow} n[\text{len}(n)] = x$$

定義 24　$\text{IsBoundAt}(v, n, x)$ 是謂語「『變數』v 在 x 的第 n 個元素處，仍為『約束變數』」。

$$\text{IsBoundAt}(v, n, x) \overset{\text{def}}{\Longleftrightarrow} \text{IsVar}(v) \wedge \text{IsForm}(x)$$

$$\wedge \, \exists a, b, c \leqq x \left[x = a * \text{forall}(v, b) * c \right.$$

$$\left. \wedge \, \text{IsForm}(b) \wedge \text{len}(a) + 1 \leqq n \leqq \text{len}(a) + \text{len}(\text{forall}(v, b)) \right]$$

米爾迦「在此導入約束。」

由梨「這裡！因為使用了$\text{forall}(v, b)$ 來確認 $\text{IsVar}(v)$。」

蒂德拉「$\text{len}(a) + 1 \leqq n \leqq \text{len}(a) + \text{len}(\text{forall}(v, b))$的範圍是……？」

米爾迦「這是約束著變數v的範圍。也就是約束的有效範圍。在此範圍內，變數v可自由出現。」

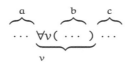

定義 25　$\text{IsFreeAt}(v, n, x)$是謂語「『變數』v出現在x的第n個元素處，而且並非『約束變數』」。

$$\text{IsFreeAt}(v, n, x) \overset{\text{def}}{\Longleftrightarrow}$$

$$\text{IsVar}(v) \wedge \text{IsForm}(x) \wedge v = x[n] \wedge n \leqq \text{len}(x) \wedge \neg \text{IsBoundAt}(v, n, x)$$

定義 26　$\text{IsFree}(v, x)$ 是謂語「v 乃 x 的『自由變數』」。

$$\text{IsFree}(v, x) \overset{\text{def}}{\Longleftrightarrow} \exists n \leqq \text{len}(x) \left[\text{IsFreeAt}(v, n, x) \right]$$

定義 27　$\text{substAtWith}(x, n, c)$是函數「將$x$的第$n$個元素用$c$取代」。當中要符合前提$1 \leqq n \leqq \text{len}(x)$

$$\text{substAtWith}(x, n, c) \stackrel{\text{def}}{=}$$

$$\min z \leqq M_8(x, c) \left[\exists a, b \leqq x \left[n = \text{len}(a) + 1 \right. \right.$$

$$\left. \left. \land\ x = a * \langle x[n] \rangle * b \land z = a * c * b \right] \right]$$

米爾迦「自由變數與取代的導入。」

米爾迦「在此導入自由變數與取代。」

蒂德拉「變數漫天亂飛，我已經暈頭轉向了啦……」

我「這裡的重點好像是 x 與 z 噢！」

$$
\begin{array}{ccccc}
 & & \overbrace{}^{a} & & \overbrace{}^{b} \\
x & = & \cdots & x[n] & \cdots \\
z & = & \underbrace{\cdots}_{a} & \underbrace{\cdots}_{c} & \underbrace{\cdots}_{b}
\end{array}
$$

蒂德拉「用 c 取代列 x 的第 n 個元素後，所得到的列會等於 z ……」

定義 28　freepos(k, v, x) 是函數「在 x 內，出現自由變數 v 的位置之中，倒數第 $k + 1$ 個的位置」。留意，這裡的 v 是要從列的末端開始倒數。倘若在那裡的 v 並不自由，這函數的值為 0。

$$\text{freepos}(0, v, x) \stackrel{\text{def}}{=} \min n \leqq \text{len}(x) \left[\text{IsFreeAt}(v, n, x) \right.$$

$$\left. \land\ \neg \left(\exists p \leqq \text{len}(x) \left[n < p \land \text{IsFreeAt}(v, p, x) \right] \right) \right]$$

$$\text{freepos}(k + 1, v, x) \stackrel{\text{def}}{=} \min n < \text{freepos}(k, v, x) \left[\text{IsFreeAt}(v, n, x) \right.$$

$$\left. \land\ \neg \left(\exists p < \text{freepos}(k, v, x) \left[n < p \land \text{IsFreeAt}(v, p, x) \right] \right) \right]$$

蒂德拉「為什麼只有這裡的 v 要從列的尾巴開始倒數呢？」

米爾迦「等一下我們再來解開這個謎題。」

定義 29　freenum(v, x) 是函數「在 x 當中，『自由變數』v 出現的位置數目」。

$$\text{freenum}(v, x) \overset{\text{def}}{=} \min n \leq \text{len}(x) \left[\text{freepos}(n, v, x) = 0 \right]$$

定義 30 substSome(k, x, v, c) 是函數「在列 x，從末端倒數 k 個『自由變數』v 出現的位置，並將這 k 個位置的自由變數 v 全數用 c 來取代後，所得到的『邏輯式』」。

$$\begin{cases} \text{substSome}(0, x, v, c) & \overset{\text{def}}{=} x \\ \text{substSome}(k + 1, x, v, c) & \overset{\text{def}}{=} \text{substAtWith}(\text{substSome}(k, x, v, c), \text{freepos}(k, v, x), c) \end{cases}$$

我「我懂囉！」

蒂德拉「懂了什麼？」

我「就是 freepos(k, v, x) 為什麼要從尾巴開始倒數的理由。」

蒂德拉「為什麼呢？」

我「因為在求算 substSome(k, x, v, c) 的時候，k 會逐漸遞減噢。因此，當遞減到尾巴的時候就會變成 0 而告終，所以才會採行反向倒數的作法。」

定義 31 subst(a, v, c) 是函數「在 a 當中，於變數 v 乃『自由變數』的位置，全數取代成 c 後，所得的『邏輯式』」。

$$\text{subst}(a, v, c) \overset{\text{def}}{=} \text{substSome}(\text{freenum}(v, a), a, v, c)$$

米爾迦「這裡的 subst(a, v, c) 也就是在公理Ⅲ-1（p. 307）的地方曾經出現過的『在 a 當中，所有自由的 v，用 c 取代後所得到的邏輯式』。」

定義 32 implies(a, b)、and(a, b)、equiv(a, b)、exists(x, a) 各自是函數「『(a) → (b)』」、「『(a) ∧ (b)』」、「『(a) ⇄ (b)』」、「『∃x(a)』」（p. 314）。

$$\text{implies}(a, b) \stackrel{\text{def}}{=} \text{or}(\text{not}(a), b)$$

$$\text{and}(a, b) \stackrel{\text{def}}{=} \text{not}(\text{or}(\text{not}(a), \text{not}(b)))$$

$$\text{equiv}(a, b) \stackrel{\text{def}}{=} \text{and}(\text{implies}(a, b), \text{implies}(b, a))$$

$$\text{exists}(x, a) \stackrel{\text{def}}{=} \text{not}(\text{forall}(x, \text{not}(a)))$$

定義 33　$\text{typelift}(n, x)$ 是函數「將 x『升格』n 次所得的邏輯式」。作法就是將形如數列的 x 逐個元素加以分別，元素是常數的話不予升格，是變數的話便加以升格，亦即將其哥德爾數乘以 $\text{prime}(1, x[k])^n$。再重新組合。

$$\text{typelift}(n, x) \stackrel{\text{def}}{=} \min y \leq x^{(x^n)} \left[\forall k \leq \text{len}(x) \left[\right. \right.$$

$$\left(\neg \text{IsVar}(x[k]) \wedge y[k] = x[k] \right)$$

$$\left. \left. \vee \left(\text{IsVar}(x[k]) \wedge y[k] = x[k] \times \text{prime}(1, x[k])^n \right) \right] \right]$$

- 例如，設 x 是邏輯式 $x_2(x_1)$。
- 當作列來看的話，x 就是 $\boxed{x_2}\,\boxed{(}\,\boxed{x_1}\,\boxed{)}$。
- $\text{typelift}(1, x)$ 就會變成 $\boxed{x_3}\,\boxed{(}\,\boxed{x_2}\,\boxed{)}$。
- $\text{typelift}(2, x)$ 就會變成 $\boxed{x_4}\,\boxed{(}\,\boxed{x_3}\,\boxed{)}$。
- 常數的 $\boxed{(}$ 與 $\boxed{)}$ 維持不變，只升格變數 $\boxed{x_2}$ 與變數 $\boxed{x_1}$。

蒂德拉「總覺得這也像電腦程式。」

我「電腦程式？」

蒂德拉「就是將它區分成了 $\text{IsVar}(x[k])$，及非 $\text{IsVar}(x[k])$ 的情況。」

米爾迦「$\forall k \leq \text{len}(x)$ 明言遞迴的次數上限是 $\text{len}(x)$ 迴圈。」

蒂德拉「哥德爾先生是在沒有電腦的時代進行了這個證明的，對吧……」

10.8.5 公理・定理・形式證明

定義 34 IsAxiomI(x) 是謂語「x 乃公理 I（p. 306）所得到的『邏輯式』」。設與公理 I-1、I-2、I-3 相對應的哥德爾數各為 α_1、α_2、α_3。

$$\text{IsAxiomI}(x) \overset{\text{def}}{\iff} x = \alpha_1 \vee x = \alpha_2 \vee x = \alpha_3$$

米爾迦「在此導入公理。」

我「米爾迦，妳看起來似乎很開心耶！」

米爾迦「因為終於來到了可以描述形式系統的地方了呀！」

定義 35 IsSchemaII(n, x) 是謂語「x 乃從公設 II-*n*（p. 307）所得到的『邏輯式』」。

$$\text{IsSchemaII}(1, x) \overset{\text{def}}{\iff} \exists p \leq x \left[\text{IsForm}(p) \right.$$
$$\left. \wedge\, x = \text{implies}(\text{or}(p, p), p) \right]$$

$$\text{IsSchemaII}(2, x) \overset{\text{def}}{\iff} \exists p, q \leq x \left[\text{IsForm}(p) \wedge \text{IsForm}(q) \right.$$
$$\left. \wedge\, x = \text{implies}(p, \text{or}(p, q)) \right]$$

$$\text{IsSchemaII}(3, x) \overset{\text{def}}{\iff} \exists p, q \leq x \left[\text{IsForm}(p) \wedge \text{IsForm}(q) \right.$$
$$\left. \wedge\, x = \text{implies}(\text{or}(p, q), \text{or}(q, p)) \right]$$

$$\text{IsSchemaII}(4, x) \overset{\text{def}}{\iff} \exists p, q, r \leq x \left[\text{IsForm}(p) \wedge \text{IsForm}(q) \wedge \text{IsForm}(r) \right.$$
$$\left. \wedge\, x = \text{implies}(\text{implies}(p, q), \text{implies}(\text{or}(r, p), \text{or}(r, q))) \right]$$

定義 36 IsAxiomII(x) 是謂語「x 乃從公理 II（p. 307）所得到的『邏輯式』」。

$$\text{IsAxiomII}(x) \overset{\text{def}}{\iff}$$
$$\text{IsSchemaII}(1, x) \vee \text{IsSchemaII}(2, x) \vee \text{IsSchemaII}(3, x) \vee \text{IsSchemaII}(4, x)$$

定義 37 IsNotBoundIn(z, y, v) 是謂語「在 *y* 當中，於『自由變數』*v* 出現之處，並沒有『約束』在 *z* 中出現的任何『變數』」。

$$\text{IsNotBoundIn}(z, y, v) \stackrel{\text{def}}{\Longleftrightarrow} \neg \Big(\exists n \leq \text{len}(y) \; \Big[\exists m \leq \text{len}(z) \; \Big[\exists w \leq z$$
$$\Big[w = z[m] \land \text{IsBoundAt}(w, n, y) \land \text{IsFreeAt}(v, n, y) \Big] \Big] \Big] \Big)$$

定義 38　IsSchemaIII$(1, x)$ 是謂語「x 乃從公理 III-1（p. 307）所得到的『邏輯式』」。

$$\text{IsSchemaIII}(1, x) \stackrel{\text{def}}{\Longleftrightarrow}$$

$$\exists v, y, z, n \leq x \; \Big[\text{IsVarType}(v, n) \land \text{IsNthType}(z, n) \land \text{IsForm}(y)$$
$$\land \text{IsNotBoundIn}(z, y, v)$$
$$\land x = \text{implies}(\text{forall}(v, y), \text{subst}(y, v, z)) \Big]$$

定義 39　IsSchemaIII$(2, x)$ 是謂語「x 乃從公理 III-2（p. 308）所得到的『邏輯式』」。

$$\text{IsSchemaIII}(2, x) \stackrel{\text{def}}{\Longleftrightarrow}$$

$$\exists v, q, p \leq x \; \Big[\text{IsVar}(v) \land \text{IsForm}(p) \land \neg \text{IsFree}(v, p) \land \text{IsForm}(q)$$
$$\land x = \text{implies}(\text{forall}(v, \text{or}(p, q)), \text{or}(p, \text{forall}(v, q))) \Big]$$

定義 40　IsAxiomIV(x) 是謂語「x 乃從公理 IV（p. 308）所得到的『邏輯式』」。

$$\text{IsAxiomIV}(x) \stackrel{\text{def}}{\Longleftrightarrow}$$

$$\exists u, v, y, n \leq x \; \Big[\text{IsVarType}(u, n + 1) \land \text{IsVarType}(v, n)$$
$$\land \neg \text{IsFree}(u, y) \land \text{IsForm}(y)$$
$$\land x = \text{exists}(u, \text{forall}(v, \text{equiv}(\langle u \rangle * \text{paren}(\langle v \rangle), y))) \Big]$$

定義 41　IsAxiomV(x) 是謂語「x 乃從公理 V（p. 308）所得到的『邏輯式』」。設與公理 V 相對應的哥德爾數為 α_4。

$$\text{IsAxiomV}(x) \stackrel{\text{def}}{\Longleftrightarrow} \exists n \leqq x \left[x = \text{typelift}(n, \alpha_4) \right]$$

定義 42　IsAxiom(x) 是謂語「*x* 乃『公理』」。

$$\text{IsAxiom}(x) \stackrel{\text{def}}{\Longleftrightarrow}$$

$$\text{IsAxiomI}(x) \lor \text{IsAxiomII}(x) \lor \text{IsAxiomIII}(x) \lor \text{IsAxiomIV}(x) \lor \text{IsAxiomV}(x)$$

當中，定義 IsAxiomIII(x) 如下。

$$\text{IsAxiomIII}(x) \stackrel{\text{def}}{\Longleftrightarrow} \text{IsSchemaIII}(1, x) \lor \text{IsSchemaIII}(2, x)$$

定義 43　IsConseq(x, a, b) 是謂語「*x* 乃 *a* 與 *b* 的『直接結論』」。

$$\text{IsConseq}(x, a, b) \stackrel{\text{def}}{\Longleftrightarrow} a = \text{implies}(b, x) \lor \exists v \leqq x \left[\text{IsVar}(v) \land x = \text{forall}(v, a) \right]$$

米爾迦「推論規則。」

蒂德拉「出現在這裡的 Conseq 指的是……？」

米爾迦「直接結論（Immediate Consequence）的省略。」

蒂德拉「意思是說 ∨ 的前面是從 $a = \text{implies}(b, x)$ 與 b 直接得到 x。」

米爾迦「相當於從 $b \to x$ 與 b 直接得到 x。」

蒂德拉「∨ 的後面則是從 a 直接得到 $\text{forall}(v, a)$。」

米爾迦「相當於從 a 得到 $\forall v(a)$。」

由梨「啊！這裡也進行著 IsVar(v) 的檢驗呢！」

定義 44　IsProof(x) 是謂語「*x* 乃『形式證明』」。

$$\text{IsProof}(x) \stackrel{\text{def}}{\Longleftrightarrow} \text{len}(x) > 0$$

$$\land \forall n \leqq \text{len}(x) \left[n > 0 \Rightarrow \text{IsAxiomAt}(x, n) \lor \text{ConseqAt}(x, n) \right]$$

當中，定義 IsAxiomAt(x, n) 與 ConseqAt(x, n) 如下。

$$\text{IsAxiomAt}(x, n) \stackrel{\text{def}}{\Longleftrightarrow} \text{IsAxiom}(x[n])$$

$$\text{ConseqAt}(x, n) \stackrel{\text{def}}{\Longleftrightarrow} \exists p, q < n \left[p, q > 0 \land \text{IsConseq}(x[n], x[p], x[q]) \right]$$

定義 45　Proves(p, x) 是謂語「p 乃 x 的『形式證明』」。

$$\text{Proves}(p, x) \overset{\text{def}}{\Longleftrightarrow} \text{IsProof}(p) \wedge \text{IsEndedWith}(p, x)$$

米爾迦「由梨！」

由梨「有！p 為形式證明，而 x 為最後的邏輯式。」

我「p 可以對 x 進行形式證明──嗎？」

蒂德拉「終於！好不容易抵達了呢！」

定義 46　IsProvable(x) 是謂語「存在 x 的『形式證明』」。

$$\text{IsProvable}(x) \overset{\text{def}}{\Longleftrightarrow} \exists p \left[\text{Proves}(p, x) \right]$$

「那麼，進行到這裡我們要做個測驗。」米爾迦一臉開心的說道。

「定義 1～定義 45」與「定義 46」之間最大的差異是什麼？

沉默思考的時間。

「定義 46 中，自由變數只得一個……之類的嗎？」蒂蒂回答道。

「不對！只有一個自由變數的謂語，在其它定義中也多的是。」

「形式不一樣嗎？」由梨回答道。

「形式？說得更明確一點。」米爾迦說道。

「就是啊，只有定義 46 是 $\exists p$ 的形式。」

「$\exists$ 的形式在其它定義中也出現過，對吧!?」米爾迦說道。可是，米爾迦的眼睛中卻閃爍著喜悅。

「並沒有喔！它並不如在其他定義中出現的 $\exists p \leq M$ 這種形式。」

「差異就出現在這個地方。」米爾迦說道。「從定義 1 到定義 45 為止，$\forall$ 也好，$\exists$ 也好，都一定會有上限。把 $\forall$ 或 $\exists$ 當作『不斷重複調查的命題』的構造來思考的話，我們就可以知道所謂的『會有上限』，指的就是重複的次數。……而那個正是原始遞迴性。從定義 1 到定義 45，全都是原始遞迴的。只有定義 46 的 IsProvable(x) 不是原始遞迴。」

10.9 「新春」不能判定的哥德爾句

10.9.1 「季節」的確認

終於，來到了「新春」。我們要一一確認截至目前每個「季節」的流程。

在「春」，我們定義過了**形式系統 P**。即制定形式系統 P 的基本符號、公理、推論規則等。

在「夏」，我們定義過了**哥德爾數**。制定與形式系統 P 的基本符號以及符號列對應數的方法。並根據這個方法，讓形式系統可以用數來表現。

在「秋」，我們定義過了**原始遞迴函數**與**原始遞迴謂語**。此外，雖然沒有進行證明，但學過了表現定理。而表現定理是從意義世界跨越到形式世界的橋樑。

在「冬」，我們定義過了 Proves(p, x)，也就是以原始遞迴謂語定義了謂語「p 乃 x 的『形式證明』」。

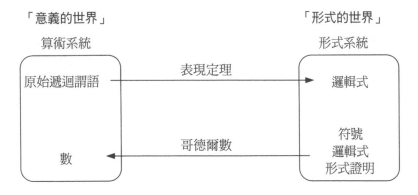

那麼，接著就是「**新春**」了。我們以剛剛所做過的準備為基礎，來構成**不能判定的哥德爾句**。形式系統 P 含有 A 與 $\neg A$ 均為形式上無法證明的語句，亦即表示，形式系統 P 帶有不能判定的哥德爾句。

「新春」由八個步驟建構而成。接下來要按照「種子」、「芽」、「枝」、「葉」、「蕾」，及「梅」、「桃」、「櫻」的順序來進行。

在最後一個步驟「櫻花」，我們將完成第一不完備定理的證明。

10.9.2　「種子」由意義的世界進入形式的世界

定義雙變數的謂語 Q 如下。

$$Q(x, y) \overset{\text{def}}{\Longleftrightarrow} \neg\, \text{Proves}(x, \text{subst}(y, \boxed{y_1}, \overline{y}))$$

$Q(x, y)$是謂語「x 並非 $\text{subst}(y, \boxed{y_1}, \overline{y})$ 的『形式證明』」。這麼一來，它就會成為原始遞迴謂語。為什麼呢？因為我們用了在「冬」定義過的原始遞迴謂語與原始遞迴函數來定義 $Q(x, y)$。

在這裡，為了方便閱讀，我們要將變數的哥德爾數定義如下。

$$\boxed{x_1} \overset{\text{def}}{=} 17, \quad \boxed{y_1} \overset{\text{def}}{=} 19$$

由梨「在『冬』定義過是指？」

我「就是 $\text{Proves}(p, x)$ 與 $\text{subst}(x, v, c)$ 噢！」

蒂德拉「除此之外……由數項所得到的函數 $\bar{x}$ 也是。」

由梨「那 $\boxed{y_1}$ 呢？」

我「$\boxed{y_1}$ 代表了 19，就只是個數字噢！」

由梨「為什麼說 $\boxed{y_1}$ 就是 19 呢！」

我「是從變數的哥德爾的定義（p. 312）而來的。」

米爾迦「只是個數字，也就是說常數函數也是原始遞迴函數。」

在這裡，只要使用表現定理的「秋-2」（p. 320）——便可得知，存在雙變數邏輯式 q，使得對於任意數 m 和 n，下句成立。

$$\neg Q(m, n) \Rightarrow 「存在 \text{not}(q\langle \overline{m}, \overline{n} \rangle) 的『形式證明』」$$

當中，定義 $q\langle \overline{m}, \overline{n} \rangle$ 如下。

$$q\langle \overline{m}, \overline{n} \rangle \overset{\text{def}}{=} \text{subst}(\text{subst}(q, \boxed{x_1}, \overline{m}), \boxed{y_1}, \overline{n})$$

蒂德拉「咦……這麼一來，不就是用 q 來定義 q 了嗎？」

米爾迦「不對！是用 q 來定義 $\mathsf{q}\langle\overline{m},\overline{n}\rangle$。」

蒂德拉「對不起！我不是很了解 q 與 $\mathsf{q}\langle\overline{m},\overline{n}\rangle$ 兩者間的差異。」

米爾迦「q 為雙變數邏輯式的哥德爾數，而變數的哥德爾數為 $\boxed{\mathsf{x_1}}$ 與 $\boxed{\mathsf{y_1}}$。」

蒂德拉「是。就是 17 與 19 嘛！」

米爾迦「而 $\mathsf{q}\langle\overline{m},\overline{n}\rangle$ 則是，以 $\overline{m}$ 和 $\overline{n}$ 取代 q 的兩個變數後，所得語句的哥德爾數。」

蒂德拉「啊……原來是這樣啊！這麼說來，在表現定理的地方也聽過同樣的話。」

在說明時機上，我們雖然先提到了從「秋-2」所推導出的結果，但是有必要將「秋-1」與「秋-2」統整後使用。也就是說，出現在這裡的 q 在「秋-1」及「秋-2」是相同的。關於「秋-1」部分，稍後再談。

那麼，

「存在 $\mathrm{not}(\mathsf{q}\langle\overline{m},\overline{n}\rangle)$ 的『形式證明』」

利用 $\mathrm{IsProvable}(\mathrm{not}(\mathsf{q}\langle\overline{m},\overline{n}\rangle))$ 來表現，便可得到下面的 A0。

▶ A0:　$\neg Q(m,n) \Rightarrow \underline{\underline{\mathrm{IsProvable}(\mathrm{not}(\mathsf{q}\langle\overline{m},\overline{n}\rangle))}}$

根 據 謂 語 Q 的 定 義（p. 342），$\neg Q(m,n)$ 可 以 寫 成 $\neg\neg\,\mathrm{Proves}(m,n\langle\overline{n}\rangle)$，即 $\mathrm{Proves}(m,n\langle\overline{n}\rangle)$。但是，定義 $n\langle\overline{n}\rangle$ 如下。

$$n\langle\overline{n}\rangle \overset{\mathrm{def}}{=} \mathrm{subst}(n, \boxed{\mathsf{y_1}}, \overline{n})$$

如此一來，根據 A0 便可以得到下面的 A1。

▶ A1:　$\underline{\underline{\mathrm{Proves}(m,n\langle\overline{n}\rangle)}} \Rightarrow \mathrm{IsProvable}(\mathrm{not}(\mathsf{q}\langle\overline{m},\overline{n}\rangle))$

我們要將這個 A1 使用在「葉」。

蒂德拉「剛剛所提到的 $\mathrm{subst}(n, \boxed{\mathsf{y_1}}, \overline{n})$ 究竟是什麼呢？」

我「應該是以 n 本身作為數項的 $\overline{n}$，嗯、然後，用來取代單變數邏輯

式 n 中的自由變數 $\boxed{y_1}$ 後，所得的語句吧！」

米爾迦「對！從後設數學的觀點來看，這樣的說法是合理的。如果從算術上的觀點來說的話，就會變得相當複雜麻煩。因為『邏輯式』會成為『邏輯式的哥德爾數』；而『作為數項 $\bar{n}$』，會成為『數項的哥德爾數 $\bar{n}$』；而所謂的「……所得到的語句」，則會變成『……所得到的語句的哥德爾數』。全部都是用數來表示的。」

蒂德拉「請問……最後的 $\mathrm{subst}(n, \boxed{y_1}, \overline{n})$ 是什麼呢？」

米爾迦「就是 n 的對角化。也就是，

將 □ 是這個這個

視為 n 的話，那麼 $\mathrm{subst}(n, \boxed{y_1}, \overline{n})$ 就會變成

『□ 是這個這個』是這個這個了。」

這一次我們使用了「秋-1」（p. 320），會得到下面的 B0。

▶ B0: $\quad Q(m, n) \Rightarrow \mathrm{IsProvable}(q\langle \overline{m}, \overline{n} \rangle)$

根據謂語 Q 的定義（p. 342），$Q(m, n)$ 可以寫成 $\neg \mathrm{Proves}(m, n\langle \overline{n} \rangle)$。

如此一來，根據 B0 就可以得到下面的 B1。

▶ B1: $\quad \underset{\sim\sim\sim\sim}{\neg \mathrm{Proves}(m, n\langle \overline{n} \rangle)} \Rightarrow \mathrm{IsProvable}(q\langle \overline{m}, \overline{n} \rangle)$

我們要將這個 B1 使用在「蕾」處。

我「怎麼了？蒂蒂，為什麼筆記本翻得這麼急？」

蒂德拉「沒什麼……我只是想到了某個東西。」

10.9.3 「芽」p 的定義

為了載明 Q 的兩個自由變數為 $\boxed{x_1}$ 與 $\boxed{y_1}$，我們可以將 q 寫成 $q\langle \boxed{x_1}, \boxed{y_1} \rangle$。

$$q = q\langle \boxed{x_1}, \boxed{y_1} \rangle$$

現在，我們要定義邏輯式 p 成 $\text{forall}(\boxed{x_1}, q)$，則 p 可寫成如下。

$$p \overset{\text{def}}{=} \text{forall}(\boxed{x_1}, q\langle \boxed{x_1}, \boxed{y_1} \rangle)$$

仔細看上面的數式，因為 q 的自由變數 $\boxed{x_1}$，在 p 的 $\text{forall}(\boxed{x_1}, \cdots)$ 作用範圍中被綁定了；於是，我們便可以得知 p 的自由變數只有 $\boxed{y_1}$ 一個。因此，可以將 p 記作 $p\langle \boxed{y_1} \rangle$。最後，可以寫成像 C1 這樣。

▶ C1:　$p\langle \boxed{y_1} \rangle = \text{forall}(\boxed{x_1}, q\langle \boxed{x_1}, \boxed{y_1} \rangle)$

在 C1 中，用 $\overline{p}$ 來取代 $\boxed{y_1}$，可以得到下面的 C2。

▶ C2:　$p\langle \overline{p} \rangle = \text{forall}(\boxed{x_1}, q\langle \boxed{x_1}, \overline{p} \rangle)$

當中，

$$p\langle \overline{p} \rangle \overset{\text{def}}{=} \text{subst}(p, \boxed{y_1}, \overline{p})$$

這個 C2 要使用在「葉」與「蕾」處。

10.9.4　「枝」r 的定義

在「枝」中，定義單變數邏輯式 r 為 $q\langle \boxed{x_1}, \overline{p} \rangle$。因為 r 剩下的自由變數是 $\boxed{x_1}$，所以 r 可以寫成 $r\langle \boxed{x_1} \rangle$。

▶ C3:　$r\langle \boxed{x_1} \rangle \overset{\text{def}}{=} q\langle \boxed{x_1}, \overline{p} \rangle$

在 C3 中，用 $\overline{m}$ 來取代 $\boxed{x_1}$，可以得下面的 C4。

▶ C4:　$r\langle \overline{m} \rangle = q\langle \overline{m}, \overline{p} \rangle$

這個 C4 要使用在「葉」與「蕾」處。

我們目前正身處於「意義的世界」這件事，絕對不可以忘記。總是

操作著數。可是，那個數指的是哥德爾數。雖然從算術的觀點來看，處理的是數；但從後設數學的觀點來看，處理的卻是「數項」、「邏輯式」，或者是「形式證明」。

10.9.5　「葉」從 A1 開始的流程

將由「種子」所推導出的 A1（p. 343），以 r 來表示，就是由「葉」的目標。

▶ A1:　$\text{Proves}(\mathfrak{m}, \mathfrak{n}\langle\overline{\mathfrak{n}}\rangle) \Rightarrow \text{IsProvable}(\text{not}(\mathfrak{q}\langle\overline{\mathfrak{m}}, \overline{\mathfrak{n}}\rangle))$

將 A1 的 n，用 p 來取代，就會得到下面的 A2。

▶ A2:　$\text{Proves}(\mathfrak{m}, \mathfrak{p}\langle\overline{\mathfrak{p}}\rangle) \Rightarrow \text{IsProvable}(\text{not}(\mathfrak{q}\langle\overline{\mathfrak{m}}, \overline{\mathfrak{p}}\rangle))$

根據 A2 與 C2（$\mathfrak{p}\langle\overline{\mathfrak{p}}\rangle = \text{forall}(\boxed{\mathbf{x_1}}, \mathfrak{q}\langle\boxed{\mathbf{x_1}}, \overline{\mathfrak{p}}\rangle)$），會得到下面的 A3。

▶ A3:　$\text{Proves}(\mathfrak{m}, \text{forall}(\boxed{\mathbf{x_1}}, \mathfrak{q}\langle\boxed{\mathbf{x_1}}, \overline{\mathfrak{p}}\rangle)) \Rightarrow \text{IsProvable}(\text{not}(\mathfrak{q}\langle\overline{\mathfrak{m}}, \overline{\mathfrak{p}}\rangle))$

根據 A3 與 C3（$r\langle\boxed{\mathbf{x_1}}\rangle = \mathfrak{q}\langle\boxed{\mathbf{x_1}}, \overline{\mathfrak{p}}\rangle$），會得到下面的 A4。

▶ A4:　$\text{Proves}(\mathfrak{m}, \text{forall}(\boxed{\mathbf{x_1}}, r\langle\boxed{\mathbf{x_1}}\rangle)) \Rightarrow \text{IsProvable}(\text{not}(\mathfrak{q}\langle\overline{\mathfrak{m}}, \overline{\mathfrak{p}}\rangle))$

根據 A4 與 C4（$r\langle\overline{\mathfrak{m}}\rangle = \mathfrak{q}\langle\overline{\mathfrak{m}}, \overline{\mathfrak{p}}\rangle$），可以得到下面的 A5。

▶ A5:　$\text{Proves}(\mathfrak{m}, \text{forall}(\boxed{\mathbf{x_1}}, r\langle\boxed{\mathbf{x_1}}\rangle)) \Rightarrow \text{IsProvable}(\text{not}(r\langle\overline{\mathfrak{m}}\rangle))$

這個 A5 要使用在「梅」處。

10.9.6　「蕾」從 B1 開始的流程

將由「種子」所推導出來的 B1（p. 344），以 r 來表示，就是由「蕾」的目標。

► B1: $\neg\,\text{Proves}(\mathfrak{m}, \mathfrak{n}\langle\overline{\mathfrak{n}}\rangle) \Rightarrow \text{IsProvable}(q\langle\overline{\mathfrak{m}}, \overline{\mathfrak{n}}\rangle)$

將 B1 的 n，用 p 來取代，就會得到下面的 B2。

► B2: $\neg\,\text{Proves}(\mathfrak{m}, \underaccent{\sim}{p\langle\overline{p}\rangle}) \Rightarrow \text{IsProvable}(q\langle\overline{\mathfrak{m}}, \overline{p}\rangle)$

根據 B2 與 C2（$p\langle\overline{p}\rangle = \text{forall}(\boxed{x_1}, q\langle\boxed{x_1}, \overline{p}\rangle)$），會得到下面的 B3。

► B3: $\neg\,\text{Proves}(\mathfrak{m}, \underaccent{\sim}{\text{forall}(\boxed{x_1}, q\langle\boxed{x_1}, \overline{p}\rangle)}) \Rightarrow \text{IsProvable}(q\langle\overline{\mathfrak{m}}, \overline{p}\rangle)$

根據 B3 與 C3（$r\langle\boxed{x_1}\rangle \overset{\text{def}}{=} q\langle\boxed{x_1}, \overline{p}\rangle$），會得到下面的 B4。

► B4: $\neg\,\text{Proves}(\mathfrak{m}, \text{forall}(\boxed{x_1}, \underaccent{\sim}{r\langle\boxed{x_1}\rangle})) \Rightarrow \text{IsProvable}(q\langle\overline{\mathfrak{m}}, \overline{p}\rangle)$

根據 B4 與 C4（$r\langle\overline{\mathfrak{m}}\rangle = q\langle\overline{\mathfrak{m}}, \overline{p}\rangle$），會得到下面的 B5。

► B5: $\neg\,\text{Proves}(\mathfrak{m}, \text{forall}(\boxed{x_1}, r\langle\boxed{x_1}\rangle)) \Rightarrow \text{IsProvable}(\underaccent{\sim}{r\langle\overline{\mathfrak{m}}\rangle})$

這個 B5 要使用在「桃」處。

10.9.7 不能判定的語句的定義

事實上，目前出現在「蕾」中的這個

$$\text{forall}(\boxed{x_1}, r\langle\boxed{x_1}\rangle)$$

會變成不能判定的語句。而我們要將這個語句稱為 g。

▷ g 的定義：$g \overset{\text{def}}{=} \text{forall}(\boxed{x_1}, r\langle\boxed{x_1}\rangle)$

只要能夠證明以下兩者的話，就能顯示 g 為不能判定的語句了。

- $\neg\,\text{IsProvable}(g)$
- $\neg\,\text{IsProvable}(\text{not}(g))$

它們將分別於「梅」與「桃」中證明。

10.9.8 「梅」¬IsProvable(g) 的證明

以形式系統 P 是相容的為前提。

▶ D0: 形式系統 P 是相容的。

在「梅」中所欲證明的命題為，¬ IsProvable(forall($\boxed{x_1}$, r⟨$\boxed{x_1}$⟩))。使用反證法。作為所欲證明命題的否定命題，假設下面的 D1。

▶ D1: IsProvable(forall($\boxed{x_1}$, r⟨$\boxed{x_1}$⟩))

在 D1 中，設 forall($\boxed{x_1}$, r⟨$\boxed{x_1}$⟩) 的形式證明為 s，會得到下面的 D2。

▶ D2: Proves(s, forall($\boxed{x_1}$, r⟨$\boxed{x_1}$⟩))

在這裡，我們要讀取在「葉」中所導出的 A5（p. 346）。因為對任意 m，A5 都會成立；所以即使將 m 取代，換成 D2 的 s，A5 也會成立。因此，我們會得到下面的 D3。

▶ D3: Proves(s, forall($\boxed{x_1}$, r⟨$\boxed{x_1}$⟩)) ⇒ IsProvable(not(r⟨$\overline{s}$⟩))

根據 D2 與 D3，就會得到下面的 D4。

▶ D4: IsProvable(not(r⟨$\overline{s}$⟩))

接著，我們要將注意力放在 D1，並以後設數學的觀點來進行有關於形式系統的考察。在 D1 中，我們得知語句 forall($\boxed{x_1}$, r⟨$\boxed{x_1}$⟩) 存在形式證明。也就是說，forall($\boxed{x_1}$, r⟨$\boxed{x_1}$⟩) 會成為定理。

在這裡，將它與形式系統 P 的公理 III-1（p. 307）合併，就會得到 subst(r, $\boxed{x_1}$, $\overline{s}$)，即 r⟨$\overline{s}$⟩。因此，r⟨$\overline{s}$⟩ 也會成為定理。

因為 r⟨$\overline{s}$⟩ 會存在形式證明，所以會得到下面的 D5。

▶ D5: IsProvable(r⟨$\overline{s}$⟩)

根據 D4 與 D5，我們得知 not(r⟨$\overline{s}$⟩) 與 r⟨$\overline{s}$⟩ 兩者在形式上皆可證明。

因此，就會得到下面的 D6。

▶ D6: 形式系統 P 是矛盾的。

D6 與前提 D0（形式系統 P 是相容的）兩相矛盾。因此，根據反證法，作為假設，D1(IsProvable(forall($\boxed{x_1}$, r $\langle\boxed{x_1}\rangle$)))的否定命題會成立。亦即，下面 D7 的成立也會獲得證明。

▶ D7: ¬ IsProvable(forall($\boxed{x_1}$, r $\langle\boxed{x_1}\rangle$)))

> 蒂德拉「奇怪……剛剛是不是出現了兩種『矛盾』呢？」
> 米爾迦「蒂德拉注意到啦！」
> 我「兩種？」
> 米爾迦「D4 與 D5 在形式世界中是矛盾的。邏輯式與邏輯式的否定兩者在形式上皆可證明。」
> 我「嗯、真的耶！所以呢？」
> 米爾迦「D0 與 D6 在意義世界中是矛盾的。命題與命題的否定兩者都會成立。」
> 我「的確如此！兩種矛盾嗎……」

10.9.9 「桃」¬ IsProvable(not(g)) 的證明

有關形式系統 P，以 E0 為前提。

▶ E0: 形式系統 P 為 ω 相容。

在這裡，我們要定義 ω 矛盾與 ω 相容。

▷ ω 矛盾　所謂的形式系統為 ω 矛盾，即對某單變數邏輯式 f $\langle\boxed{x_1}\rangle$ ，下面兩個條件都會滿足。

- f $\langle\overline{0}\rangle$, f $\langle\overline{1}\rangle$, f $\langle\overline{2}\rangle$, ... 全部都存在形式證明。
- not(forall($\boxed{x_1}$, f $\langle\boxed{x_1}\rangle$)) 存在形式證明。

▷ω相容　所謂的形式系統為 ω 相容，指的就是形式系統沒有 ω 矛盾。

　　ω 相容的條件要比普通的相容來得更為嚴謹。如果形式系統為 ω 相容的話，絕對可以說形式系統是相容的。可是，相反地，即使形式系統是相容的，但卻並不一定是 ω 相容。

> **我**「即便是相容的，但卻並不一定是 ω 相容……真是不可思議呢！雖然對任意數 t，$f\langle \overline{t} \rangle$ 在形式上可以證明，但 $\mathrm{not}(\mathrm{forall}(\boxed{x_1}, f\langle \boxed{x_1} \rangle))$ 是不是在形式上也可以證明呢？」
>
> **米爾迦**「在數的標準解釋下，的確會覺得這樣的論調很不可思議。有關於『所有的數』的主張，與使用了『∀』的主張，兩者之間會有所不同。」
>
> **蒂德拉**「為什麼 ω 會出現呢！」
>
> **米爾迦**「因為出現在這裡的 ω，和所有數的集合 $\omega = \{0, 1, 2, \ldots\}$ 意義互相吻合，所以如此採用。ω 相容這個用語代表了沒有矛盾，而這個意思是從數的標準解釋而來的。」

　　那麼，在「桃」中所欲證明的命題如下。

$$\neg\, \mathrm{IsProvable}(\mathrm{not}(\mathrm{forall}(\boxed{x_1}, r\langle \boxed{x_1} \rangle)))$$

　　根據由「梅」中推導出的 D7，對任意邏輯式的列 t，E1 都會成立。

▶ E1:　$\neg\, \mathrm{Proves}(t, \mathrm{forall}(\boxed{x_1}, r\langle \boxed{x_1} \rangle))$

　　由「蕾」中所推導出的 B5（p. 353），因為 m 取代成 t 的時候也會成立，所以會得到下面的 E2。

▶ E2:　$\neg\, \mathrm{Proves}(t, \mathrm{forall}(\boxed{x_1}, r\langle \boxed{x_1} \rangle)) \Rightarrow \mathrm{IsProvable}(r\langle \overline{t} \rangle)$

　　根據 E1 與 E2，對任意 t，下面的 E3 會成立。

▶ E3:　$\mathrm{IsProvable}(r\langle \overline{t} \rangle)$

　　在這裡，要使用反證法。

我們要假設下面的 E4，來作為所欲證明命題的否定。

▶ E4:　IsProvable(not(forall(x_1 , r$\langle$ x_1 $\rangle$))))

根據 E4 與「對任意 t ，E3 會成立」，所以會得到 E5。

▶ E5:　形式系統 P 為 ω 矛盾。

E5 與前提 E0（形式系統 P 為 ω 相容）兩相矛盾。

因此，根據反證法，作為假設的 E4，否定命題會成立。

亦即，證畢下面 E6 成立。

▶ E6:　¬ IsProvable(not(forall(x_1 , r$\langle$ x_1 $\rangle$))))

10.9.10　「櫻」形式系統 P 為不完備的證明

根據由「梅」中所推導出的 D7，與「桃」中所推導出的 E6，會得到下面的 F1。

▶ F1: g 與 not(g) 兩者的形式證明都不存在。

根據 F1，會得到下面的 F2。

▶ F2: 形式系統是不完備的。

這麼一來，便完成了一項任務。而這就是第一不完備定理的證明。

「⋯⋯」由梨趴在桌子上呻吟了起來。

「⋯⋯還真是相當慘烈的一仗呢！」我說道。

蒂蒂認真地在筆記本上畫著圖。

「蒂蒂，妳在畫什麼呢？」

「一張名為『新春』的旅行地圖！」元氣十足的蒂蒂讓我看了筆記本。

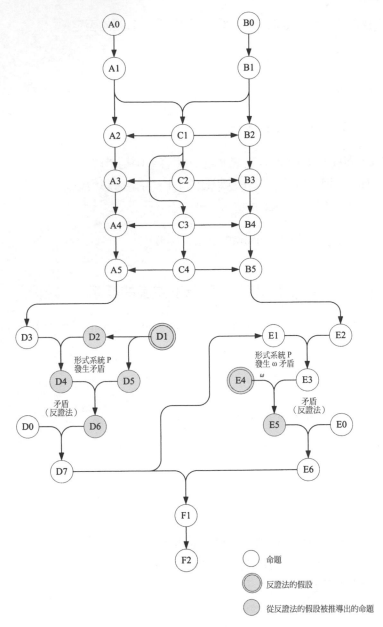

名為「新春」的旅行地圖
（第一不完備定理證明的最終階段）

10.10 不完備定理的意義

10.10.1 「我是無法證明的」

在 Chlorine。整張白板都被邏輯式給填滿了。就連桌子上,都四處散亂著我們寫過的筆記。

米爾迦的開講暫告一段落,而我們都還沉醉在方才的餘韻當中。

「不完備定理的證明,該怎麼說呢?!真的是太強了……」我說道。

「證明的流程是按照哥德爾的論文。」米爾迦說道。

「一整個超載……累死人了。」由梨說道。

「蒂蒂的『旅行地圖』很簡單明瞭呢!」我說道。

「請問……」蒂蒂邊反覆看著自己的筆記,邊開口說道。「隨著米爾迦學姊的『季節』講述,我總算有點了解不完備定理證明的流程了。『春』為形式系統 P;『夏』哥德爾數;『秋』表現定理;『冬』證明判定機;及『新春』不能判定的哥德爾句……。可是,那個不能判定的哥德爾句到底具有什麼意義——我還不了解。」

「所謂的不能判定的哥德爾句,到底是什麼呢?」由梨問道。

「就是 g 噢!」我說道。

$$g = \text{forall}(\boxed{x_1}, r\langle\boxed{x_1}\rangle)$$

「想要知道意義的話,只要把 g 想成 P 就可以了。」米爾迦說道。

$$\begin{aligned} g &= \text{forall}(\boxed{x_1}, r\langle\boxed{x_1}\rangle) \\ &= \text{forall}(\boxed{x_1}, q\langle\boxed{x_1}, \overline{p}\rangle) &\text{根據 C3} \\ &= p\langle\overline{p}\rangle &\text{根據 C2} \end{aligned}$$

「正如同我們在 C1 中所定義的一樣,p 是擁有一個自由變數 $\boxed{y_1}$ 的邏輯式。g 為 $p\langle\overline{p}\rangle$,也就是『$p$ 的對角化』。」

$$\begin{aligned} p &= p\langle\boxed{y_1}\rangle &= \text{forall}(\boxed{x_1}, q\langle\boxed{x_1}, \boxed{y_1}\rangle) \\ g &= p\langle\overline{p}\rangle &= \text{forall}(\boxed{x_1}, q\langle\boxed{x_1}, \overline{p}\rangle) \end{aligned}$$

「這麼說來，g 就是用 p 本身的數項來取代 p 的 $\boxed{y_1}$ 後，所得到的東西囉！」我說道。

米爾迦旋轉著手指繼續說道。「q 代表的是『x 並非 y 的對角化的形式證明』。p 代表的是『y 的對角化並不存在形式證明』。g 代表的是『y 的對角化並不存在形式證明』的對角化並不存在形式證明』。」

「米爾迦大小姐……人家不懂啦！」由梨說道。

「我把它寫下來好了。」米爾迦走向白板。

p 代表了……

　　y 的對角化並不存在形式證明

g 代表了……

　　「y 的對角化並不存在形式證明」的對角化並不存在形式證明

「把 p 用「　」括起，再套進 p 本身的 y 中。這就是 p 的對角化。然後，正因 g 是 p 的對角化，只要仔細觀察 g 的形式，就可理解成下面數句。」說著說著，米爾迦又加寫下進去。

　　g 是……
　　　「y 的對角化並不存在形式證明」的對角化並不存在形式證明
　　　p 的對角化並不存在形式證明
　　　g 並不存在形式證明

「也就是說，語句 g 在後設數學上，所要主張的就是
　　我的形式證明並不存在」。

「『□感到頭暈目眩』感到頭暈目眩。」由梨說道。

「雖然感到頭暈目眩的人是我……但我好像有點懂了。」蒂蒂說道。「如果語句 g 存在形式證明的話——那麼，語句 g 本身，就跟後設數學的主張互相違背了呢！」

「正是如此。」米爾迦豎起手指說。「在哥德爾的證明當中，對於『語句 g 本身』、『主張』以及『互相違背』的部分，數學上都有做嚴

密的陳述。」

「……好複雜喔！」蒂蒂一面翻弄著筆記本，一面說道。

「其中特別重要的，是這個『用「」括起』的部分。」米爾迦說道。「哥德爾並不是用邏輯式來操作邏輯式，而是使用了名為哥德爾數的數來表示邏輯式。此外，還使用數製造出有關形式系統的謂語，並展開後設數學的主張。說到底，就是敘述自己本身的事情——也就是說，成功地**自我指涉**。原始遞迴與表現定理所構成的自我指涉，確實變成了能自我指涉的保證。不完備的並不只有形式系統 P，同樣地，所有可以構成自我指涉的形式系統也都是不完備的。」

「自我指涉……」蒂蒂陷入了思考。

「『$\dot{我}$是無法證明的』。」米爾迦說道。

「『$\dot{我}$是個騙子』。」由梨提高聲調。

「『$\dot{我}$並不屬於$\dot{我}$』。」我說道。「……從剛剛我一直覺得這和什麼東西很相似，出現在**羅素悖論**中的 $x \notin x$ 也是自我指涉，對吧！」

「的確是。」米爾迦說道。「讓我們回想一下形式系統 P 的基本邏輯式 a(b)。有名為 a 乃第 $n+1$ 型，而 b 乃第 n 型的制約。也就是說，**第 n 型 $\in$ 第 $n+1$ 型**是必然的。但因為不同型，所以從羅素悖論中產生的 $x \notin x$，也就是 $\neg(x \in x)$ 這個形式，絕對不會出現在形式系統 P 當中，就此迴避了自我指涉。但話說回來——」

米爾迦話說到這裡，速度開始減緩。

「將『單變數邏輯式』的『變數』用『單變數邏輯式』的『數項』來取代，並製造『語句』……這麼一來，邏輯式就可以主張自己本身。也就是自我指涉。在數項化與哥德爾數化的途中，原本應該已經迴避掉的自我指涉，再度被攜回。」

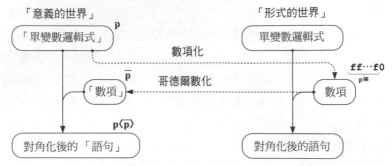

在數項化與哥德爾數的途中造成自我指涉的構造

「啊！」蒂蒂。「所以說，『用「」括起』才會這麼重要啊！」

「哥德爾也克服了『伽利略的遲疑』」我說道。「羅素利用自我指涉製造出了悖論，對吧!?而哥德爾則採用了相反的方法，將自我指涉所造成的『困境』使用在證明裡！」

「克服了『伽利略的遲疑』這句話是什麼意思？」由梨問道。

「即使目睹了失敗，也並不一定代表了就是失敗。不回頭，往前走，一個意想不到的新世界因而開闊──有時也會有這種情況！」我說。

　　　　離懸崖更近，腳下地面逐漸消失的話……只要飛向天空就好啦。

我們暫時陷入了沉默。我們發現了不完備定理也好，不完備定理的證明也好，都像是取之不盡、用之不竭的東西，怎麼掏都掏不空。

「『自我指涉為多產之泉』，差不多就是這個意思吧！」

米爾迦說完這句話之後，在白板上寫下了這四個標語。

　　　「不完備性為發現之基」
　　　「相容性為存在之礎」
　　　「對射同態為意義之源」
　　　「自我指涉為多產之泉」
　　　「就是『基礎』與『泉源』呢！」蒂蒂說道。

10.10.2 第二不完備定理的證明概略

「雖然語句 9 饒富趣味，但『〈y 的對角化並不存在形式證明〉的對角化並不存在形式證明』這句話卻是相當造作。」米爾迦說道。「哥德爾利用關於形式系統而且更為自然的語句，發現了形式證明所無法發現的東西。」

「什麼……哪種語句？」我尋問道。

「就是『我是相容的』噢！」

「奇怪？那句話不就是……」

「沒錯！就是哥德爾第二不完備定理。」

◎　◎　◎

接下來，我們來聊聊「在形式系統 P 當中，用來表現命題『形式系統 P 是相容的』的語句，並不存在形式證明」的證明概要。

利用曾在「梅」證明的命題 D7（p. 349）。

▶ D7: $\neg \text{IsProvable}(\text{forall}(\boxed{x_1}, r\langle\boxed{x_1}\rangle))$

在 D7 的證明當中，我們把形式系統 P 是相容的當作前提（D0）。

因此，我們要將「『形式系統』P 是『相容』的」這個命題，記作 Consistent。這麼一來，就可以了解底下的 G1 會成立。

▶ G1: $\underline{\text{Consistent}} \Rightarrow \neg \text{IsProvable}(\text{forall}(\boxed{x_1}, r\langle\boxed{x_1}\rangle))$

蒂德拉「奇怪！奇怪……？」

米爾迦「嗯？哪裡奇怪？」

蒂德拉「這個『梅』是第一不完備定理的一部分，對吧!?」

米爾迦「對。」

蒂德拉「感覺上好像把在證明途中做過的事，帶進證明裡一樣……」

米爾迦「這正是第二不完備定理證明中，最有趣的地方。」

蒂德拉「這話怎麼說？」

米爾迦「第一不完備定理的證明，是以後設數學的觀點所勾勒出來的

　　　　　噢！」

　　我「Consistent 可以定義嗎？」

　　米爾迦「在哥德爾的論文當中，定義成 $\exists x \left[\text{IsForm}(x) \wedge \right.$ $\left. \neg \text{IsProvable}(x) \right]$。」

　　我「咦……形式上無法證明的邏輯式存在，就可以了嗎？」

　　米爾迦「因為在矛盾的形式系統當中，所有的邏輯式在形式上都是可以證明的。」

　　根據 G1 與「枝」中的 C3 $(r\langle\boxed{x_1}\rangle = q\langle\boxed{x_1}, \overline{p}\rangle)$，會得到下面的 G2。

▶ G2:　$\text{Consistent} \Rightarrow \neg\, \text{IsProvable}(\text{forall}(\boxed{x_1}, \underset{\sim}{q\langle\boxed{x_1}, \overline{p}\rangle}))$

　　根據 G2 與「芽」中的 C2 $(p\langle\overline{p}\rangle = \text{forall}(\boxed{x_1}, q\langle\boxed{x_1}, \overline{p}\rangle))$ 會得到 G3。

▶ G3:　$\text{Consistent} \Rightarrow \neg\, \text{IsProvable}(\underset{\sim}{p\langle\overline{p}\rangle})$

　　根據 G3，如果 Consistent 成立的話，那麼任意 t 都不會是 $p\langle\overline{p}\rangle$ 的形式證明。

　　因此，下面的 G4 就會成立。

▶ G4:　$\text{Consistent} \Rightarrow \forall t \left[\neg\, \text{Proves}(t, p\langle\overline{p}\rangle) \right]$

　　G4 可以使用謂語 $Q(m, n)$，改寫成下面的 G5。

▶ G5:　$\text{Consistent} \Rightarrow \forall t \left[\underset{\sim}{Q(t, p)} \right]$

　　設 c 為用來表現命題 Consistent 的語句。

　　表現 $\forall t \left[Q(t, p) \right]$ 的語句，就會變成 $\text{forall}(\boxed{x_1}, q\langle\boxed{x_1}, \overline{p}\rangle)$。

　　因此，根據 G5，下面的 G6 就會成立。

▶ G6:　$\text{IsProvable}(\text{implies}(c, \text{forall}(\boxed{x_1}, r\langle\boxed{x_1}\rangle)))$

在這裡，對我們所欲證明的命題（¬IsProvable(c)），假設其否定，亦即 G7。

▶ G7:　IsProvable(c)

從 G6 與 G7，使用推論規則-1（p. 309），就會得到下面的 G8。

▶ G8:　IsProvable(forall(x_1, r⟨x_1⟩))

G8 與「梅」中所推導出的 D7 互相矛盾。

因此，根據反證法，G7 的否定命題會成立，會得到下面的 G9。

▶ G9:　¬IsProvable(c)

G9 主張了 *c* 在形式上是無法證明的。

亦即，用來表現命題「『形式系統 P』是『相容』的」的語句，其形式證明在形式系統 P 當中並不存在。——這正是我們所欲證明的嘛！

到這裡，第二不完備定理的證明概要就結束了。但實際上，G6 與 G8 所推導的部分並不是那麼明顯，因此，我們有必要做詳細地討論。——儘管如此，那樣的討論卻會超過哥德爾論文的範圍。所以今天到這裡，我們暫時先告一個段落。

10.10.3　萌生自不完備定理之中

我們分享著所剩不多的點心。

「吶、米爾迦！」我說道。「在開講一開始時，曾經提到過『不完備定理的積極意義』，究竟這個不完備定理該怎麼使用呢？」

「我也不是真的那麼清楚。可是，像是……一旦使用了第二不完備定理這個道具的話，就可以讓形式系統與形式系統間的關係明朗化。」

「形式系統與形式系統間的關係？」

「那麼，來個小測驗好了。假設有一個名為 X 的形式系統。我們指定 X 的邏輯式 *a* 為新的公理，並用它來定義形式系統 Y。那麼，因為公

理增加了的緣故，以致於 Y 就會比 X 有更多的定理……嗎？」

沉默。

「公理增加的話形式上可證明的邏輯式也會跟著增加？」我疑問道。

「不是！」由梨反駁。「a 或許本來就是 X 的定理也說不一定！」

「就像由梨說的。」米爾迦摸著由梨的頭。「如果說，原本邏輯式 a 在 X 中形式上就是可以證明的邏輯式的話，就算我們把 a 當作新的公理加入，也並不會產生新的定理。也就是說，形式系統 X 與形式系統 Y 的所有定理的集合會一致。因此，追加了公理之後的形式系統本身，並不一定會擁有比較多的定理。」

「的確是如此呢！」我贊同道。

「一般而言，從形式系統 X 製造出形式系統 Y 時，要想判斷被製造出來的是否真的為新的形式系統，本來就很困難。可是，如果使用形式系統 Y，在形式上可以證明形式系統 X 的相容性的話——」

米爾迦的話說到這裡便停住了。

沉默。

「原來如此！」我說道。「如果形式上可以證明相容性的話——」

「啊！」蒂蒂說道。「如果形式上可以證明的話——」

「嗯！」由梨說道。「……可以的話——X 與 Y 兩者相異！」

「由梨，說明。」米爾迦手指著由梨。

「我想一下喔！嗯。根據第二不完備定理，形式系統無法在形式上證明自己本身的相容性，對吧!?因此，如果說 Y 可以針對 X 進行相容性的形式證明的話，也就代表了 Y 與 X 並不是相同的形式系統啊！真是厲害！」

「沒錯。在第二不完備定理成立的形式系統當中，如果可以進行相容性的形式證明的話，同時也就證明了 Y 在本質上會比 X 來得更『強』。只要根據第二不完備定理，就可以進行形式系統的『強度』調查了。」

「是啊……」我深受感動地說道。「第二不完備定理所主張的是，『代表自己的相容性在形式上無法證明』。可是，反過來利用『無法證

明』這點，不就『可以證明』形式系統的相對強度了嗎?!無法做到這件事情，說起來也並不一定就是缺點呢！」

「『伽利略的遲疑』又克服了一個喵～」由梨說道。

10.10.4　數學的極限？

過了一會兒，蒂蒂舉起了手。

「雖然這是個很基本的問題——就是因為不完備定理的緣故，才會搞得數學這麼千瘡百孔的，不是嗎?!」

「數學並沒有被搞得千瘡百孔喔！」米爾迦說。「當然！這也要視『千瘡百孔』的定義而定——像不完備定理雖已獲得證明，但並不意味到目前為止，那些在數學領域中已獲得證明的定理，就不是定理！此外，無法獲得證明及反證（否定的證明）的命題，並不會阻礙數學家的研究。即使有不完備定理，數學家也不會感到困擾。絕對不可以被不完備定理中的『不完備』這三個字在字典上的意義所蠱惑。不完備定理是現代邏輯學的基本定理。與其說因為不完備定理而搞得數學千瘡百孔的，倒不如想成不完備定理替數學開闢了一片新天地。」

「我還有無法理解的部分……」蒂蒂一臉認真地說道。「我以為『名為數學的東西』是絕對的、是確定的。可是，從第一不完備定理的結果來看……居然會有無法獲得證明及反證的命題；而從第二不完備定理的結果來看……如果沒有借助他力的話，就無法表示沒有矛盾這件事情。所以，果然很容易就會有證明了『數學的極限』的感覺。那個——應該怎麼想才對呢?!」

聽了蒂蒂認真的發問，米爾迦一言不發地從座位上站起來，望著暮色持續迫近的窗外。爾後，回過身來面對著我們。

「爭論中有渾沌之處。」才女說道。「蒂德拉，妳這句話『名為數學的東西』是什麼意思呢！是（1）嚴謹寫下定義，就能在形式上表現一切。還是（2）毋須寫下定義，只要浮現在心中，就能稱之為數學。蒂蒂妳想要表達的是哪一個呢？」

「……」

「如果蒂蒂想說的是（1）的話，那麼『名為數學的東西』在條件都確認過後，就會成為不完備定理的對象。於是，『名為數學的東西』，就會受到不完備定理的結果所支配。」

「……」

「可是，如果蒂蒂想說的意思是（2）的話，那麼『名為數學的東西』就不會是不完備定理的對象。它會是數學論的對象嗎？還是哲學上的對象呢？……總之，不會是數學對象。意思就是說，它也不會是不完備定理的對象。所以，『名為數學的東西』並不受不完備定理的結果所支配。」

「……」

「判別『名為數學的東西』究竟是（1）還是（2），這並不是數學要處理的部分。」

米爾迦來回看著我們，大大地張開手臂並繼續說道。

「所以，我的想法是這樣的。如果想使用不完備定理的結果來談論數學性話題的話，那麼就絞盡腦汁，以數學為對象做討論吧！若非如此，想從不完備定理的結果處獲得靈感，想進一步討論數學論話題的話，就照著這個想法討論吧！絕對不可以忘記的是，這個數學論的話題並非『已經獲得了數學上的證明』。」

我開口詢問米爾迦。

「『以形式系統來表現數學』是不可能的事嗎？」

米爾迦閉上雙眼，左右來回地搖了搖頭。

「應該說用來制定『數學為何物』的，並非是『數學』，而是『數學觀』。因此，『所謂數學就是○○』的主張──在數學上無法證明。」

緊接著，米爾迦將滑下鼻樑的眼鏡往上推並說道。

「總而言之，『數學的爭論與數學論的爭辯是應該要分開』。」

「分開思考，是邁向理解的第一步」。

10.11　乘載著夢想

10.11.1　並非是結束

現在是傍晚——不、已經是晚上了。天色幾乎已經完全暗。踏出双倉圖書館，走過一旁栽滿灌木叢的道路，我們四人走向車站。

試圖計算邏輯的萊布尼茲之夢——與使用數來處理形式系統的哥德爾數有連結，甚至和現代電腦也有所連結吧……我心不在焉地思考著。

今天一整天，我們一起走過了「用數學做數學」的旅程。

我們今日的旅程差不多該結束了。

可是，我們的漫長旅程並不會在此告終。

「可以聽得見海浪的聲音。」

走在前頭的米爾迦突然說道。

我停下腳步傾耳靜聽，確實可以聽得到微微的海浪聲。

注入海洋之後，河川便告結束。

只是，水的旅程並不會因為注入大海而結束。

在海面上，水蒸發成蒸氣，升往天空繼續旅行。

10.11.2　我的東西

回程的電車空蕩蕩的，整個車廂簡直就像是我們的個人包廂一樣。在這四人座的車廂內，我們面對面地坐著。我的隔壁坐著由梨，對面坐的是米爾迦。而米爾迦的隔壁坐著蒂蒂。

儘管很疲累，我們卻還是繼續玩著彼此出題、互相回答的測驗遊戲。不知不覺地，我們說話的次數愈來愈少。由梨打了一個好大的哈欠，受此影響的我也跟著頻頻點起頭，夢起周公來了……。

……之後，我突然驚醒了起來。

蒂蒂靠在米爾迦的肩膀，睡得正熟。

由梨也靠在我的肩膀，呼呼大睡。

米爾迦靜靜地眺望著窗外，看著隨著車速流逝的夜。

「吶，米爾迦……」我欲言又止。

少女披著一頭長長黑髮，將視線轉往我身。

米爾迦靜靜地用手指著睡得正甜的蒂蒂和由梨。

（她們睡著了）

用食指碰了碰嘴唇。

（要安靜一點）

朝著我的方向緩緩地舞動著手指。

1　1　2　3...

接著，把頭一斜。

（那麼，接下來是？）

我張開右手回應著。

...5

露出燦爛笑顏的米爾迦。

我──想起了與米爾迦相遇的那個春天。

　　櫻花。
　　發問與回答。
　　對話。

從許多對話當中，我學到不少寶貴的東西。

我現在還活著，不知道何時會死去。

所學一切，如果沒有可以傳承下去的對象，那將會無比悲哀！

我、想把自己所學的一切，傳承給、某個誰。

想馬上傳給身邊的某個誰、給遠處的某個誰、給未來的某個誰
……。

「音樂是我的東西！」永永說了。
「邏輯是我的東西！」由梨說了。
「英語是我的東西！」蒂蒂說了。
「數學是我的東西！」米爾迦說了。

如果是這樣的話，那我也要這麼說。

「學習，然後傳承──那就是我的東西」。

就快要四月了。我們朝著新的學年踏出了一步。
一定，有各式各樣五花八門的問題正等待著我們吧！
可是，讓我們先稍微喘口氣──現在是休息時間。

電車在夜裡靜靜地行駛。

乘載著睡得正甜的蒂蒂和由梨──
乘載著正在進行沉默對話的我和米爾迦──

電車靜靜地運送著夢想。
我們得以繼續夢幻旅程。

無論身處於何時。
無論位處於何地。

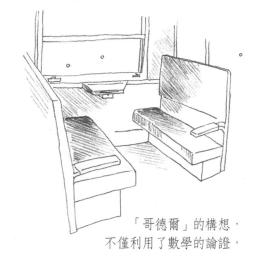

「哥德爾」的構想，
不僅利用了數學的論證，
也藉以研究了數學論證本身。
──Douglas Hofstadter《*Gödel, Escher, Bach*》

尾聲

「老師？」少女走進了教職員室。

從敞開的窗戶吹進來的微風，分送著春天的香氣。

「喔！怎麼啦！今天好像少了平常的氣勢呢！」

「才沒那回事，我精神得很。不管老師怎麼出招，我還是可以立即接招喔！」

「那，老師就來出個題好了。假設現在有 A、B、C 三個人，在他們頭上各自戴了一頂或紅或白的帽子。」

「是是是——」

「雖然三個人都看不見自己戴的帽子，卻可以看得見其他兩人的。」

「是是是。老師，是要猜自己頭上戴的帽子是什麼顏色的嗎？」

「對！對！對！紅色的帽子有三頂，而白色的有二頂。在三個人各自戴上一頂之後，我們藏起剩下的帽子。首先，請問A『你的帽子是什麼顏色的？』，A回答了『我不知道』。」

「……」少女臉上的表情開始認真了起來。

「有在聽嗎？」

「有在聽。請繼續，老師。」

「問B『你的帽子是什麼顏色的？』，B回答了『我不知道』。」

「紅色。」少女說道。

「咦？……『紅色』的意思是？」

「C的帽子是紅色吧！老師！」少女呵呵呵地笑了起來。

「題目才講到一半……『C看見A和B的帽子是紅色的，那C帽子的顏色是』？」

「『C的帽子是紅色的』，答案正確嗎？」

「正確。為什麼題目講到一半，就知道答案了呢？」

「只要按照順序思考的話，就會知道答案啦！老師。」

● 如果 A 回答「我不知道」的話，那麼 B 與 C 至少有一個人戴的

是紅色。

- 而這件事情 B 也知道。
- B 看得見 C。所以如果 C 的帽子是白色，B 就知道自己的帽子是紅色。
- 可是，B 卻說了「我不知道」。
- 所以，C 的帽子的顏色就會是紅色了。

「很厲害嘛！」

「也就是說，在這種情況下，就算 C 閉著眼也會知道自己帽子是紅的。」

「的確……就是妳說的那樣。」

「嘿嘿嘿──我很厲害吧！……呼！」

「可是這麼厲害的妳卻嘆了氣。」

「總覺得好像忘了什麼！似乎正在忘掉已經忘什麼的感覺……」

「這是後設遺忘吧！原因出在──明天的畢業典禮嗎？」

「嗚，這麼快就漏餡！……覺得離情依依。好像會在送別中哭出來。」

「很懦弱耶，在校生代表！畢業生明天要在妳的送別中高飛離巢耶！」

「老師你不要再說了啦！在那種催淚氣氛下，怎麼可能忍住淚啊！」

「在老師那個年代啊！也有過『淚眼朦朧的畢業典禮』呢！」

「老師也有過那樣的回憶嗎？」

「當然有過啦！」

「什麼嘛……那，我拿了問題卡就要回家了！」少女伸出了手。

「這張問題卡如何？」

「『問題與答案會完全相同的問題是什麼？』嗎？」

「對！對！對！」

「不就『問題與答案會完全相同的問題是什麼？』小菜一疊。」

「不要給我立刻答出來啦！那換成這邊這張好了。」

「『會成對的兩個自然數……』老師，這個題目太長了！」

「所謂的研究課題，就是要仔細思考。」

「是是是！那麼，我回家囉！」

少女嗶嗶嗶嗶地舞動著手指，離開了教職員室。

畢業典禮……嗎？

不久之後，就是教職員室窗外開滿櫻花的季節了。

不斷地輪轉，不斷地更迭，這個季節。

看起來雖然很像，但卻不是單純的迴圈。

而是一邊重複一邊往上延伸的——螺旋。

一面同時感受著反覆與上昇。

一面展開雙翼，振翅而去。

一直、飛往更遠、更遠的前方——。

應該要對「剛開始學習數學的學生」言明的是，

……在數學當中，雖然單純卻不明顯的定理或關係，

數量確實多到讓人驚訝。

……試想，在某種意義上，數學的這個性質不正好反映了

世界的秩序與規律。

比只做表面觀察的時候，

這個世界看起來還來得更偉大，

而這種偉大可說是無法比擬的。

——哥德爾《*Logical Dilemmas*》（邏輯難題）

後記

> 這世間所有的書，都具備了一種名為本質上不可能性的東西。
> 作家只要一平息了剛開始的興奮之情，就能隨即發現它。
> 問題既是構造式的東西，也是無法解決的東西。
> 也因為如此，所以誰也無法寫出那一本書。
> ——Annie Dillard《*THE WRITING LIFE*》

我是結成浩。《數學女孩——哥德爾不完備定理》一書終於和大家見面了。

這本書是繼《數學少女》及《數學女孩——費瑪最後定理》兩書之後的續篇，也是《數學女孩》系列的第三部作品。出場人物在前一部都出現過，除了無可替代的主角「我」之外，還有米爾迦、蒂蒂及小表妹由梨。和前面兩部作品一樣，第三部作品仍以四位主人翁為主軸，他與她們之間所交織而成的數學青春物語就此展開。

真不知道當初是打哪來的自信，在執筆之初，筆者自認為對不完備定理大致上都還算理解。可是，隨著內容撰寫的愈來愈多，筆者這才領悟到自己對不完備定理的理解還真的是相當隨便。我深深地體悟到這門功課真的是應該要腳踏實地好好的學習才行。於是，我開始涉獵與數學邏輯有關的書籍，也承蒙各方好友主動熱情地對我伸出援手。在經過一年的時間之後，才終於走到完書這一步。如果有讀者發現了書中錯誤的話，歡迎各位來信指正我的錯誤。

和前兩部作品一樣，第三部作品也採用了 $\LaTeX 2_\varepsilon$ 與歐拉字型 Euler font（AMS Euler）的字型來進行排版。而在排版上，也要感謝奧村晴彥先生所著《$\LaTeX 2_\varepsilon$ 美文書作成入門》一書的協助，在實質排版時發揮了極大的效用。全部的圖版都是使用了大熊一弘先生（tDB 先生）所開發的「初等數學印刷用數學巨集」印製而成，真是非常感謝。而有部分圖則是使用了 METAPOST 及 Microsoft Visio 所繪製成。

在這部作品執筆期間，也承蒙 MEDIA FACTORY 的抬愛，漫畫版

的《數學女孩（上‧下）》因而得以出版面世。數學女孩的世界版圖之所以能夠延伸拓展，全都要感謝日坂水柯先生與編輯部的萬木壯先生兩位。

也要特別感謝在我執筆期間為我閱讀原稿，並給予寶貴建議的以下人士，及那些希望匿名的各位。想當然爾，書中所遺留下的任何錯誤都與以下各位無關，純粹是筆者個人的責任。

> 五十嵐龍也先生、上原隆平先生、岡田理斗先生、鏡道弘先生、川嶋稔哉先生、木原貴行先生、上瀧佳代小姐、相馬里美小姐、高田悠平先生、田崎晴明先生、荻原大希先生、花田啟明先生、平井洋一先生、藤田博司先生、前原正英先生、松岡浩平先生、松木直德先生、松本考司先生、三宅亞彌小姐、三宅喜義先生、村田賢太（mrkn）先生、山口健史先生、吉田有子小姐。

並且還要感謝所有的讀者們、光臨我官網的朋友們、還有總是為我禱告的基督教教友們。

感謝在這本書完成之前，以無比的耐心支持我的總編輯野澤喜美男先生。此外，支持我《數學女孩》系列作品的廣大讀者們，除了謝謝你們的閱讀，更要謝謝你們在來信中所賜予的種種寶貴感想與鼓勵，這些對我來說都是無可取代的至寶。

也要感謝我的愛妻與兩個孩子。

我要將這本書獻給為我們開闢了一條奇幻神妙之道的哥爾德，及所有的數學家們。

非常感謝你們閱讀這本書。期待他日再相見。

結城　浩

2009 年，一面在有感於欲傳達、催生一本書
所將使用的語言有多麼地不可思議下，一面完成此此書
http://www.hyuki.com/girl/

儘管世界上的人都說
「我懂了！這個很簡單！」
但如果自己不懂的話，要有開口說出
「不，我不懂」的勇氣。
這是相當重要的一件事。
──《數學女孩──哥德爾不完備定理》

索引

國家圖書館出版品預行編目資料

數學女孩：哥德爾不完備定理 / 結城浩作；
鍾霓譯. -- 初版. -- 新北市：
世茂, 2012.05
面； 公分. --（數學館 ； 19）

ISBN 978-986-6097-41-6（平裝）

1. 數學 2. 通俗作品

310 100025260

數學館 19

數學女孩：哥德爾不完備定理

作　　者／結城浩
譯　　者／鍾霓
審　　訂／洪萬生、王銀國
主　　編／簡玉芬
責任編輯／謝翠鈺
專業校對／劉漢森
封面設計／Atelier Design Ours
出 版 者／世茂出版有限公司
負 責 人／簡泰雄
地　　址／（231）新北市新店區民生路 19 號 5 樓
電　　話／（02）2218-3277
傳　　真／（02）2218-3239（訂書專線）、（02）2218-7539
劃撥帳號／19911841
戶　　名／世茂出版有限公司　單次郵購總金額未滿 500 元（含），請加 60 元掛號費
酷 書 網／www.coolbooks.com.tw
排版製版／辰皓國際出版製作有限公司
印　　刷／傳興彩色印刷公司
初版一刷／2012 年 5 月
　　五刷／2021 年 1 月

I S B N／978-986-6097-41-6
定　　價／399 元

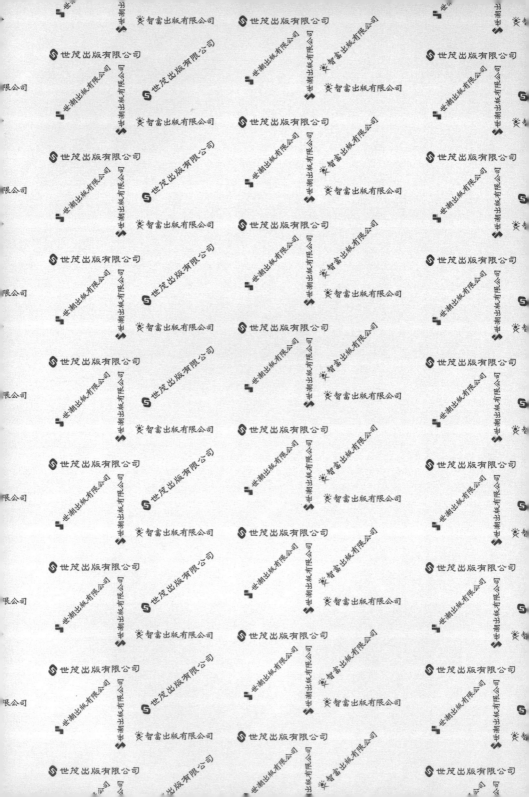

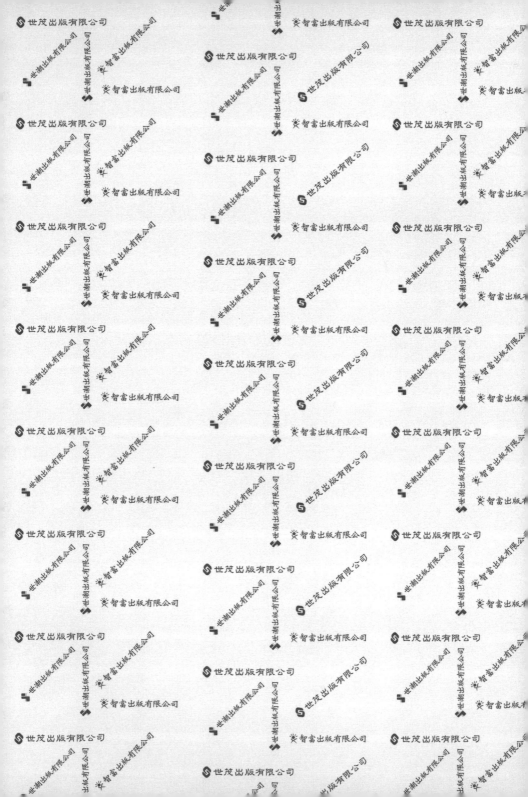